농산업창업론

윤성두 · 안상준 · 강지연 · 박근열

청목출판사

본 교재의 목표

왜 농촌 창업가들이 경영을 공부해야 하는가? 그리고 농촌창업을 시작하면서 창업 경영학 지식과 마인드가 왜 필요한가? 농업은 어떤 환경변화에도 불구하고 인류의 생존과 번영을 위하여 필수적인 생명산업이다. 전통적으로 농업은 토지와 노동 의존적인 형태에서 현재는 자본과 기술집약적인 경영체제로 전환되어 가고 있다. 소비 측면에서도 소비자들이 농업생산물을 구매하는 데 있어 가격보다는 품질과 먹거리에 대한 안전성을 우선시하는 방향으로 변화되고 있으며, 지금의 농촌 창업가들은 농산물의 주요 소비자였던 가정뿐만이 아닌, 농축산물 가공업체나 중간상 등의 대량 소비업체까지도 주목해야 한다. 이러한 농산물 생산, 소비, 유통환경의 변화를 세밀하게 인식하고 농업의 생산활동과 여러 가지 농업관련 창업을 통해 우리 농촌의 경쟁력 향상을 위하여 농업 분야에도 경영학의 체계적인 연구와 교육영역의 확대가 이루어져야 한다.

우리는 2002년에 월드컵을 통해 대한민국의 위상을 세계에 떨쳤다. 그러면서 많은 국민들이 축구에 대해 많은 애정과 관심을 기울였다. 우리는 여기에서 월드컵 중계를 보고 있던 아버지나 형, 오빠들의 모습을 기억해낼 수 있을 것이다. 이들은 마치 축구 경기를 자신들이 하는 것처럼 몰입해서, 헛발질하거나 공을 빼앗긴 선수들에게 "아 그게 아니지", "쟤는 저래서 안돼", "쟤는 빼야 해" 등의 말을 하면서 열을 올리는 것을 기억하고 있을 것이다. 그렇게 답답하면 혹은 선수를 가르칠 정도의 실력이라면 자기가 나가서 직접 축구를 하던지 왜 안타까운 표정으로 열을 올리면서 흥분하는 것인가. 마찬가지로 이처럼 창업에 대한 기본적인 지식이 많은 사람들이 꼭 창업을 잘 하는 것은 아니다. 시중에는 창업과 관련된 다양한 서적들이 있다. 하지만 창업을 준비하는 사람들에게 꼭 필요한 지식을 가지도록 도와주기에는 부족함이 있다. 즉, 창업은 분석과 기획만가지고 되는 것이 아니다. 경험도 필요하고 배짱도 있어야 하며, 운도 따라 주어야 한다. 또한 창업자가 현실에만 얽매이다 보면 경영의 지혜나 창의적인 관점으로부터 멀어지기 쉽다.

본 교재는 농촌창업을 준비하는 데 필요한 경영적 사고와 새로운 관점들을 소개함으로써 성공적인 창업을 위한 준비를 도와주기 위한 것이다. 이러한 준비가 창업을 하는데 꼭 필요한 능력을 향상시킬 수 있다고 믿는다. 이에 저자는 실제 농촌창업 활동에서 준비되어야 할 사항들과 응용할 수 있는 전략들을 살펴보고, 관련 사례들을 심도 있게 다루려고 한다. 이를 통해 배양된 경영적 사고와 새로운 관점들이 현재 FTA를 통한 농산물시장개방 상황에서 우리 농가들이 차별화되고 경쟁우위를 가지는 데 초석이 되리라는 믿음을 가져본다.

차 례

제2편 농촌창업의 이해

제3편 농촌 창업의 응용

제 1 편

농촌창업의 기본

Ⅰ

왜 창업을 해야 하는가?

1. 창업을 시작하면서

꿈을 품고 뭔가 할 수 있다는 생각이 든다면 그것을 시작하라. 새로운 일을 시작하는 용기 속에 천재성과 능력의 기적이 모두 숨어 있다. -괴테-

새롭게 창업을 한다고 하면 힘든 아이템을 찾는 여정이라 생각하기 마련이다. 하지만 창업은 새로운 아이템을 찾기보다는 자신이 가지고 있는 아이덴티티[identity][1)]를 찾는 것부터 출발해야 한다. 레블론 화장품의 창업자인 찰스 레블론(Charles Revlon)은 '우리는 화장품을 만들지만, 우리가 파는 것은 희망이다.' In the factory we make cosmetics; In the store, we sell hope라는 유명한 말을 남기며, 자신의 비즈니스는 화장품 사업이 아닌 희망 비즈니스라고 나름의 아이덴티티를 정립함으로써 현재와 미래의 방향을 제시했다.

그러므로 창업은 또 다른 취업이 아닌, 찰스 레블론(Charles Revlon)의 말대로 자신의 아이덴티티를 발견하고 그것을 재창조함으로써 자신이 만들 상품

1) 아이덴티티[identity] : 변하지 않는 본인의 정체성을 말하며 요즘은 브랜드 아이덴티티라는 말이 많이 사용된다.

에 의미를 부여하고 자신이 하는 일에 가치를 느끼는 것이다. 이러한 가치를 포함한 자신만의 아이덴티티를 소비자에게 전달함으로써 우리가 귀 따갑게 들어왔던 소비자들이 느끼는 고객가치, 고객감동이 창조되는 것이다. 이처럼 자신만의 아이덴티티를 만들어야 한다는 것은, 어찌 보면 사막에서 바늘을 찾는 격 일수도 있다. 하지만 이러한 막연한 상황에서 필요한 것이 바로 '왜'라는 질문이다. 흔히 창업에서 중요하게 여겨지는 아이템은 "왜"라는 반문에서 비교적 쉽게 찾을 수도 있다.

헛개나무가 간에 좋다는 보도와 함께 헛개나무나 열매를 이용한 음료수와 건강보조식품들이 쏟아져 나왔다. 간혹 어떤 음식점에 가면 헛개나무를 넣은 오리고기나 닭백숙을 볼 수 있다. 그렇다면, 여기서 "왜" 음식에 넣기만 하면 요리가 가능한 요리용 헛개나무 육수 캔은 없는 것일까? 이처럼 왜? 왜 없지? 라는 질문을 던져보는 것으로 새로운 자신만의 아이덴티티를 만들 수 있는 시작점을 마련할 수 있게 된다. 전북 부안의 한 농가는 '왜 친환경 국화차가 없는 것일까?'라는 의문에서 시작하여 다른 농가들과의 차별화로 경쟁우위를 지닌 친환경 국화차를 개발했고, 이를 통해 자신만의 아이덴티티를 만들어가고 있다.

다른 농가들이 일반 국화차를 생산할 때, 그는 유기농 국화차를 생산했다. 2001년 당시는 대부분의 농가가 친환경 인증에 신경 쓰지 않고 있을 때였지만, "그는 왜 없지?"라는 질문에 대한 대답으로 유기 인증을 받기 위한 노력을 했다. 또한 다른 농가들이 직거래의 이점에만 몰두하고 있을 때, 그는 친환경 유통판매와 전자상거래를 이용한 새로운 유통경로를 모색했다. 그는 왜 없을까? 라는 질문에 멈추지 않았다. 다른 농가들이 생산을 끝내고 쉴 때, 체험농장을 시작하고 이를 통해 40대 초반의 젊은 영농인은 연 매출 8억원의 부농이 될 수 있었다. 그는 친환경 유통에 대한 개념이 별로 없었던 2001년 당시 주 소비층인 도시 소비자들의 니즈를 파악하려 노력했으며, 이를 통해 웰빙 니즈와 트렌드에 관심을 가졌다. 건강한 삶과 먹거리에 대한 관심이 높아질 것이라고 믿었던 그는 이후, 본격적으로 유기농 국화차를 가공해 친환경 유통매장에 판매하기 시작했다. 그의 창업은 건강한 삶과 먹거리를 제공하는 업체라는 아이덴티티를 발견하고 단순히 차를 만드는 농가에서 그친 것이 아닌, 그것을 재창조함으로써 자신이 만든 상품에 의미를 부여하고 자신이 하는 일에 가치를 느끼게 된 것이다. 이러한 가치를 포함한 자신만의 아이덴티티를 소비자에게 전달함으로써, 소비자들은 건강한 삶을 느끼고, 이로 인해 결과적으로 고객감동과 고객가치가 창조된 것이다.

최근에는 이러한 건강한 삶과 먹을거리를 제공한다는 아이덴티티를 중심으로 브랜드 확장에 들어가 국화차 외에도 다른 기능성 차와 이를 이용한 입욕제나 향주머니, 베개 등 각종 연계 상품 개발에 대한 연구에 집중하고 있다. 우리는 농촌 창업을 앞에 두고 "왜 이 사업을 해야 하는 거지?"라는 질문을 떠올리고 그 질문에 답하기 위한 많은 시간과 노력을 투자해야 할 것이다. 또한 "나는 누구에게 무엇을 제공하고 어떤 기업이 되기 위해 창업한다"라는 질문에 대해 구체적인 답을 할 수 있어야 한다. 즉, 먼저 대상이 누구인지를 정확히 파악하고, 내가 그 대상에게 제공할 상품이 무엇이며, 그 상품을 활용하여 무엇을 이룩할 것인가 하는 목표가 반드시 있어야 한다는 것이다. 저자는 이 두 질문에 대한 해답을 구하기 위해서는 깊이 생각하거나 혹은 이 질문들을 책상 앞에 붙여두고 매일 보기를 추천한다. 그렇다면 막연했던 창업의 길이 의외로 쉽게 보일 것이다.

2. 창업목표 수립

사람들에게 왜 창업을 하느냐고 물어보면 대부분 먹고살기 위해서라고 대답한다. 이것이 바로 생계형 창업이다. 우리나라에서도 창업은 IMF 당시 명예퇴직을 경험한 사람들이 앞으로 먹고 살길을 찾기 위해서 치킨집을 열던 그 당시를 떠올릴 것이다. 실제로 당시 많은 사람들이 같은 이유로 창업을 하였고, 다른 수많은 경쟁 창업자들과 마찬가지로 힘들게 운영을 했지만, 결국 폐업을 하게 되었다. 이처럼 생계형 창업은 시작도 쉽게 받아들였지만 그만큼 폐업도 쉽게 이루어졌다. 이는 창업을 하는데 있어 뚜렷한 목표가 없고, 당시의 상황으로는 먹고사는 문제가 당연히 가장 큰 목적이라는 생각이 들 것이다. 하지만 다른 사람들보다 잘먹고 잘살기 위해서는 창업의 목표부터가 차별화되어야 하고, 이러한 목표 달성을 위한 일관된 전략과 전술이 필요하기 때문에, 그 첫 단추인 목표는 중요할 수밖에 없다. 결론부터 이야기하자면, 창업의 목표는 먹고 살기 위해서가 아닌, 자신이 가진 가치관과 추구하는 이상향을 제품에 불어넣어 새로운 고객가치를 창출하는 것이 되어야 한다.

농촌 창업의 성공을 실현하기 위해서는 자신이 달성해야 할 경영 목표를 정해둔 후 한 걸음 한 걸음씩 목표를 향해 나아가는 것이다. 더욱이 소규모 농촌창업으로 성공하기 위해서는 경영관리에 있어서 다음과 같은 특징을 가진 목표를 반드시 가지고 있어야 한다.

① 구체적인 목표 기간을 정해야 한다.(specific and tie band)

목표는 구체적으로 정해진 기간이 있어야 한다. 예를 들어, '내년까지 20% 매출 증가하겠다.' 등의 기간이 목표에 포함되어야 한다.

② 측정 가능성(measurability)

목표는 측정 가능해야 한다. 이는 눈으로 확인 가능한 측정을 의미한다. 예를 들면 올해 매출과 작년 매출을 비교하는 것도 좋은 측정의 툴이 될 수 있다.

③ 성취 가능성(attainability)

목표는 달성 가능한 수준으로 설정되어야 한다.

④ 기록하라(make a note)

적어 놓은 목표는 말로만 했을 때보다 9배 이상 더 빨리 성취된다. 흔히 우리는 목표한 것을 책상 앞이나 거울 앞에 붙여놓는다.

3. 창업에 필요한 자기 계발

창업을 준비하는 사람들에게는 혹은 지금 자신의 회사를 경영하고 있는 사업가에게 필요한 능력은 무엇일까? "흔히 창업으로 성공한 사람들은 다른 사람과 무엇이 달라도 다르다"라는 말을 한다. 하지만 너무 막연하다. 실제로 민들레영토라는 토종브랜드를 성공시킨 창업자의 자서전 격의 글에서도 이러한 면모를 발견할 수 있다. 그가 막막한 상황에서 선택한 것은 독서였다. 도서관을 찾아 들어가 몇 시간이고 며칠이고 읽을거리를 찾아 읽기 시작한 것이다. 사실 창업을 준비한다거나 또는 먹고 살길을 찾는 사람이라면 어떠한 책을 읽겠는가? 보통은 경영학 서적이나 창업에 관련된 책을 선택할 것이다. 하지만 그가 선택한 것은 신문, 잡지 등 종류를 따지지 않고 손에 잡히는 대로 읽은 것이다. 상식적으로 패션잡지와 농촌 경영이 밀접한 관련이 있을까? 지금 당장에는 없어 보인다. 하지만 모든 것을 읽으면서 그의 머릿속에 네트워크가 커지는 것이다. 실제 유명한 외국의 비즈니스 스쿨은 한 가지 전공과 관련된 지식만을 쌓지 않는다. 또한 한주에 읽어야 하는 논문이나 서적이 어마어마하게 많다. 그래서 다 읽지도 못하거나 머릿속에 정리도 안 되는 상황에 직면하게 된다. 이럴 때 포기하고 싶고 지금 읽는 것들이 다 이해되지도 않았는데 내가 써먹을 수 있을까 하는 자책감이 들기도 한다. 하지만 지속적으로 여러 방면의 글들을 접하다 보면, 어느 순간 모든 조각난 지식들이 하나로 연결되는 것을 느끼게 될 것이다. 이러한 지식과 경험을 통해 서로 다른 학문과 학문이 연계된 새로운 논문들이 탄생하는 것이다. 이처럼 우리가 똑같은 채소를 판단하더라도 인문학이나 의류학과 같은 전혀 연관이 없어 보이는 것에서 아이디어가 생길 수 있다는 것이다.

(1) 창의력

많은 사람들이 말하는 창업의 아이템, 그것은 기술력에서부터 시작될 수도 있지만, 대부분은 인간의 창의력에서 나온다고 보는 것이 타당할 것이다. 창업 전문가들은 성공적인 창업을 위해서는 고객의 필요나 욕구를 잘 파악해야 한다고 말을 한다. 당연히 모든 경영활동은 고객 중심이 되어야 하기 때문에 100% 맞는 말이다. 하지만 한편으로 생각해보면 우리가 스마트폰에 대한 필요나 욕구가 있었을까? 요즘 기업들은 인간이 생각지도 못한 물건들을 만들어내고 있다. 이러한 신기한 제품들을 보면서 우리는 어떤 사람들이 만들었는지 몰라도 참 기발하다는 말을 하게 된다. 여기서 말하는 기발하다는 것은 곧 "창의적이다" 라는 의미와 일맥상통한다. 간혹 우리는 걸음도 제대로 떼지 못하는 아이들이 레고 블록을 가지고 무언가를 만들어 놓고 기뻐하는 모습을 한 번쯤은 보았을 것이다. 이것이 인간이 본능적으로 가지고 있는 창의성인 것이다. 농촌 창업 역시 하나의 창조행위라고 본다면 우리에게 지금 필요한 것은 창의력일 것이다.

우리가 흔히들 알고 있을법한 이야기를 먼저 들려주고 싶다. 아주 오래전 시라큐스의 왕 히에로 2세는 자신의 권위를 돋보이기 위한 방법으로 멋진 황금왕관을 만들고자 마음먹고, 왕국 내 금 세공인에게 황금 왕관을 만들도록 명령했다. 황금 왕관은 너무도 아름답게 만들어졌고 마음에는 들었으나 의심이 많았던 왕은 혹시 황금이 아닌 은 같은 다른 것들이 혼합되지 않았나 하는 의심이 들기 시작했다. 왕은 의심을 했지만, 그 왕관이 너무 맘에 들었기 때문에 당시의 수학자이자 물리학자였던 아르키메데스를 불러 왕관에 흠집을 내지 말고, 이를 감정하라고 명령했다. 뜻밖의 과제를 받고 골똘히 생각에 잠긴 아르키메데스가 어느 날 목욕을 하려고 욕조에 몸을 담그자 물이 넘쳐흘렀다. 이때 외친 말이 바로 그 유명한 "유레카"[2]이다. 물체의 체적과 유체밀도와의 관계를 깨달은 것이다. 그리하여 유명한 아르키메데스의 원리를 발견하고, 왕관의 비중을 재어 은이 섞여 있음을 알아냈다고 한다.

---

2) 아르키메데스는 벌거벗은 몸으로 목욕탕에서 뛰쳐나와, "유레카!"라고 외친 이야기로 유명하다. '유레카'는 '깨달았다'는 뜻으로, 목욕탕에서 목욕을 하던 아르키메데스가 고민하던 문제의 답을 찾아내고 너무 기쁜 나머지 외친 말.

하지만 유레카는 갑자기 무에서 유를 창조하듯 생겨나는 것이 아닐 것이다. 아르키메데스는 당대 최고의 수학자이며 물리학자였다. 즉, 창의력을 발휘하기 위해서는 우선 그 바탕이 되는 지식이 있어야 한다는 것이다. 이처럼 창업자들은 자신의 업에 대한 무한한 애정이 낳은, 관찰력과 다른 이들이 미처 보지 못한 상품을 발견해 내게 되는 것이다. 즉, 우리가 관심을 가지는 농촌창업에, 있어서도 창업 경영에 기본이 되는 철학과 이론이 잘 갖추어져 있어야 한다. 우선 기본을 익혀야 멋진 응용이 가능하다. 모차르트의 훌륭한 피아노 연주의 감각도 반복적인 연습에서 나오게 된다. 진정한 의미의 창의성이란 정석[3]이 몸에 배고 난 뒤의 자유로운 응용이다. 그러므로 농촌 창업을 준비하는 예비창업자들은 무한한 관심과 관찰로 여러 가지 세상의 많은 것들을 접하면서 창의성을 훈련하는 노력이 무엇보다 필요할 것이다.

(2) 재미

창업을 계획하거나 창업을 막 시작한 사람들에게 조언해주고 싶은 말은 "당신의 사업을 즐기라"라는 것이다. 실제로 많은, 창업가들이 자신의 모든 것을 쏟아부어 사업에 몰두하고 있다. 당연히 그러한 몰입도와 열정이 성공하는 창업가에게 필요한 자질임은 틀림없다. 하지만 인간의 능력에는 한계가 있다. 더욱이 경영에서는 자신이 통제하지 못하는 여러 가지 환경적인 요인들이 영향을 미치기 때문에 좌절하거나 낙심하는 경우가 허다하다. 이럴 때 필요한 것이 바로 "재미 · 즐거움"이다. 똑같은 일이라도 좋아서 즐겁게 하면 놀이가 되지만 마지못해 억지로 하면 아무리 재미있는 일도 짜증나는 일에 불과하다. 고역이냐, 즐거운 놀이냐를 결정하는 중요한 차이는 일하는 사람의 마음가짐에서 온다. 즉, 똑같은 일이라도 "힘들다 · 죽겠다" 하면서 일하는 사람과 "해보자 · 즐겁다" 라고 하면서 일하는 사람은 같은 성과를 내더라도 그 과정에서 오는 스트레스가 다를 것이다. 남자들은 군대에서 "피할 수 없으면 즐기라"라는 이야기를 들어본 적이 있을 것이다. 이는 힘든 훈련에 임하는 자세를 짜증나는 일에서 즐거운 일로 바꾸는 마술과도 같다.

실제로 놀이의 진짜 의미는 즐거움과 재미의 원천이지 아무 일도 하지 않고

3) 사물의 처리에 정하여진 일정한 방식

빈둥거린다는 게으름의 의미는 아니다. 오히려 놀이는 일만큼 실제적이고 구체적인 행위이고 더 적극적이고 구체적으로 일한다는 의미에 가까운 것이다. 물론 창업이 놀이는 아니지만, 앞서 제시한 것과 같이 성공적인 창업에 필수적으로 필요한 능력이 창의력이라면 말은 달라진다. 잘 노는 사람은 창의력이 높다. 상상력과 창의력이 넘치는 사람이 되려면 우선 잘 놀아야 한다. 잘 노는 아이가 상상력과 창의력이 풍부한 것은, 가만히 있을 때보다 즐거운 기분을 느끼며 활동할 때, 우리의 뇌가 더 활성화되기 때문이다. 우리가 사는 현대사회는 은연중에 한가하게 여유를 가지는 사람을 게으르거나 불성실한 사람으로 만들어버린다. 또한, 반대로 바쁘게 사는 사람을 열심히 사는 사람으로 단정짓고 있다. 바쁘다는 생각 자체가 개인에게 있어서 일체의 여유를 빼앗아 버리는 것이기 때문에 바쁘다는 인식을, 가지고 사는 이상 제대로 일을 즐기는 것은 거의 불가능하다.

또한, 현대인들이 시간에 쫓겨 정신없이 살아가는 이유 중의 하나는 과도한 업무나 걱정거리들 때문이다. 무엇보다 지나친 경쟁을 조장하는 사회적인 분위기와 한 시간이라도 더 열심히 일해야 경쟁에서 밀리지 않고, 출세가 가능하기에, 정리해고나 퇴출과 같은 살벌한 분위기가 우리를 더욱더 일로 내모는 것일 것이다. 모든 것을 내가 책임져야 하는 창업은 직장생활보다 더욱 여유가 없고 스트레스를 많이 받는 일이다. 창업에서 중요한 것은 경영자적 능력과 자질이기도 하지만, 그것보다도 피할 수 없는 창업에 대한 스트레스를 잘 관리하는 것이다. 사실, 일은 생존을 위해 필요한 것이지만 거기에 임하는 사람들의 생각에 따라 행복에 대한 기여도는 다르게 작용 된다.

소규모 사업을 하거나 창업을 준비하는 것은, 오랜 시간과 많은 책임감을, 필요로 한다. 바쁜 스케줄과 육중한 책임들에 의해 자신이 소진되어가는 것을 피하기 위해서는, 사업을 즐기는 것이 필수적이다. 일에 대한 재미 없이는 창업가들의 자부심 또한 감소하게 된다. 좀더 확대해보면 스스로의 에너지 소모가 많을 경우, 안타깝게도 사업 자체의 성과도 감소하게 되는 것이 일반적이다. 그렇다면 농촌창업에 있어서 어떻게 하면 재미가 찾아오는 것일까? 우선 자신이 가진 욕심을 버려야 한다. 성공한 사람들이나 옛 성인들이 작은 것에서 즐거움을 찾을 수 있었던 까닭은 욕심을 버렸기 때문이다. 즉, 오래 일하고 물질을 많이 소유하기보다는 일을, 덜하고 적게 소유하는 것이 정신건강에 더 좋다는 것이다. 이러한 마음가짐이 치열한 경쟁 속에서 또는 새로운 영역을 개척하려는 우리 농촌 창업가들에게 반드시, 필요한 자세이다.

또한 소규모 사업은 시간 관리를 잘해야 한다. 이 말은 잠까지 줄여가며 창업에 투자하라는 이야기로 오해하지 않기를 바란다. 특히 소규모 사업을 창업한 사람들의 이야기를 들어보면, 대부분 집에도 들어가지 못하고 밤을 새워 아이템을 만들고 수정하며, 경영을 하고 있다. 그 열정만큼은 높이 평가하지만, 가족과의 시간이나 창업 이외의 자신의 삶에도 적당한 시간 투자가 필요하다는 것이다. 즉, 자신의 삶이나 가족이 우선이고, 그다음으로 사업이나, 과업 그리고 내 사업과 관련이 되는 혹은 내 사업과 관련성은 덜 하지만, 이슈가 되는 정보에 시간을 투자하라는 말을 하고 싶다. 소규모 창업가에게 골든 룰을 말하자면 3,000/500룰이라고 할 수 있다. 즉, 일 년에 3,000시간 일하고 500시간은 다른 커뮤니티나 다른 활동들에 사용해야 한다. 만약 이보다 많은 시간 이상 일을 한다면, 가정생활과 건강 모두를 해칠 것이다. 일 년에 3,000시간이면 한 달에 250시간이고 한주에는 62시간이다. 그렇다면 하루에 약 9시간 정도로 일하라는 것과 같다. 또한, 여기서 말하는 500의 의미는 일 년에 500시간이면 한 달에 약 42시간, 한주로 따지면 약 11시간, 그렇다면 하루에 대략 1~2시간은 다른 커뮤니티 활동에 사용하라는 것이다.

꼭 정해진 이 시간의 룰을 지킬 필요는 없다. 단지 하나의 제안이며 이러한 제안을 하는 의미를 먼저 생각해본다면, 여기서 말하는 시간 관리는 업무뿐 아닌, 자신에게 재미를 줄 수 있고 삶의 여유를 가질 수 있는, 말 그대로 휴식의 시간을 가지라는 것이다. 한마디로 지쳐있는 머리로는 성공할 수 없다.

- **소규모 사업을 하는 데, 있어 스트레스보다는 재미를 가질 수 있는 세 가지 팁을 제시한다.**

☐ **욕심을 버려라.**

☐ **소규모 사업은 8시부터 5시까지의 일과시간을 정하지 말라.**

☐ **가족과 사업을 떼어 놓아라.**

고심 끝에 창업 아이템을 정하고, 마케팅의 꽃이라고 할 수 있는 치밀한 시장조사를 마쳤다. 그리고 창업을 시작하여 새벽부터 밤늦게까지 혼신의 힘을 다하여 사업에 매달렸지만, 그럼에도 불구하고 우리 주변에는 다수의 창업자들이 사업장의 문을 열어두고도 찾아오는 사람이 없는 개점 휴업 상태이거나, 또는 폐업하는 곳을 많이 보게 된다. 즉, 누구보다 일찍 문을 열고 오랫동안 사업장을 지키고 있으면서 인터넷으로 뉴스나 보고 나른해져 졸게 되는 마치 평온한 지옥 같은 하루하루를 보내다 폐업을 결정하게 되는 것이 최근의 현실이다. 이처럼 많은 선배 창업인들이 다른 이들의 창업을 말리고 싶을 정도의 힘든 고통을 감수해 왔다고 말하지만, 한편으로는 내 사업을 한다는 것에 대한 성취감과 뿌듯한 기쁨들을 많이 이야기하고 있다. 창업의 과정은 이처럼 고통과 즐거움이 혼재하는 알 수 없는 경험이다. 그렇다면 즐거움 없는 고통보다는 즐거움을 통한 성취감으로 잠시 고통을 잊어보는 것이 어떨까?

(3) 친화력

맨체스터에서 런던까지 가장 빨리 가는 방법은 무엇인가? 한번은 영국의 모 잡지에서 위와 같은 내용으로 적지 않은 금액의 현상공모를 한 적이 있다고 한다. 이 공모에는 일반인들은 물론이거니와 수학자와 교통 전문 과학자들까지 다양한 사람들이 응모했다. 비행기, 기차, 자동차 등 다양한 탈것들이 등장했고, 지도상의 지름길을 측정해서 각각의 교통수단을 적절하게 혼합하는 방법도 나왔다. 그렇다면 1등을 한 답변은 무엇이었을까? 놀랍게도 좋은 친구와 함께 가는 방법이었다. 친화력은 사업 파트너와의 관계에서 매우 중요하다. 소규모 농촌창업의 경우는 더욱, 이러한 친화력이 필요하다. 농촌창업을 준비하면서 지역에서 도움이 되는 많은 커뮤니티나 기관들이 있을 것이다. 이렇게 주변 사업 파트너와 지역 고객들이 미래 자신의 사업에 중요한 관계자들이 될 수 있다.

그렇다면 지역 파트너나 지역 고객들과의 관계 형성과 유지를 위해 필요한 친화력을 가지기 위해서는 어떠한 노력이 필요할까? 결론은 지역공동체 즉, 지역 커뮤니티에 가입하는 것이다. 지역커뮤니티에 기여하는 것은 좋은 관계를 형성시킨다. 바꿔 말하면, 좋은 관계는 충성 고객베이스를 자극하고 지역 커뮤니티와의 장기적인 관계를 자극시킨다. 성공한 사업가들은 항상 그들의 지역 커뮤니티를 위해 긍정적인 방향으로 기여해 왔다. 좀더 구체적으로 이야기하자면, 이러한 친화력을 키우기 위해서는 농사 이외에 동호회 활동이나 외부활동을 한 가지 이상 지속적으로 하는 것이, 바람직하다. 지금 관심가지고 있는 농촌창업과 관련하여 이야기를 나누고 정보를 공유할 수 있는 모임이면 더욱 좋지만, 현업과 직접 연관되지 않은 모임이라도 모임에 참여하는 것이 좋다. 많은 사람들을 만날 수 있는 모임이면 적극적으로 참가하여 네트워크를 넓혀 나가야 한다. 실제 모든 일이 그렇지만 특히 창업은 혼자만의 힘으로 경영해 나가기 힘든 일이다. 우선 많은, 사람들을 만나고 인간적으로 동호회나 외부활동에 참여하는 것이 중요하다. 활발하게 모임에서 활동하면 많은, 사람들과 관계도 깊어지고 신뢰도 얻게 되는 것이다. 그러면 자연스레 인맥도 형성되고 많은, 사람들의 생각과 함께 자신에게도 새로운 아이디어들이 생겨날 것이다.

- □ **지역 신문에 광고하라**
- □ **지역 주민을 고용하라**
- □ **지역 커뮤니티에 적당한 기부를 하라**
- □ **외부활동을 한 가지 이상해라**

(4) 자부심

"자존심은 집에 두고 오라!" 특히 소규모 농촌창업을 앞두고 있을수록 이러한 충고를 하고 싶다. 이를테면, 500원짜리 군것질거리를 사더라도 제대로 고객대접받기를 원하는 고객들을 앞에 두고 자존심을 챙겨 봐야, 창업 전선에서는 성공을 방해하기만 한다는 의미이다. 그러므로 농촌창업자는 자존심을 버리고 대신 자기의 일과 제품에 자부심은 가져야 한다. 자존심이란 사전적 의미로는 남에게 굽히지 아니하고 자신의 품위를 스스로 지키는 마음을 가리킨다. 반면 자부심은 자기 자신 또는 자기와 관련된 것에 대하여 스스로 그 가치나 능력을 믿고 당당히 여기는 마음을 뜻하며, 바로 이것이 창업자가 갖추어야 할 마음가짐이다. 이제 막 창업아이디어를 세상에 내놓을 준비를 하고 있는 예비창업자에게 자존심보다 더 중요한 것은 자신이 생산하는 농산물과 만들고자 하는 제품의 가치와 능력에 대한 자부심이다. 이러한 자부심은 급변하는 경영환경 속에서 용기와 희망을 가져다 줄 수 있는 유일한 것이다.

4. 창업자에서 경영자로

창업자와 경영자는 같은 말일까? 그렇지 않다. 창업자가 되는 것과 경영자가 되는 것은 좀 다른 이야기이다. 창업자에게는 뜨거운 기업가정신과 같은 열정이 필요하다면 경영자에게는 냉철한 경영 능력 즉, 기업체를 관리하는 능력까지 동시에 필요로 하기 때문이다. 다시 말해, 창업자는 이슈가 될 만한 창업 아이템을 만들었다는 점으로도 주변으로부터 주목을 받고 또한, 뜨거운 박수를 받을 수 있지만, 경영자는 이러한 창업 아이템을 지속적으로 개발하고 발전시키는 것은 물론 기업체를 관리하는 역할까지 도맡아야 한다는 것이다. 따라서 창업자는 시장에서 새로운 컨텐츠를 생산하는 것으로도 관심을 받지만, 경영자는 그 컨텐츠가 잘 자랄 수 있는 경영환경을 조성할 수 있는 능력을 길러야 한다. 또한, 창업자는 변화를 만드는 능력자가 되면 족하지만, 경영자는 함께하는 이들이 능력자가 되게끔 만드는 조력자의 덕목도 요구되기 때문에 리더로써의 자질을 갖추어야 된다. 그러므로 창업자는 창업 시작한 후 몇 개월이 지나면, 곧 경영자가 된다. 농촌창업을 준비하는 예비창업자라면 사업을 시작한 지 몇 개월 후에는 자신이 금세, 그 사업이나 런칭한 브랜드를 수십 년 이상 책임져야 할 경영자가 되어야 하는 것도 염두에 두어야 한다.

❖ 창업자 vs 경영자

창업자

창업자란 창업을 위한 새로운 아이디어를 구상하고 인적, 물적, 재무적 자원을 손수 조달함은 물론, 대부분의 인적, 재무적 위험을 스스로 부담하여 기업을 직접 운용하고 성장시켜 가는 사람을 뜻한다.

경영자

혼자의 힘으로 조직의 모든 일을 성취할 수는 없으며, 조직의 힘을 빌려서 가능할 뿐이다. 따라서 경영자는 계획, 조직, 지휘, 통제의 관리기능을 보다 효율적으로 수행함으로써 조직의 목표를 성취할 수 있도록 하는 조력자이다. 그러므로 경영자란 혼자서 모든 일을 집행하고 처리한다기보다는 종업원을 통하여 여러 가지 일을 수행하는 사람이라고 말할 수 있다.

경영자로서 갖추거나 알아야 할 경영 전반에 걸친 지식들이 창업자에게도 필요하다. 하지만 무엇보다 창업자가 경영자로 탈바꿈하는 데 필요한 것은 바로 리더십일 것이다. 소규모 농촌창업의 경우는 대부분 가족 단위와 지역 주민 또는 지역 농가들이 함께 일하는 파트너가 될 것이다. 이러한 파트너들을 관리하고 협력하여 성공적인 농촌창업을 이루기 위해서는 반드시 리더십이 필요하다.

(1) 리더십의 의의

리더십이란 "주어진 상황 속에서 목표를 달성하기 위해 노력하는 개인 또는 집단과정"이다. 이러한 정의에서 필연적으로 얻어지는 결론으로 리더십이란 리더, 추종자, 그리고 상황 요인들의 하모니에 의해 생겨나는 것을 알 수 있다. 즉, 아래와 같은 공식으로 설명할 수 있다.

$$L = f(l, f, s)$$

※ L = leadership (리더십)	※ l = leader (농촌 창업가)
※ f = follower (가족, 지역주민, 직원)	※ s = situation (농업환경, 경영환경)

따라서 리더십 유형은 한 가지 유일한 것이 아니라, 리더인 농촌 창업가와 가족이나 지역 농가들 또는 직원들인 추종자, 농작물 재배환경이나 판매환경을 포함한 경영환경 등의 상황 요인 간 상호 작용에 따라 달라져야 한다. 추종자 또는 상황적 요소가 독재적 리더십 유형을 원하거나 그러한 유형을 사용해야 할 여건이라면 독재적 리더십(과업지향적 리더십)[4]을 사용해야 효과적이며, 반

4) 과업지향적 리더십 : 업무를 설계 배분하여 과업을 주도적으로 리드하고 업적을 많이 내게 하는 리더.

대로 추종자와 상황적 요인이 민주적 리더십(인간지향적 리더십)[5]을 요구하면 민주적 리더십 유형이 더욱 효과적이다. 리더십을 좀더 잘 이해하기 위해서는 리더십과 관련된 몇 가지 대표적인 이론을 간단히 살펴볼 필요가 있다. 리더십의 전개 과정은 크게 특성이론, 행위이론, 상황이론으로 전개되었다.

특성이론 : 리더의 특성과 자질 중시

특성이론은 리더는 태어날 때부터 리더의 특성을 가지고 태어난다는 것이다. 즉, 처칠이나 나폴레옹, 이순신 장군 등 성공적인 리더는 그가 가진 특성이나 성격이 비성공적인 리더들과 다르다고 보고, 그 특성을 연구하는 것이다. 하지만 그들 중 자질이나 특성이 똑같은 사람은 없었다. 다시 말하면, 리더적 자질이나 특성은 존재하지 않는다고 볼 수 있다.

행위(행동)이론 : 리더의 행동주시

행위이론은 리더가 추종자에게 보여주는 행위(행동)를 리더십으로 보고 성공적인 리더는 특별한 리더십 행위 유형에 의해 비성공적인 리더와 구별된다는 이론이다. 행위이론으로는 오하이오 대학연구, 관리격자 이론, PM이론 등이 있다. 이 이론은 상황에, 관계없이 유일한 리더십 행위가 있다는 것이다. 하지만 이 이론의 한계는 성공과 실패에 영향을 미치는 상황 요인을 고려하지 않고 있다는 점이다.

상황이론 : 리더가 처한 상황을 중시

상황이론의 리더십 유형은 리더, 부하 및 과업의 특성 등 상황 요소에 따라 다르다는 것이다. 즉, 이상적 리더의 유형이 독립적으로 존재하는 것이 아닌, 상황에 맞는 것이며, 예를 들어, 독재적이거나 과업 중심적인 리더도 높은 성과를 올릴 수 있다는 것이다. 상황이론에는 피들러의 상황적합이론, 하우스의 목표-경로이론, 허시와 블랜차드의 상황이론 등이 있다. 이 이론 역시 리더가 상황에 대한 적합한 리더십 구사 능력이 없다면 효과적일 수 없다는 비판이 있다.

---

5) 인간지향적 리더십 : 추종자에 대해 관심을 보이고 항상 편하게 해주며 그들로부터 신뢰를 얻는 리더.

(2) 농업경영에서의 리더십

그렇다면 농업경영에서 필요한 리더십은 어떤 것일까? 농업인이 추종자이며 농촌 지역사회인 상황에서, 농촌지도자는 일반기업의 리더와의 다른 새로운 차원의 리더십이 요구된다. 즉, 수퍼리더십(super leadership)[6]이다. 이것은 추종자들이 스스로 리드할 수 있도록 돕는 리더십이다. 수퍼리더는 추종자들에게 최대한의 자율권을 부여하고 리더는 지배자나 감독자이 아닌 코치와 상담자 역할만 한다. 수퍼리더 밑에는 스스로 잘 훈련된 수퍼 추종자들이 양성되는데, 그 과정은 다음과 같다.

① 리더가 비전을 설정한다.
② 리더와 추종자를 위한 목표를 설정한다.
③ 목표달성에 도움이 되는 성과를 강화시킨다
④ 건설적이고 합당한 꾸지람을 한다.
⑤ 변화를 관리하고 촉진시킨다.
⑥ 추종자에게 "할 수 있다"는 자기효능감(self-efficacy)[7]을 심어준다.

5. 농촌 창업지원

위에서 언급한 성공적인 창업을 위한 능력은 타고나기보다는 대부분 노력으로 길러지는 것이다. 이러한 능력과 더불어 또 하나 필요한 것은 정보력일 것이다. 농촌창업에 필요한 도움이나 훌륭한 정보들이 곳곳에 많이 있으나, 관심이 없거나 익숙하지 않아서 흘려보내는 경우가 많다. 농촌창업에 관심을 가지는 사람이라면 농촌진흥청 홈페이지를 자주 이용해보기를 권한다. 농촌진흥청은 2011년 강소농[8] 실현을 위한 농업 녹색기술 개발보급에 역점을 두었다. 농촌창업과 관련된 사항들을 정리해보면 아래와 같다. 또한, 더욱 다양한 정보들은 본서의

6) 슈퍼 리더십 : 추종자 스스로가 자신을 리드하도록 만드는 리더십
7) 자기 효능감 : 자신이 수행하려는 직무에 대해 이를 성공적으로 마칠 수 있다는 믿음의 정도
8) 강소농 : 작지만 강한 농업경영체를 일컫는 말이다

마지막 장에서 소개하기로 한다.

(1) 농촌지도 역량 및 기반 강화

강소농 육성 협력체계 강화

유관기관과의 전략적 협력으로 전방위적 지원체계를 구축하고 있다. 이는 각 기관의 사업과 연계, 현장 지도역량 보완 및 경영체 육성에 활용할 것이며, 기관별 맞춤형 협력 분야를 선정하여, 집중 지원하려는 계획이다. 중소기업청은 농업기술 유망분야 창업을 지원하려 계획하고, 농공상 융합형 창업 및 농산물 가공 등 소규모 창업 활성화를 지원하고 있다. 농수산물 유통공사는 농산물 수출을 지원하여 수출 유망품목을 발굴하고 해외시장 정보를 제공하고 있다.

한국농어촌공사는 강소농 육성을 위한 기반 조성 및 해외농업개발을 지원하는 일환으로 경관 조성, 도농교류협력, 해외농업개발 정보를 제공하고 있다. 농협은 농축산물 가공, 유통, 마케팅을 지원하려는 일환으로 하나로마트 등 농산물 판매장을 통한 적극적 전시 및 홍보와 판매를 지원하고 있다.

(2) 농업경영체 역량 향상

비즈니스 농업경영체를 위한 육성교육과 컨설팅

농촌진흥청은 비즈니스 농업경영체를 육성하려는 계획하에, 영농 규모는 작지만, 지속적인 역량개발을 통해 강한 농업경영체를 선정하여 강소농으로 집중육성 하고 있으며, 2011년에 15,000개 경영체에서 2012년부터 15년까지 매년 20,000개 이상 경영체를 육성했으며, 2022년까지 육성한 전국의 강소농은 8만 8,000여 농가에 이른다. 전국 또는 지역단위 모델이 될 수 있는 발전 가능한 경영체를 선정하여 이러한 경영체에 대해 비즈니스 교육, 홍보, 시범사업 참여 등을 지원하고 있다. 구체적으로 농진청은 내·외부 전문가 풀을 구축하여 교육 및 강소농 육성 매뉴얼을 지원하며 시군센터는 경영체 대상 컨설팅과 교육 및 기술보급사업을 연계, 지원할 계획이다. 또한, 우수 시범 경영체를 활용하여 지원모델 개발 및 사례를 확산하여 우수경영체 사업현장을 교육장으로 활용하고 성공사례를 전국에 확산시켜 나가고 있다.

농촌진흥청은 2022년 제8회 강소농대전[9]을 “강소농과 소비자가 함께 여는 내일의 농업"이라는 주제로 개최하였고, 강소농대전은 각 지역에서 우수 강소농으로 추천된 농업인들이 직접 생산한 농산물과 가공품을 소비자에게 선보이며 판매와 소통, 접점을 강화하는 기회를 마련하기 위해 열렸다. 제8회 강소농대전에는 272개 강소농이 참여해 총 157개의 농식품 전시・판매 공간을 운영, 5개 분야 △신선식품 △전통식품 △건강식품 △최신 농식품 및 신기술 시제품 △음료・간식・주류로 공간을 구성해 농식품에 관심 있는 소비자들의 호응도를 높였다.

(3) 소득향상지원

지역농업 특성화 및 농촌자원 부가가치 증진

시・군별 주력 품목에 대한 집중 자원으로 농가 소득향상에 기여하며, 농촌자원을 활용한 소규모 창업활동 및 농촌체험 명품화 등을 지원하고 있다. 구체적으로 농가 단위 농식품 가공, 판매 등 소규모 창업활동 지원의 일환으로 농촌 여성 창업을 위해 창업 실무교육과 가공 장비, 작업시설, 포장개발 및 유통 개선기술을 지원하고 향토음식 자원화 및 농가 맛집 조성에 힘쓰고 있다. 또한 시군별 농촌체험 지역 네트워크를 확대하여 지역 내 체험 마을간 협력체계를 강화하고 품질관리 및 마케팅 정보를 공유해 나가고 있으며, 이와 함께 농촌체험용 가양주 제조 등 특화된 프로그램을 보급하여 지역별 체험상품과 같은 콘텐츠 개발과 초・중・고생 체험학습을 통해 교과과정 연계 농촌교육농장을 늘려나갈 계획이다.

9) 매일일보(http://www.m-i.kr)

6. FTA와 농촌창업

위와 같은 여러 농업 관련 기관의 노력에도 불구하고, 농산물 수입개방으로 인해 우리 농촌에 희망이 안 보인다는 얘기는 이제 놀랄만한 뉴스거리도 아닌 것 같이 들린다. 1991년 우루과이라운드(UR)[10], 2001년 도하개발 아젠다(DDA)[11], 2002년 한칠레 FTA로 한국 농촌의 현실은 점점 어려워졌다.

2001년 11월 카타르 도하에서 개최된 세계무역기구(WTO) 도하개발아젠다 협상(DDA: Doha Development Agenda)은 WTO 출범 이후 최초의 다자간 무역협상으로서 현재까지 수차례 협상회의를 진행하고 있으나, 협상에 대한 회원국 간의 입장 차이로 현재까지 협상이 계속되고 있다. 한편, 자유무역협정(FTA :Free Trade Agreement)[12]은 국제교역에서 특정 국가 간 관세와 무역장벽 철폐를 통해, 자유무역 실현을 목적으로 하고 있으며, 일반적으로 역내 관세 철폐를 통한 자유무역협정, 역외 공동 관세부과의 관세동맹, 역내 생산요소의 자유로운 이동을 보장하는 공동시장, 역내 공동경제 정책 수행 및 초국가적 기구의 설치와 운영을 통한 완전경제통합의 단계를 거쳐 발전하고 있다. 이러한 DDA와 FTA는 자유무역을 통해 국가의 이익증대라는 의미에서 공통점을 가지고 있지만, 협상의 범위 및 목적에 있어 차이점을 가진다.

협상의 범위와 목적

먼저, 협상의 범위에 있어 DDA는 다자간 협상의 일괄타결방식을 채택하고 있는 반면, FTA는 양자 간 협상을 기본으로 하고 있다. 협상 목적에 있어 DDA는 관세 철폐가 아닌 관세 감축을 목표로 하고 있으며, FTA는 일부 예외품목을 제외하고, 관세 철폐를 원칙으로 하고 있다.

현재, 앞서 기술한 바와 같이 WTO의 DDA는 지금도 협상이 계속 진행되고

10) 우루과이라운드(UR) : "관세 및 무역에 관한 일반 협정(GATT)" 각료회의를 출발점으로 하여 8번째인 1993년 12월 타결된 다자간 무역협상
11) DDA : 2001년 11월, 카타르의 도하에서 열린 세계 무역기구(WTO) 제4차 각료회의에서 합의되어 채택된 새로운 다자간 무역협상
12) FTA : 특정 국가 간 상호 무역증진을 위해 물자나 서비스 이동을 자유화시키기 위해 모든 무역장벽을 제거하는 협정

있으며 반면, FTA는 활성화되고 있는 모습을 보이고 있다. 특히, 한국의 경우 미국, 중국, 아세안, 일본, EU 등의 국가와 중점적으로 FTA를 추진하거나 추진할 계획을, 가지고 있으며, 이들 국가와의 FTA는 농산물시장의 전면적 개방이라는 측면에서 매우 심각한 우려 및 문제점을 야기하고 있기에, 이와 관련된 다양한 연구가 진행되고, 있는 실정이다. 실제로 국내 농업은 개방으로 인해 어려움을 경험했고 앞으로도 여러 문제에 노출되고 있다. 하지만 세계화 흐름 속에서 국익 신장을 위해 자유무역 조치를 전면적으로 부정하기는 어렵다. 그러므로 마찰 비용을 최소화하고 국제 환경에 대응하는 능력을 키우는 노력에 따라, 국내외 시장점유율을 높여나갈 수 있을 것이다. 즉, 시장개방이 우리 농촌의 경쟁력을 높이는 계기가 될 수 있다는 것이다.

일반적으로 FTA 체결에 의한 농산물시장의 피해 및 문제에 관한 연구는 협상 물품에 대한 대외 가격경쟁력, 수출경쟁력, 수입경쟁력, 품질경쟁력 분석을 통해 예상 피해 규모 예측과 방안에 관한 연구가 중요시될 것이다. 이러한 품목별 경쟁력 분석은 FTA 체결에 의한 농산물시장의 개방과 관련하여 국내 농산물과 외국 농산물과의 경쟁에서 얼마나 경쟁력을 가지고 있는가에 대한 여부 및 정도에 대한 분석이며, 이를 바탕으로 경쟁력 향상을 위한 다양한 대응 방법만이 제시되는 상황이다.

농산물 가격은 주로 생산비 수준에 의해서 결정되므로 해외 농산물 가격은 국내 농산물 가격보다 훨씬 낮은 수준에서 수출가격이 형성된다. 현재 진행되고 있는 각종 개방 협상은 현재 수준의 높은 관세율을 목표연도 이전까지 점진적으로 감축하거나, 즉시 철폐하는 것을 주요 개방 수단으로 적용하고 있다. 또한, 해외 농산물의 수입 확대는 국내 농업생산물 전체에 무차별적인 영향을 미치는 것이 아닌, 농축산물의 품목별로 조금씩 다른 영향을 미치고 있다. 첫째, 토지 의존적 식량작물의 경우, 생산이 크게 위축되고 있다. 식량작물은 생산과정에서 토지 의존성이 높은 작물이므로 광대한 토지를 이용하는 식량 수출국의 대농 경영자와의 생산비 경쟁에서 비교열위적이다. 둘째, 자본과 기술집약적인 원예작물은 개방에도 불구하고 생산이 증가해왔으나, 최근 10여 년간 생산이 위축 또는 정체되고 있다. 채소류와 과실류 등 원예작물은 상대적으로 자본과 기술집약적이라는 생산 과정상의 특성과 국민소득 증가에 따른 소비의 지속적 증가 및 수송, 보관 등의 과정에서 신선도를 유지하기 위한 높은 물류비 등의 영향으로 수입이 제한되는 등의 원인 때문에 과거 10여 년간(1989-2000년) 국내 재배면적은 전반적으로 증가하였다. 그러나 채소, 과일류 역시 농가의 작물 선택의 집중으로 과잉생산, 가격폭락 현상이 빈번함에 따라, 최근 10여 년간(2000-2010년) 재배면적이 점차 감소하는 추세를 보이고 있다. 셋째, 축산은 높은 소비증가율과 함께 국민의 식품안전성 선호 추세의 확산에 힘입어 값싼 해외 축산물의 수입에도 불구하고 지속적인 생산증가 현상을 나타내고 있다. 하지만 현재 해외 축산물의 전면적인 매스컴 광고를 통해 점진적으로 심각한 경쟁이 예상된다.

농산물 시장개방이 본격적으로 진행되면서 농민단체를 중심으로 농민들은 한국농업의 미래에 대한 패배감이 넓게 만연되었다. 그러나 본격적인 시장개방이 진행된 1995년 이후에도 수입농산물의 시정점유율(수입/국내 공급)은 크게 변하지 않았다. 국내 공급량에 대한 수입량의 비중은 관세율의 점진적 하락에도 불구하고 괄목할 만큼 증가하지 않았으며, 2002년 대비 2008년에는 오히려 감소하는 일이 발생했다. 미국산 쇠고기의 파괴력이 어떻게 나타날지 모두가 긴장하며 우려의 목소리를 높이고 있었지만, 수입쌀이나 미국산 쇠고기는 우리가 걱정하는 만큼 시장을 뒤흔들지 못했다. 어느 정도 시장을 잠식했지만, 우리 국민의 저력도 만만치 않았기 때문이다.

우리나라는 지난 1980년대 말에 쇠고기 시장을 개방하였다. 당시 값싼 미국산 쇠고기가 들어오면 한우 시장이 초토할될 것으로 예상하고 모두들 우려, 하였지만 결과는 달랐다. 쇠고기 시장개방에 맞서, 한우 시장은 경쟁력을 갖추기 위해 품종개발, 고급육 생산 등이 이루어졌고, 그 결과로 소비자들에게 수입 쇠고기에, 비해 한우가 고급육임을 자리매김하였고, 이는 수입 쇠고기 시장과 한우 시장 사이에 확실한 인식 차이와 더불어 한우 시장이 더욱더 견고해졌다. 2001년에는 소 시장이 전면 개방되었다. 당시 한우 농가들은 전면 개방으로 인해 한우 시장이 잠식당할까 우려했으나, 지금은 그 어떤 농가도 수입 생우를 겁내지 않는다. 수입 생우는 현재도 들어오고 있지만, 한우 시장은 더욱더 견고해지고 있다.

2008년 미국산 쇠고기 광우병 파동 사건이 있었다. 미국산 쇠고기가 모두 회수되고 난리였다. 당시 미국산 쇠고기가 모두 회수되니 시장에서 쇠고기 물량이 줄어 한우 가격이 비쌀 수 밖에 없었다. 미국산 대신 호주산이 시장에 대량으로 나왔다. 하지만 한우 가격은 별 영향을 받지 않았고, 한우 한 마리가 500만 원이 넘어서는 과정에서 고기는 맛만 좋다면 가격은 문제가 되지 않는다는 소비자들의 반응이 나타났다.

왜 이러한 현상이 일어나고 있는가? 그것은 소비자의 식품(농산물포함)선택 기준이 가격요인보다는 신선도, 맛, 식품의 안전성 등 비가격적 요인을 더 중요하게 고려하고 있기 때문이다. 따라서 높아지고 있는 값싼 해외 농산물의 수입 압력에 맞서 우리 농업의 경쟁력을 확보하기 위해서는 국내·외 소비자의 변화되고 있는 농식품 선호기준에 대응하여 고품질이나 서비스에서 차별화되는 농산물을 생산, 유통시킬 수 있는 경영전략의 개발이 필요하다. 예를 들어 농산물 가격을 비교해보면 국내산 농산물 가격이 수입산 농산물 가격에, 비해 경쟁력이 떨어진다. 그러나 품목에 따라 선인장이나 파프리카와 같은 품목은 수출시장을 선점하고 있으며, 우리나라가 경쟁우위를 가지고 있다. 즉, 가격, 품질, 수출에 있어서 다각적인 노력과 차별화된 마케팅 전략으로 경쟁력을 확보할 수 있다. 종합해보면, 농산물시장 개방에 있어, 우리 농산물의 상품성 향상을 통한 경쟁력 강화가 시급하며, 이를 위해서는 농촌 창업가들의 창의적 도전이 필요하고, 성공적 창업을 위한 창업자에 머물지 않는, 진정한 농업경영인이 되어야 한다.

7. 창업계획과 절차

소규모창업은 적은 자본으로 시작하는 사업을 일컫는 의미로, 그 자본 규모의 범위가 명확하지 않다. 하지만 소상공인이라는 단어는 그 정의가 비교적 분명하다. 소상공인[13]이란 보통 상시 근로자 수가 5인 이하의 업체를 말하며, 제조업체의 경우는 10인 이하의 업체로 규정하고 있다. 따라서 우리가 흔히 말하는 소규모 농촌창업기업은 소상공인에 해당하는 것으로 이해할 수 있는 것이다. 이처럼 농촌창업을 포함한 소규모창업에 있어서 가장 중요한 3요소는 창업자와 창업 아이템, 그리고 자금이라 할 수 있다.

□ **창업자**
□ **창업 아이템**
□ **창업자금**

이들 3가지 가운데 가장 중요한 것을 하나만 고른다면 바로 창업자라 할 수 있다. 물론 창업 초기에는 창업자금을 확보하는 것이 가장 중요하다는 생각이 들기도 하지만, 그 자금을 운용하여 성공적인 창업을 만들어내는 주체가 누구인지를 생각해, 본다면 바로 창업자이기 때문에 창업자가 창업 성공의 핵심이라고 할 수 있겠다. 그렇다면 이러한 창업자가 성공적인 창업을 이끌도록 하는 성공 창업의 절차는 무엇일까? 창업을 준비하는 예비창업자는 창업을 결정하는 순간부터, 개업을 할 때까지 다음과 같은 단계를 거치면서 꼼꼼히 준비해야 한다. 현명한 창업자는 실패하지 않도록 철저히 준비하고, 혹 실수하더라도 바로 바로 원인을 분석하여 다시는 똑같은 실수가 없도록 경영활동 전반에 적용되어야 한다.

13) 소상공인은 광업, 제조업, 건설업 및 운수업의 경우 상시 근로자 수 10명 미만, 그밖의 업종은 상시 근로자 수 5명 미만의 사업자를 말한다. (자료제공 : 소상공인 보호 및 지원에 관한 법률)

(1) 자기분석과 창업환경 분석

손자병법에 지피지기 백전백승[14]이라는 말이 있다. 이는 적을 알고, 나를 알면 백 번 싸워도 백번 이겨낼 수 있다는 의미이다. 즉, 상대(소비자)와 나(창업자)의 약점과 장점을 충분히 알아야 하는 것이 성공적인 창업의 첫 단계라는 것이다. 먼저 가장 손쉽게는 자기 자신을 철저하게 분석하는 것이다. 실제로 자기 자신을 평가하는 일은 객관성을 잃기 쉬우므로, 단순한 문제는 아니다. 그러기에 철저히 분석해야 한다. 실제로 자기를 분석하고 평가하는 일은 객관성을 잃을 수 있기에 주의를 해야 한다. 왜냐하면, 대부분의 사람들은 자기 자신을 과대평가하는 경향이 있기 때문이다. 창업을 꿈꾸는 사람들의 기질은 더욱 그러한 경향이 커서 자신을 제대로 잘 분석하지 못한다. 타인의 장·단점은 잘 보이지만 오히려 가까이 있는 자신을 돌아보기는 더 어렵다는 것이다. 그러기에 자기 자신을 객관적인 시각으로 분석하고 평가하여 장·단점을 찾아내고, "고객의 욕구를 만족시키기 위해, 나는 혹은 우리 회사는 어떤 역량을 가지고 있는가"를 파악해봐야 할 것이다.

다음으로 외부 환경을 분석해야 한다. 외부 환경이란 기본적으로 시장을 구성하는 고객들, 경쟁자들, 그리고 자신이 통제하기 힘든 문화적, 기술적, 사회적, 법률적 환경 등이 있다. 그러므로 이러한 창업환경 분석 단계에서는 다음과 같은 사항들을 신중하게 분석해 보아야 한다.

- □ **고객의 누구이고 고객의 욕구 중 어떤 부분을 만족시켜야 하는가?**
- □ **현재의 경쟁자는 누구인가?**
- □ **앞으로 예상되는 경쟁자는 누구인가?**
- □ **우리의 협력자는 누구인가?**
- □ **현재 시장에 영향을 미칠 수 있는 문화적, 기술적, 사회적, 법률적 요소에는 어떤 것들이 있는가?**

이와 같은 고려사항들과 외부 환경 등을 분석하고 창업의 방향을 결정해야

14) 지피지기 백전백승 (知彼知己百戰百勝)으로, 그 뜻은 "적을 알고 나를 알면 백 번 싸워도 백 번 이긴다"이다. 이 말은 본디 없는 말로 본래의 말은 '知彼知己白戰不殆(지피지기백전불태)이다.

한다.

(2) 업종 및 아이템 선정

자기분석과 창업환경 분석을 한 후 자신에게 가장 매력적인 업종이나 아이템을 찾아야 한다. 소자본 농촌창업에 있어서는 업종 선택과 아이템 선정이 창업의 성패를 결정짓는 가장 중요한 요소 중 하나일 것이다. 좋은 업종과 아이템을 선정하였다면 창업 준비는 반 이상 끝난 것이나 다름없다. 좋은 업종 및 아이템이란 수익성, 안정성, 성장성, 독창성 등을 고루 갖추고 있어야 한다.

- ☐ **수익성**
- ☐ **안정성**
- ☐ **성장성**
- ☐ **독창성**

우리는 흔히 아이템이나 업종이 창의적이고, 다른 사람들이 생각해내지 못한 독창성을 가지면 경쟁의 걱정 없이 승승장구할 수 있을 것이라 생각하겠지만, 미래의 수익성과 안정성 그리고 시장의 성장률을 따져보지 않는다면, 이러한 업종 및 아이템은 그냥 잠시 잠깐의 화젯거리에 그칠 수 있다는 것을 명심해야 한다. 또한, 자신의 자금 능력 범위 안에 있는 업종 및 아이템인지도 고려해 보아야 한다.

(3) 사업 타당성 조사

업종 및 아이템이 선정되면 이 사업이 성공할 가능성이 있는지를 알아보기 위한 절차를 걸쳐야 한다. 창업 업종 및 아이템에 대한 기술력, 시장분석 및 판매 전망, 수익성 등을 분석하는 단계로 이를 사업의 타당성 조사라고 한다.

- ☐ **기술력**
- ☐ **시장분석 및 판매 전망**
- ☐ **수익성**

창업 업종 및 아이템에 대한 기술력 분석은 제품이나 서비스의 기술 수준, 품질, 성능 분석과 생산 계획, 기술 및 기능인력 확보 등이 여기에 해당한다. 그리고 시장분석이란 시장의 특성 및 구조, 잠재수요, 유통경로, 판매시장 환경, 경쟁, 시장진입 가능성과 중장기적 수급 전망 등이 있으며, 수익성 분석에는 수익 전망, 소요자금의 규모와 조달 가능성, 자금운용 계획, 사업의 위협요소, 성장 가능성 등을 포함한다.

(4) 사업계획서 작성

업종 및 아이템을 선택하고 사업의 타당성을 조사한 후, 창업 성공의 가능성이 높다고 판단되면, 이제 구체적인 사업계획서를 작성해야 한다. 실제로 농촌 창업에 있어서 소규모창업이 대부분이고 경영에 대한 이해 부족으로 이러한 사업계획서를 복잡하게 생각해서 작성하지 않는 경우가 대부분이다. 하지만 사업계획서에는 세부적인 사업내용과 실행계획까지 모든 것을 담고 있기에 사업의 성공 여부를 결정하는 매우 중요한 단계로 창업에 있어 꼭 필요한 절차이다. 그러므로 농촌창업을 하려는 사람은 누구나 반드시 사업계획서를 작성해 보아야 한다. 즉, 창업의 규모와 경중에 관계없이 사업계획서는 반드시 작성해 보아야 한다. 이처럼 사업계획서가 중요하고 꼭 작성해 보아야 하는 이유는 다음과 같다.

① 창업 후에 겪어야 할 시행착오를 최소화할 수 있다.
② 자기가 하고자 하는 사업에 대한 모든 점검을 할 수 있는 기회가 된다.
③ 창업에 대한 결의를 다질 수 있다.
④ 동업자 혹은 투자자에 대한 투자설명서로 활용될 수 있다.
⑤ 창업 초기에 생길 수 있는 혼란에 대한 지침서 기능을 할 수 있다.

사업계획서를 작성할 때 꼭 염두에 두어야 하는 사항들이 있는데 그것은 다음과 같다.

① 사업계획서는 객관성이 있어야 한다.
② 사업의 핵심 내용을 강조하여 부각시켜야 한다.

③ 제품 및 기술성 분석에 대한 내용은 가급적 전문용어 사용을 피하고, 단순하고도 보편적인 내용으로 구성한다.

④ 자금조달 방법과 운용계획은 정확하고 실현 가능성이 있어야 한다.

⑤ 사업에 잠재되어 있는 문제점과 앞으로 나타날 수 있는 모든 위험 요소를 솔직히 예측해 보고, 그 대비책을 제시해야 한다.

⑥ 누구를 위해 어떤 목적으로 작성하는지 목적과 용도에 맞추어 내용을 달리 해야 한다. (자기 검토용 vs 자금 조달용).

위에 언급한 내용들을 꼭 염두에 두고 사업계획서를 작성할 때는 다음의 내용들을 포함하고 있어야 한다.

① 창업업체 현황

a. 업체 개요
b. 창업자
c. 업체 연혁
d. 창업 동기 및 사업의 기대효과
e. 사업 전개 방안 및 향후 계획

② 조직과 인력

a. 조직도
b. 인력구성의 특징
c. 종업원 현황 및 고용계획
d. 교육훈련 현황 및 계획

③ 기술 현황 및 기술 개발계획

a. 제품의 내용
b. 업종 선정과정 및 사업 전망
c. 기술 현황 및 기술 개발계획

④ 생산 및 시설계획

a. 생산 및 시설현황
b. 생산공정
c. 원·부자재 사용 및 조달계획

d. 시설 투자계획

⑤ 시장성 및 판매 전망

a. 관련 업체의 최근 상황

b. 경쟁업체 현황

c. 판매현황, 판매경로 및 방법

d. 시장 규모 및 자사 제품 수요 전망

e. 연도별 판매계획 및 마케팅 전략

⑥ 재무계획

a. 재무현황(최근 주요 재무상태 및 영업실적, 금융기관 차입 현황 등)

b. 재무추정(자금조달 계획표, 추정 손익계산서, 추정 대차대조표)

c. 향후 수익 전망(손익분기점분석, 향후 5개년 수익 전망)

⑦ 자금운용 조달계획

a. 소요자금

b. 조달계획

c. 연도별 자금계획

d. 자금조달의 문제점 및 해결방안

⑧ 사업추진 일정계획

⑨ 기타

a. 인허가

b. 특수시설 등

c. 부록 및 참고사항

(5) 입지선정

입지선정단계는 업종 및 아이템을 선정한 후 타깃이 될 수 있는 주요고객층이 많이 모이는 곳에 입지를 결정하는 일이다. 소자본 농촌창업에 있어서 입지를 선정하는 일 역시 창업의 성패를 결정짓는 중요한 일 중에 하나이다. 우리가 흔히 이야기하는 목 좋은 점포를 찾는 것이 여기에 해당한다. 이와 같이 좋은 입지를 찾기 위해서는 반드시 상권분석이 필요하다. 상권분석의 방법은 유동 인구를 파악하는 것에서부터 시작한다. 간단하게 예를 들자면, 선정한 상권에 출입하는 유동 인구를 시간대별, 성별, 연령별로 파악한다. 그리고 주위의 경쟁업체를 분석하고 상권의 미래 전망 등도 함께 분석해야 한다.

(6) 창업자금 확보

창업을 준비하는 예비창업자들에게 기본적이면서도 가장 현실적인 문제는 창업자금의 확보일 것이다. 대부분 창업자의 자금조달 방법은 자기자본 일부에다 외부로부터 빌리는 방식을 사용한다. 실제로 많은 창업 전문가들은 창업자금의 50%이상은 자기자금으로 하는 것이 바람직하다고 조언하고 있다. 만약 창업자금의 외부조달 비중이 너무 높은 경우, 창업자의 입장에서는 금융부담이 가중되어 사업 수행에 많은 스트레스가 가해지기 때문에 사업이 즐겁지 못하고 피곤해진다. 또한 투자자들의 입장에서는 창업기업의 자기자본이 너무 적으면 재무구조가 불안정하다는 우려로 인해 투자를 꺼리는 원인이 될 수 있다. 그렇다고 해서 창업자금을 100% 모두 자기자본으로 한 경우, 사업에 긴장감이 떨어지고 적극성을 잃어버리기 쉽다. 또한, 급변하는 경영환경에서 언제 찾아올지 모르는 위험에 대비하기 위해서도 자기자본으로만 창업을 하는 것은 위험 분산이나 포트폴리오 측면에서 옳지 않다.

따라서 창업자금의 일정 부분은 금융기관이나 정부로부터 빌리는 것이 바람직하다고 하겠다. 또한, 관할 지자체나 중소기업청 등에서는 소상공인을 위한 창업자금을 낮은 금리로 빌려주는 제도 등이 있으므로 창업자금의 조달과 관련된 정보에 관심을 가질 필요가 있다.

(7) 개업 준비

개업 준비 단계는 이제 실제로 사업계획서에서 계획한 대로 실행에 옮기기만 하면 되는 단계이다. 자금을 조달한 후 임대차 계약을 맺고, 종업원을 구해서 교육하게 되는 것이다. 판매할 상품을 준비하고 영업허가나 신고 등 행정절차도 밟아야 한다. 매장이나 사무실의 설비 및 인테리어 공사 그리고 로고나 CI (corporate identity)[15] 작업 등도 개업 준비 단계에서 실행에 옮기게 된다.

---

15) CI (corporate identity) 기업 이미지 통합 전략 : 기업의 이미지를 통합하는 작업을 가리키며 주로 시각 이미지로 표현할 수 있는 기업 로고나 상징(symbol) 마크를 통해 나타남.

✤ 이 장의 요약

창업은 새로운 아이템을 찾기보다는 자신이 가지고 있어야 하는 하나의 아이덴티티(identity)를 찾는 것이다. 즉, 창업자 자신의 아이덴티티를 발견하고 그것을 재창조함으로써 자신이 만들 상품에 의미를 부여하고, 자신이 하는 일에 가치를 느끼는 것이다. 이러한 가치를 포함한 자신만의 아이덴티티를 소비자에게 전달함으로써 소비자들이 느끼는 고객가치, 고객 감동이 창조되는 것이다.

창업이란 어찌 보면 어둠처럼 막연한 상황에서 불빛처럼 가장 필요한 것인 바로 "왜"라는 질문이다. 흔히들 창업에서 중요하게 여겨지는 아이템 또한 "왜"라는 질문에서 비교적 간단하게 해답을 찾을 수도 있다. 농촌창업의 성공을 실현하는 것은 자신이 도달하여야 할 경영 목표를 정해둔 후, 한 걸음 한 걸음씩 목표를 행해 나아가는 것이다. 더욱이 소규모 농촌창업으로 성공하기 위해서는 경영관리에 있어서 아래와 같은 특징을 가진 목표를 반드시 가지고 있어야 한다.

이렇게 뚜렷한 목표와 함께 창업을 준비하는 사람들에게 혹은 지금 창업을 하고, 있는 창업가에게 필요한 능력이 있다면 창의력, 재미, 친화력, 자부심, 서비스 마인드일 것이다. 이러한 능력들은 자기 계발을 통해서 얻을 수 있는 것들이다. 또한, 경영자로써 갖추거나 알아야 할 경영 전반에 걸친 지식들이 창업자에게도 필요한 것이다. 하지만 무엇보다 창업자가 경영자로 탈바꿈하는데 필요한 것은 바로 리더십일 것이다. 농업경영에서 필요한 리더십은 추종자들이 스스로 리드할 수 있도록 돕는 수퍼 리더십이다.

농산물 시장개방으로 인해 증가하고 있는 값싼 해외 농산물의 수입 압력에 맞서 우리 농업의 경쟁력을 확보하기 위해서는 소비자의 변화되고 있는 농식품 선호기준에 대응하여 품질이나 서비스에서 차별화되는 농산물을 생산, 유통시킬 수 있는 경영전략의 개발이 절실하다. 이처럼 우리 농산물의 상품성 향상을 통해 경쟁력을 제고시켜야 하며, 이를 위해서는 농촌 창업가들의 창의적인 도전이 필요하고, 성공적인 창업을 위하여 창업자에 머물지 말고 경영인이 되어야 한다.

더 생각해 볼 문제

1. 자신만의 농촌창업의 목적은 무엇인가?

2. 농촌창업의 창의력을 훈련하기 위한 자신만의 방법을 생각해 보자.

3. FTA에 대처하기 위해 농촌 창업가가 가져야 할 아이디어를 생각해 보자.

4. 자신만의 사업계획서를 만들어 보자.

준비한 자가 기회를 잡는다 - 조선의 거상 임상옥

드라마 [상도]로 널리 알려진 조선의 거상 임상옥(1779 ~ 1855)은 조선 말기에 국제 무역으로 크게 부를 일으킨 사람이다. 그는 처음부터 부자가 아니었고, 상인으로 성공했던 것도 아니다. 임상옥은 장사를 배우기 전에 먼저 글을 배웠고 아버지가 돌아가신 뒤에는 역관들을 따라다니면서 무역에 종사했다. 그러나 10년 동안 그는 크게 두각을 나타내지 못했다. 10년 동안 장사를 하면서 많은 실패를 했으나, 자신이 왜 실패했는지에 대한 분석을 게을리하지 않았고, 장사의 원리를 하나하나 터득해 나갔다.

임상옥은 북쪽으로 압록강이 가까운 의주에서 태어나고 자랐기 때문에 청나라 사정에 정통했다. 또한, 그의 부친이 만상(조선 말기에 청나라와 교역을 했던 의주의 상인)이었기 때문에 청나라 말도 배울 수 있었다. 임상옥은 청나라 상인들이 가장 좋아하는 제품이 인삼이라는 것을 알았으나, 당시 인삼을 청나라 상인들에게 판매하는 것은, 그리 쉽지 않았다. 청나라 상인들은 교묘한 상술로 불매동맹을 맺어 조선 상인들이 헐값에 인삼을 팔고 돌아가도록 만들었다. 청나라에서 인삼값이 아무리 치솟아도 조선 상인들이 돈을 벌 수 없는 이유가 거기에 있다. 청나라 상인들은 조선의 상인들이 인삼을 가지고 연경으로 들어오면 그 인삼을 사기 위해 전장[16]에서 돈을 빌려서까지 저자로 몰려왔다. 청나라 상인들도 인삼을 사지 않으면 전장에서 빌린 막대한 자금에 대한 이자 때문에 곤란을 겪게 되는 것이다. "저들의 불매동맹에 대항하려면 우리가 물건을 팔지 않으면 된다." 라며, 임상옥은 불매동맹에 대처할 방법을 생각하고 많은 인삼을 사들였다. 임상옥과 조선 상인들이 연경에 도착하자, 그가 예상했던 대로 청나라 상인들은 조선 상인들의 인삼 값을 터무니없이 깎으려고 했다. 조선 상인들은 청나라 상인들이 값을 깎으려고 하자 비싼 값을 쳐주는 상인을 기다리면서 인삼을 팔지 않았다. 그러나 조선 상인들의 인삼을 비싸게 사겠다는 청나라 상인들은 없었다. 청나라 말에 능통한 임상옥은 연경의 저자를 돌아다니면서 불매동맹에, 대하여 샅샅이 조사했다. 그러는 동안 여러 날이 흘러 조선 상인들이 귀국해야 할 날이 돌아왔다. 조선 상인들은 사신을 따라와 물건을 팔아야 했기 때문에 사신이 돌아가는 날이 되면 같이 돌아가야 했다. 조선 상인들은 귀국할 날이 다가오자 다급해지기 시작했다. 그들은 우왕좌왕하다가 헐값으로 인삼을 팔아야 한다고 결론을 내렸다. "우리가 헐값에 인삼을 팔면 모두 손해를 보게 됩니다." 임상옥은 조선 상인들의 이야기를 듣고 있다가 말했다. "그렇다고 인삼을 도로 가져갈 수는 없지 않소? 그러면 우리는 완전히 망하게 되는 거요."

16) 전장 : 환전을 업으로 하던 상업 금융기관, 청나라 중기에 번영

"저들은 우리 인삼을 사기 위해 빚을 진 사람도 적지 않다고 합니다. 그러니 저들도 인삼을 사지 않을 수 없습니다." "그런 소리 마시오. 우리도 빚을 지고 인삼을 가지고 왔소. 그냥 가져가면 인삼은 어떻게 할 것이며 빚은 어떻게 할 거요." "제가 저들이 인삼을 사도록 만들겠습니다. 대신 인삼을 저에게 모두 맡겨주십시오." "당신을 어떻게 믿소. 우리는 저들에게 인삼을 팔 수 밖에 없소." "청나라 상인들이 원하는 대로 싸게 팔려면 차라리 저에게 파십시오. 저의 전 재산을 걸겠습니다." 임상옥은 조선의 상인들에게 어음을 써주고 그들로부터 인삼을 모두 인수했다. 그리고 객사 앞에 짚을 산처럼 쌓아놓고 인삼을 불태우는 시늉을 했다. 청나라 상인은 조선 상인들을 감시하고 있다가 그들이 머무는 객사 마당에서 불길이 치솟는 것을 발견했다. 청나라 상인이 객사의 사환에게 무슨 까닭이냐고 묻자 조선 상인들이 인삼을 태우고 있다고 말했다. 청나라 상인은 대경실색[17]하여 임상옥에게 달려왔다. "여보시오, 이 귀한 인삼을 태워버리다니 무슨 짓이요?" 청나라 상인은 조선 인삼을 사기 위해서 전장에서 돈을 빌려왔기 때문에 인삼을 사지 못하면 막대한 손해를 볼 수 밖에 없었다. "인삼이 팔리지 않으니 태워버리려는 것이오." 임상옥이 태연하게 말했다."여보시오. 우리가 예년의 가격에 살 테니 태우지 말고 우리에게 파시오." "무슨 말씀이오? 인삼은 싸게 팔면 약효가 없기 때문에 팔지 않겠소." 임상옥은 청나라 상인들이 인삼을 사지 않을 수 없는, 입장이라는 것을 알고 있었기 때문에 배짱을 내세웠다. 청나라 상인들은 일이 다급해지자 인삼값을 열 배로 쳐주겠다고 사정했다. 임상옥은 그제야, 못이기는 척하고 청나라 상인들에게 인삼을 팔았다. 임상옥은 그렇게 하여 순식간에 수십만 냥의 돈을 벌었다. 조선 상인들은 자신의 인삼까지 몰아서 청나라 상인들에게 비싸게 판 임상옥의 상술에 놀랐다. 이 사건을 통해 임상옥은 마흔이 되기 전에 조선 제일의 거부가 되었다. 임상옥이 청나라 상인들의 불매동맹을 깨뜨리고 인삼을 팔 수 있었던 것은, 그가 상인으로서 오랫동안 청나라 상인들을 살피고, 그들의 사정을 정확하게 알고 있었기 때문이다. 임상옥은 준비된 상인이었다.

- 이수광, 〈부를 이루는 상술〉 중에서 -

17) 대경실색 (大驚失色) : 몹시 놀라 얼굴빛이 하얗게 질림

Ⅱ

창업환경과 시장조사

기업의 창업 활동이 이루어지는 시장은 끊임없이 변화한다. 따라서 농촌 창업가에게 우선적으로 그 시장 안에서 자사와 경쟁사 및 다양한 요소들을 잘 이해하고 경쟁적 시장 구조를 분석하는 것은 필수적이며 성공적인 창업의 기본이 된다. 이렇게 시장 환경 측면에서 경쟁상황과 시장구조를 분석하고 자사의 현재 상황이 시장에서 유리한 위치인지 불리한 위치인지를 살펴보기 위해 여러 가지 분석 방법들이 개발되고 사용되어 왔다.

그러므로 이러한 여러 분석 방법들을 이용하여 농촌창업 전에 자신의 창업에 대한 방향부터 설정해야 한다. 즉, 창업에 대한 목표를 설정하고 창업환경을 분석하는 것이다. 창업환경을 분석하는 것에는 크게 거시적 환경분석과 미시적 환경분석이 있다. 첫 번째 거시적 환경요인으로는 인구통계적 요인, 경제적 요인, 기술적 요인, 정치 법률적 요인, 사회문화적 요인 등이 있다. 이러한 요인들은 창업자가 통제하기 힘든 환경적 요소들이지만 시장에서의 기회와 위협 요인들을 찾아낼 수 있기 때문에 창업계획을 세울 때 매우 중요한 분석이라 할 수 있다. 두 번째로 미시적 환경분석은 흔히 3C 분석이라 부르며, 자사(company) 분석, 경쟁자(competitor) 분석, 고객(customer) 분석이 여기에 해당한다. 보통은 거시적 환경분석을 먼저하고 미시적 환경분석을 실시하게 된다. 이러한 분석을 통해서 궁극적으로 사업 기회 및 환경을 평가하게 되는 것이다.

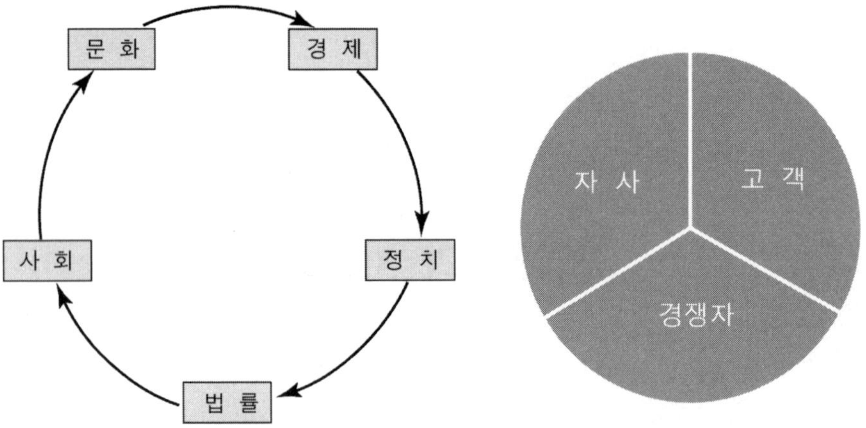

[그림 1-Ⅱ-1] 창업의 거시적 환경과 미시적 환경

1. 창업환경평가

(1) 거시적 환경 요인

거시적 환경요인이란 인구 통계적, 경제적, 기술적, 정치적, 법률적, 기술적, 사회문화적 환경요인 등을 의미한다. 이러한 거시적 환경분석의 목적은 환경으로부터의 기회와 위협 요소를 발견하는 데 있다. 기회의 발견은 변화하는 환경 가운데서 자신이 활용할 수 있는 특별한 기회를 발견하는 것이다. 거시적 환경분석은 이와 같이 장기적인 기회와 위협 요소의 발견을 가능하게 함으로서 창업 경영자에게 일종의 조기경보 시스템으로서의 역할을 수행해 주고 있는 것있다.

1) 인구통계적 요인

인구통계적 요인이란 인구의 규모, 밀도, 지리적 분포, 연령별 구조, 성별 구조, 인종별 구조, 직업별 구조, 기타 통계적 구조에 관해 연구하고 조사하는 것을 말한다. 기업의 매출이나 이익에 영향을 미치는 가장 중요한 요인이 시장의 크기와 그 시장을 구성하고 있는 구매자의 특성이기 때문에 인구통계적 환경에 관한 연구 조사의 활동이 매우 중요하다. 특히 자신이 창업하려는 지역에 대한 인구 통계적 환경에 관해서는 더욱 각별한 심층 조사가 필요하다.

2) 경제적 요인

경제적 요인이란 소비자의 구매력과 소비구조에 영향을 미치는 모든 요인을 말한다. 규모가 작은 소규모창업이라 하더라도 경영활동에 있어서 국내외 경제 여건에 크게 영향을 받을 수 있다. 따라서 경기변동, 소득수준의 변화, 환률, 유가, 물가 변동, 금리, 실업률, 무역수지 등 각종 경제지표를 고려해야 한다. 특히 창업관리자가 관심을 가지고 연구 조사하여야 할 경제적 요인으로는 국민소득 증가율과 소비구조의 변화, 가계수지 동향 등이 있다.

3) 기술적 요인

기술의 발전은 창업환경에 큰 변화를 가져올 수 있는 직접적인 요인이 될 수 있다. 즉, 기술적 요인이란 새로운 기술을 창조하고 새로운 제품과 시장진입의 기회를 창조하는데 미치는 모든 영향력을 말한다. 이러한 기술 요인은 기존의 산업을 사멸시키기도 하고, 새로운 산업을 탄생시키기도 하기 때문에 오늘날 기업의 운명을 결정하는 극적인 요인이 되고 있다. 특히 인터넷, 모바일 환경, 통합적 물류시스템의 발달은 지속적으로 농촌창업 분야에 많은 변화와 발전을 가져오고 있기 때문에 이러한 기술적 요인에 대한 철저한 분석이 필요하다.

4) 정치적 · 법률적 요인

정치적 · 법률적 요인이란 특정 사회의 조직이나 개인에게 영향을 미치거나 이들의 활동에 제한을 가하는 법률, 정부기관 그리고 압력집단 등을 말한다. 정부가 법을 정하여 기업의 활동을 제한하는 데에는 첫째, 기업 상호 간의 관계에서 약소 기업을 보호하는 것이다. 경영활동은 국가에서 정한 법률과 규제의 테두리에서 운영되므로 법률적 환경의 변화는 창업 경영활동의 제약요인이 된다.

정치적 · 법률적 요인으로는 정부의 조세정책, 공정거래법이나 소비자보호법 등의 경제입법은 물론이고 공해방지법, 산재보상법, 의료보험법 등의 사회입법과 같은 법률들의 변화에도 주목해봐야 할 부분이다. 그러므로 창업을 결정할 때, 시장진입장벽이나 규제조항이 없는지에 대한 조사가 선행되어야 할 것이다. 최근 들어 전략적 중요성이 강조되고 있는 법률적인 규제로는 환경오염방지를 들 수 있다. 기업들은 정부의 환경규제 강화에 보다 능동적으로 대응하기 위해 그린마케팅(green marketing)[1] 개념을 도입하고 있다. 그린마케팅이란 환경보호에 대한 정부의 관심과 규제에 대응하여 이를 새로운 시장기회로 활용하기 위한 마케팅활동을 의미한다. 농촌창업에 있어서 메탄가스 이용 등을 통해 그린마케팅에 관심이 증가하는 상황이다.

5) 사회문화적 요인

사회문화적 요인은 특정 사회의 기본적 가치관, 인식, 선호도 그리고 행동 등에 영향을 미치고 있는 모든 제도나 영향력을 말한다. 사람들은 특정 사회 속에서 성장하며, 사회는 사람들에게 기본적인 신념이나 가치관을 만들어 준다. 이러한 문화적 가치관과 핵심적 신념이나 가치관은 지속성이 있기 때문에 좀처럼 변화하지 않는다. 그러므로 현재 우리 사회의 사회적 규범이 어떻게 형성되어 있으며, 그 변화는 어떠한가에 관해서도 면밀한 조사가 필요하다. 이러한 사회적 규범은 소비자의 구매 행동에도 영향을 미치기 때문이다. 최근에는 기업의 사회적 책임에 대한 요구가 점점 커지고 있기에 무조건적인 경제적 이득만을 추구할 수는 없게 되었다. 또한 환경이나 건강에 대한 사회문화적 관심이 증가하면서 농촌창업 경영에 큰 이슈가 되고 있다.

(2) 거시적 환경분석 과정

1) 외부환경에 대한 지속적 추적

기업 외부에서 발생하는 다양한 환경변화에 관심을 가지고 이에 관한 정보를 수집한다.

2) 환경요인 중 자사에 유의한 요소의 선별

수많은 정보 중 우리 기업에 영향을 미칠 수 있는 정보를 선별하여 분류한다.

3) 자사의 시장과 제품에 영향을 미치는 환경요인에 대한 분석

"만일 우리 기업에서 환경변화에 아무런 대응을 하지 않을 경우, 어떤 일이 벌어질 것인가?"에 대한 대답을 찾는 과정이다.

---

1) 그린마케팅 : 환경을 테마로 전개하는 마케팅 활동으로 넓은 의미로는 기능과 편의 위주의 소비욕구 충족에 머무르지 않고 생태환경을 포함한 인간 공동체의 이익을 지향하는 시장전략을 의미하며, 기술적으로는 제품의 성분, 용기, 포장 등에 있어 공해물질을 쓰지 않거나 재활용 가능한 처리를 하는 것은 물론 환경기금을 조성하는 등 기업 활동을 환경보호라는 개념하에서 전개하는 마케팅 활동을 말함.

4) 창업마케팅 전략의 개발 및 수정

환경변화가 시장에 미치는 영향을 분석하고, 표적시장에 대한 수정 또는 새로운 시장기회에 맞는 제품을 개발한다.

(3) 미시적 환경분석

미시적 환경요인이란 기업내부, 공급업체, 마케팅 중개기관, 고객, 경쟁업체 등을 의미하며, 미
시적 환경분석에 있어서 3C 분석은 다음과 같다.

☐ 고객(customer)
☐ 자사(company)
☐ 경쟁자(competitor)

1) 고객 분석

효과적인 고객 분석을 위하여 고객의 구매 행동을 분석하여야 한다. 고객에 관련된 사항은 다음 장에서 깊이 있게 다루고 있기에, 여기서는 간략하게 의제만 던지기로 하자. 아래의 질문들은 창업자가 시장에서 알아야 하는 소비자에 관한 정보와 일치한다.

Q 우리의 고객이 누구인가?
　: 구매자인가? 아니면 사용자인가?
Q 우리 농산물을 구매하여 고객이 얻는 것은 무엇인가?
　: 편익 혹은 속성
Q 우리 농산물을 어디에서 구매하는가?
　: 재래시장, 마트, 온라인매장, 할인점
Q 고객들은 우리 농산물을 언제 구매하는가?
　: 일 년, 한 달, 일주일, 매일, 할인 기간
Q 우리 농산물 구매에 있어서 고객에게 영향을 주는 것은 무엇인가?
　: 문화, 가족, 준거집단, 라이프스타일
Q 우리 농산물을 구매하는 이유는?

: 브랜드, 기능, 서비스

구매자 vs 사용자
* 구매자 : 제품/서비스를 구매하는 사람 * 사용자 : 제품/서비스를 사용하는 사람

보통 구매자와 사용자가 일치할 수 있다. 예를 들어, 남편의 건강을 위하여 향토시장에서 산마를 구매한 한 주부는 산마라는 제품을 구매하였기 때문에 구매자라 할 수 있으나, 마를 먹게 될 사용자는 남편에 해당한다. 이런 경우에는 구매자와 사용자가 일치하지 않는다.

2) 자사 분석

여기서 언급된 자사라는 것은 창업자 자신, 자기 회사 혹은 창업하려는 업종이나 아이템 모두가 해당한다. 먼저 창업하려는 아이템의 장·단점 등 객관적인 분석이 필요하다. 또한 창의성, 재미, 친화력, 서비스마인드 등 1장에서 설명된 창업자의 기본적 자질을 판단해보고 건강과 가족의 협조 등도 고려해 보아야 한다. 끝으로 창업자가 가진 자본력 또한 분석해 보아야 한다. 앞서 제시한 것과 같이 일반적으로 창업 시 자기 자본금은 전체 금액의 50~70%가 바람직하다고 한다. 자기자본 비율이 너무 낮을 경우, 부채에 대한 부담이 가중되고 금융 스트레스로 인해 사업 욕구가 위축될 수 있다. 반대로 100% 자기자본으로 출발하는 것도 바람직하지는 못하다. 사업에 대한 긴장감이 떨어지기 때문이다. 이처럼 자사의 강점과 약점을 창업자 자신, 자본금, 창업 아이템 등 전반에 걸쳐 분석해 보는 것은 반드시 필요하다.

□ **창업 아이템**
□ **창업자 자신**
□ **자본력**

3) 경쟁자 분석

경쟁은 시장발전의 원동력이라 할 수 있다. 이러한 경쟁을 통해서 경쟁업체를 능가하려고 노력하는 가운데 시장 전체가 성장할 수 있다는 것이다. 경쟁은 업체의 입장에서 보면, 가격 인하의 원인으로 수익성을 악화시키는 달갑지 못한 것일 수 있으나, 반면 고객에게는 이익이 될 수도 있다. 이처럼 경쟁은 부정적 측면과 긍정적 측면 모두를 가지고 있다.

❖ 경쟁자 분석의 의의

창업 과정에서 이러한 경쟁을 기반으로 한 경쟁자 분석은 꼭 필요한 단계 중 하나이다. 아무리 입지가 좋은 곳에 있어도, 그 상권에 자신이 하려는 업종과 동종의 경쟁자가 많아 이미 시장이 포화 상태라면 목 좋은 입지도 의미가 없게 된다. 예를 들면, 아파트 상가의 부동산 중개사무소나, 시장 입구의 반찬가게를 생각해 볼 수 있을 것이다. 점포 후보지 인근의 경쟁점포 현황을 조사하는 목적은 경쟁점포의 인지도, 매장 크기, 상품 광고, 가격, 고객관리력, 내점 고객 수 등을 조사하여 경쟁점포보다 우월한 전략을 세우기 위해서이다. 무엇보다 경쟁점포의 조사는 왜 고객이 경쟁점포를 이용하는지, 그 이유를 파악하는 것이 중요하다. 고객이 주변의 경쟁점포를 이용하는 이유는 여러 가지 있겠지만, 대부분 농촌창업점포의 상황에서는 농산물이나 농가공물의 가격이 저렴하거나, 제품의 품질이 우수하거나, 점포 이용이 편리하거나 친절한 서비스 때문일 것이다. 그 이유를 정확히 파악했다면 경쟁점포의 강점과 자기 점포를 비교 분석해서 자신의 문제점을 보완하고 차별화할 수 있는 우월한 전략을 세울 수 있어야 한다.

경쟁자 분석의 조사 대상은 상권 및 경쟁점포의 규모 등을 고려하여, 나와 비슷한 수준에 있는 경쟁점포를 선정하는 것이 필요하고, 현재는 경쟁자가 아니지만, 미래에 예상되는 잠재적인 경쟁업체도 고려해야 한다. 예를 들면, 상권의 범위로 따지자면 가장 근접한 1차 상권[2] 또는 2차 상권[3] 내의 경쟁업체를 중심적으로 분석해야 하지만 경우에, 따라서는 3차 상권[4]에 위치한 업체와 앞으로 점포개설을 준비하는 업체도 잠재적 경쟁상대로 철저히 분석해야 할 필요가

2) 1차 상권 : 사업장 이용고객의 60-70%를 포함하며, 점포의 경우에는 약 500m 반경 이내의 지점(도보로 5분 거리)

3) 2차 상권 : 사업장 이용고객의 14-25%를 포함하며, 점포의 경우에는 약 1km 반경 이내의 지점(도보로 15분 거리)

4) 3차 상권 : 1차 상권, 2차 상권 외의 고객을 포함하며, 점포의 경우에는 약 2km 반경 이내의 지점(도보 불가)

있다.

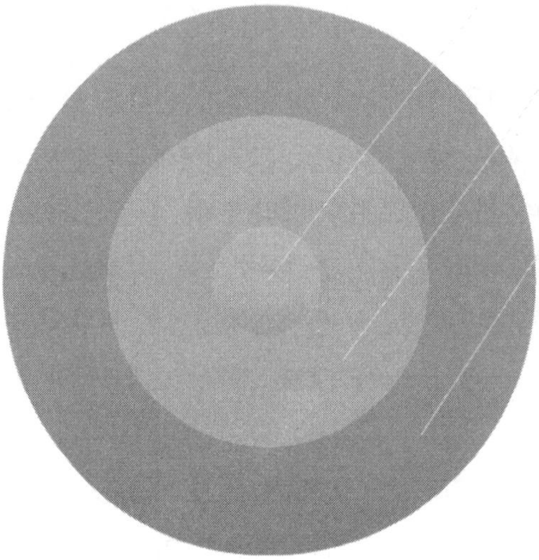

[그림 1-Ⅱ-2] 상권의 범위

창업을 시작하면서 고려해 보아야 할 경쟁의 범위는 어디까지이며 강력한 경쟁자는 누구인지를 파악해 놓아야 한다. 그러기 위해서는 경쟁의 범위를 넓게 바라보아야 한다. 즉, 일차적인 동종업체만을 고려하기보다 소비자의 본원적 편익[5]에 근거하여 경쟁상대를 알아봐야 할 것이다.

그렇다면 농촌창업을 고려하면서 파악해야 할 경쟁 범위는 어디까지인가? 인접 지역이나 내가 창업하려고 하는 상권 내에서 동일한 농산물 혹은 유사한 농산물을 생산하는 경쟁자들을 살펴보아야 한다. 그리고 그 범위를 더 넓혀, 타지역 영농법인 또는, 동일하거나 유사한 농산물을 생산한다면 경쟁상대로 고려해봐야 할 것이다. 여기서 멈춘다면 너무 협소한 경쟁 조사가 될 것이다. FTA를 통해 국제교역에서 체결 국가 간 관세와 무역장벽이 철폐되어 쏟아져 들어오는 수입농산물 중 동일하거나 유사한 농산물까지도 경쟁의 범위로 폭넓게 살

5) 본원적 편익 : 형태나 범주는 다르지만, 고객에게 기본적으로 동일한 편익을 제공하는 상품들 간의 경쟁

펴보아야만 한다.

□ 상권 내 동일한 농산물 혹은 유사한 농산물
□ 타 지역 영농법인 중 동일하거나 유사한 농산물
□ 수입농산물 중 동일하거나 유사한 농산물

❖ 경쟁자 조사절차

창업을 위해 경쟁자를 분석하는 경우, 경쟁자의 목표와 전략을 파악한 다음, 우리와 경쟁자의 강점 및 약점을 파악하고 경쟁자의 미래 행동을 예측해보는 순서로 이루어져야 한다.

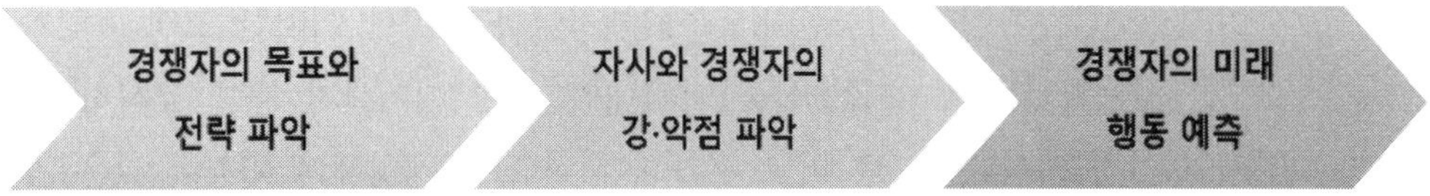

[그림 1-Ⅱ-3] 경쟁 조사의 단계

이러한 분석에 있어서 중요한 것은 경쟁의 대상을 파악하는 것이다. 경쟁자를 파악할 때는 상품 형태나 상품 범주에 얽매이기보다는 대체 가능성에 초점을 맞추는 것이 중요하다. 실제로 대체 가능성이 있는 것들은 모두 경쟁의 범위에 포함되기 때문이다.

❖ 경쟁분석의 주요 조사 내용

① 상품 조사

경쟁업체에 대한 농산물 구색의 폭, 농산물의 양, 인기 농산물의 취급 여부, 국산과 수입농산물의 취급 여부, 농산물의 신선도 등을 관찰 및 조사해야 한다. 또한 농산물 자체의 상품 조사뿐 아닌, 고객의 구매 활동을 유도하기 위해 점포 진열, 시설환경, 통로의 물리적 구성 등을 조사해야 한다. 더욱이 경쟁업체와 공통되는 상품에 대해서는 좀더 구체적인 사항들까지 조사하여 차별화를 이용해야 한다. 예를 들어, 동일한 상품이 진열되어있는 진열대의 상품 점유면적과 길이 등을 통해서 점유율을 조사해 비교하는 것도 좋을 것이다.

② 가격 조사

가격 조사는 가격이 저렴한가, 구매를 자극하기 위한 어떠한 고객 유인가격전략[6]을 사용하였는가, 취급농산물 가격대의 폭은 어떠한지 등을 조사하여 경쟁업체의 가격을 상대적으로 비교 평가해야 한다. 경쟁업체와 가격이 같은 경우에는 경쟁업체의 품질보다 높게 유지하여 품질을 통한 경쟁으로 극복방안을 세우도록 하는 것이 바람직하다. 불필요한 가격경쟁은 두 업체 모두가 자멸할 수 있는 경제적 피해를 볼 수 있기 때문이다. 만일 주력 품종이 차별화가 쉽지 않을 경우, 가격대를 비교해 볼 수 있다. 주력 품종이 같다고 해도 서로 가격대가 다르다면 불가피한 가격경쟁을 피할 수 있다.

③ 판매력 조사

경쟁업체의 상품 판매력 조사를 위해 이용하는 고객 수, 대략의 구매금액, 이용 시간대 등을 조사해 보아야 한다. 그리고 상품의 배치상태, 계산대, 진열대, 창고의 이용, 주문과 상품 수령의 진행 상황 등을 확인하여 상품관리 상황을 파악한다. 경쟁업체를 조사할 때는 통일된 양식의 조사자료표를 작성하여 경쟁업체의 영업상태, 장점과 약점 등을 세밀하게 조사 분석해야 한다. 경쟁업체 조사의 경쟁 범위는 비교적 영업이 활성화되고 있는 경쟁점포, 고객이 많이 모이는 경쟁점포, 자신의 판단으로 나와 제일 치열한 경쟁이 되리라고 예상하는 경쟁점포, 내가 생각하고 있는 점포 규모와 비슷한 경쟁점포 등을 일단 잠재적인 경쟁

---

6) 고객 유인가격전략 : 기업이 고객의 내점을 유도하기 위해 일부 품목을 한시적으로 가격을 내리는 전략

상대로 생각한다. 경쟁업체를 조사하거나 벤치마킹[7] 할 때는 접근방식, 매장의 인상과 분위기, 상품 및 상품관리, 매장의 청결상태 및 서비스 현황 등을 중심으로 체크리스트를 철저하게 준비해야 한다.

(4) 대표적인 시장 상황 분석

특히 시장 상황에서 고객과 경쟁사 그리고 자사의 상태를 정확히 이해하는 것은 매우 중요하며, 이러한 3C(Customer, Competitor, Company) 분석을 포함한 시장 상황 분석 방법의 대표적인 예로 산업구조분석과 SWOT분석 등을 들 수 있다.

1) 산업구조분석

마이클 포터(Michael Porter)의 산업구조분석(Industry Structure Analysis) 이론에 의하면, 특정 시장의 구조와 매력도 및 기업이 전반적으로 처한 상황은 현재의 경쟁자, 잠재적 진입자, 대체품의 위협, 공급자의 교섭력과 구매자의 교섭력 다섯 가지 요소로 결정된다. 이러한 점에서 이 분석을 5-Forces model 분석이라 부르기도 한다. 즉, 이 분석은 특정 기업이나 사업부의 경쟁력을 평가하는 것이 아닌, 기업이 처해있는 시장 전체의 특성이나 매력도 등을 앞서 언급했던 다섯 가지 요소를 사용해 분석하는 기법이라고 할 수 있다.

① 잠재적 진입자의 위협

산업구조분석에서는 시장에서의 경쟁을 현재의 경쟁뿐만 아닌, 미래의 경쟁 가능성을 중요한 요소로 고려하고 있다. 즉, 현재 누가 경쟁자이고, 경쟁의 강도가 얼마나 치열한가를 분석하는 것도 중요하지만, 장래 시장에 진입할 가능성이 있는 기업이 누구이고, 그들이 이 시장에 뛰어들 경우, 얼마나 위협이 되는가를 현재 시점에서 분석하고 반영해야 한다는 것이다. 어느 산업에 새로운 기업들이 진출할 때, 이들은 새로운 능력과 시장을 확보하려는 강한 의욕, 그리고 때로는 상당한 자원을 가지고 뛰어들기 때문에 가격이 하락하거나 부대비용이 상승해서 결국 수익성을 감소시킬 가능성이 증가한다. 어느 산업에 새로운 진출기업이 등장했을 때, 그 산업에 내포된 진입장벽[8]과 그 기업이 예상하는 기존 경쟁 기

7) 벤치마킹 : 어느 특정 분야에서 우수한 상대를 표적으로 삼아 자기 기업과의 성과 차이를 비교하고, 이를 극복하기 위해 그들의 뛰어난 운영 프로세서를 배우면서 부단히 자기혁신을 추구하는 경영기업방식.

업들의 대응에 따라 진출기업이 주는 위협의 폭이 결정된다.

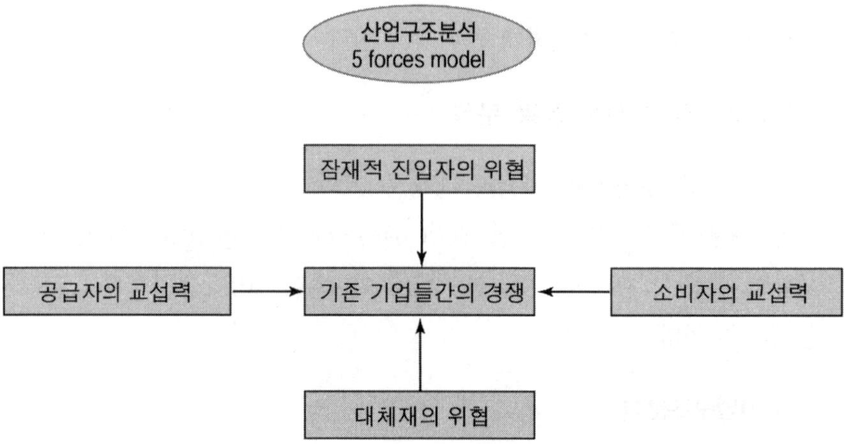

[그림 1-Ⅱ-4] 마이클 포터의 산업구조분석

② 기존 기업들 간의 경쟁

시장의 전반적인 구조와 매력도를 결정짓는 요소로는 현재 시장 내에서의 경쟁상황을 들 수 있다. 기업들은 같은 목적의 제품이나 서비스를 생산하는 기업들끼리 경쟁하게 된다. 그런데 일부 산업에서는 치열한 양상을 보이는가 하면, 다른 산업에서는 경쟁이 잘 나타나지 않는 경우가 발생하는 데, 당연히 경쟁이 치열하지 않을 산업이 창업자에게는 유리하다. 그러나 경쟁 강도를 결정하는 요인들은 시간이 지남에 따라 변화하게 된다는 점에 유의해야 한다. 일반적으로 기존 기업들 간의 경쟁 정도는 아래 요인들에 의해 결정된다

□ 경쟁자의 수
□ 경쟁자가 인식한 그 시장에 관한 관심과 중요도
□ 제품차별화의 정도
□ 철수 장벽[9] 의 정도
□ 시장의 성장 가능성

8) 진입장벽 : 잠재적 경쟁을 방어·억제하기 위하여 만들어지는 것으로 특정 산업에 진입하여 사업을 전개하고자 하는 기업에게 가능한 한 불리하게 작용하는 모든 장애 요인들을 의미한다.
9) 철수장벽 : 어떤 분야에서 철수하려고 하는 경우에 그 진출 분야에서 선뜻 발을 빼지 못하게 하는 주요 요인을 의미한다.

③ 대체품[10)]의 위협

기술의 발달이나 사회적 관심의 변화로 인해 많은 시장에서 기존제품과 용도는 비슷하지만 새로운 제품이 개발되어 기존제품이 시장에서 사라지는 경우가 자주 발생한다. 예를 들어, 최근 바른 먹거리와 웰빙에 대한 사회적 관심이 증가하면서, 기존의 화학조미료 시장이 점점 천연 조미료가 대체해 가고 있다. 이러한 관심의 증가로 인해, 설탕이나 감미료 대신 천연 벌꿀이나 매실 진액을 음식에 사용하는 가정이 증가하고 있는 현실이다.

농업 분야에서 경영활동을 벌이고 있는 기업들은 넓은 의미에서 대체품을 생산하는 식품산업들과 경쟁을 벌이고 있는 상황이다. 대체품의 존재와 그 가격수준은 특정 산업에 활동하는 기업들의 이윤을 포함한 가격결정에 일정한 상한을 설정함으로써, 그 산업의 잠재적인 수익을 결정한다. 대체품이 기존제품과 가격 및 효능 면에서 대체성을 계속 상승시키고 있거나, 이미 높은 이익을 올리고 있는 산업에 의해 대체품이 개발될 경우, 경영자는 기업의 운명을 걸고 대체품에 예리한 관심을 기울여야 한다.

④ 소비자의 교섭력

시장에서 소비자가 강한 교섭력을 가지고 있다면, 기업 입장에서는 그 시장의 매력도가 떨어지게 되고, 그 시장에 뛰어들 잠재적 진입자들도 줄어들게 된다. 소비자들은 가격 인하나 품질 향상 및 서비스 증대를 요구하거나 경쟁 기업들을 서로 대립시켜 이득을 보는 행위 등으로 구매 대상산업과 경쟁을 벌이는데, 이러한 행위는 모두 그 산업의 수익성을 감소시키는 결과를 낳게 된다. 일반적으로 농촌창업 기업에게는 도매상과 소매상들 같은 중간상이 구매자가 될 수 있다. 소비자가 협상력을 가지게 되는 경우는 다음과 같다.

- □ **구매자가 대량의 구매를 하는 경우**
- □ **제품이 표준화되어 있거나, 차별화가 안 되어있어 대체가 쉬운 경우**
- □ **공급자를 교체할 경우, 발생하는 전환비용[11)]이 아주 낮을 때**
- □ **제품의 구매가 생산하는 제품의 가격에 큰 영향을 미치지 못할 때**

---

10) 대체품 : 대신하여 바꾸거나 사용할 수 있는 제품을 의미하며, 커피-홍차 등의 관계를 예로 들 수 있다.

11) 전환비용 : 생산자나 소비자가 현재 사용하는 기술, 제품, 서비스에서 다른 기술, 제품, 서비스로 전환할 때 발생하는 비용을 말한다.

⑤ 공급자의 교섭력

현재의 시장에 원료나 부품, 자재 등을 공급하는 공급자와의 거래나 협상 과정에서 누가 더 주도권을 갖느냐는 산업의 구조를 분석하는 데 있어 매우 중요한 요소가 된다. 특히 소수의 공급업체들이 원재료나 생산설비 시장을 장악하고 있는 경우 완제품 제조업체나 생산자들의, 입장에서는 공급자의 높은 교섭력 때문에 구매비용이 높아지고 원료 관리가 어려워져 결국, 시장의 매력도가 떨어지게 된다. 이처럼 공급자가 구매자보다 유리한 상대적 위치를 가지고 있다면 가격 인상이나 판매하는 제품 및 서비스의 질을 떨어뜨리겠다는 위협을 통해 교섭력을 발휘할 수 있다. 따라서 유리한 위치에 있는 공급자를 가진 기업은 판매가격에 원재료 공급자로부터의 비용 증가를 전가시키지 못하는 경우 자신의 수익성을 낮출 수밖에 없다. 다음과 같은 경우 공급자의 지위는 상대적으로 유리해진다.

- □ **소수의 공급자와 다수 구매자의 거래 경우**
- □ **공급자의 제품이나 서비스가 독특한 경우**
- □ **공급자를 바꾸기 위한 전환비용이 높은 경우**
- □ **공급자의 제품에 대한 대체재가 없는 경우**
- □ **구매자가 구입하는 제품의 양이 공급자에게 중요하지 않은 경우**

위에서 살펴본 시장의 구조적 5요인과 시장의 매력도와의 관계를 정리해 보면 다음의 표와 같다. 잠재적 진입자와 대체재의 위협이 클수록 시장의 매력도는 감소하며 구매자나 공급자의 교섭력이 높아져도 시장의 매력도는 감소한다. 마지막으로 현재 시장 내의 경쟁이 심화될 때도 매력도가 감소한다.

[표 1-Ⅱ-1] 시장의 구조적 요인과 매력도의 관계

시장의 구조적 요인	시장의 매력도	
세부 항목	높음	낮음
잠재적 진입자의 위협	↓	↑
구매자의 교섭력	↓	↑
공급자의 교섭력	↓	↑
대체재의 위협	↓	↑
현재 시장 내의 경쟁	↓	↑

2) SWOT분석

새롭게 창업을 할 때나 혹은 사업에 대한 전반적인 개편을 할 때 시장세분화, 표적시장 선택, 포지셔닝의 시장세분화 마케팅 과정을 거치지만, 사업이 정상 궤도에 오른 창업자도 지속적인 자사의 사업 방향을 점검하고 수정해야 한다. 이 과정에서 유용하게 사용할 수 있는 것이 SWOT분석이다. 의사가 환자를 진찰할 때 청진기를 사용하듯이 창업자에게는 SWOT분석이 기업을 진단하는데 필요하다. SWOT분석은 단지 기업의 전략적 결정에만 사용되는 도구가 아닌, 개인 수준의 의사결정이나 사회 여러 영역의 평가에도 유용하게 활용될 수 있기에 농촌창업에 있어 그 활용도가 매우 높다.

SWOT분석은 기업 내부 환경의 강점과 약점을 구체적으로 파악하고 기업 외부 환경으로부터의 기회와 위협 요인을 발견함으로써 농촌창업에 있어서의 전략적 대안을 도출하는 과정에 활용될 수 있다. 이 과정을 통해 기업은 자사의 객관적인 위치와 역량을 파악할 수 있으며 정확한 기업의 목표를 설정하고, 꼭 필요하고도 실현 가능한 전략을 확인할 수 있다.

[표 1-Ⅱ-2] SWOT분석의 구조

구 분	긍정적 요인	부정적 요인
내부적 요인	강점 (Strength)	약점 (weakness)
외부적 요인	기회 (Opportunity)	위협 (threat)

SWOT분석을 통해 강점, 약점, 기회, 위협을 규명한 후에는 SWOT의 조합에 따른 전략적 방향을 도출할 수 있어야 한다. 간혹 SWOT분석을 할 때 강점, 약점, 기회, 위협 요인만을 나열한 후 끝내는 경우가 있는데, 여기서 멈추지 말고 각각의 요인들을 통해 전략을 이끌어 내야지만 분석의 의미가 있다고 하겠다. S/O 전략은 강점과 기회가 만나는 곳에서 도출되는 전략으로, 자사의 강점을 어떻게 활용하여 기회를 포착할 것인가의 관점으로 접근한다. 시장을 선점한다거나 사업을 다각화하는 전략이 도출될 수 있다. W/O 전략은 약점과 기회가 만나는 곳에서 도출되는 전략으로, 자사의 약점을 어떻게 보완하면 기회를 포착할 수 있는가의 관점이다. 전략적 제휴나 핵심역량 보완과 같은 전략을 도출할 수 있다. S/T 전략은 강점과 위협이 만나는 곳에서 도출되는 전략으로, 위협을 피하기 위해 강점을 활용하는 방법이다. S/T 전략에는 시장침투나 제품계열의 확충 등이 있다. 약점과 위협이 만나는 곳에서는 위협을 피하기 위해 약점을 최소화 시키는 W/T 전략이 도출되어야 한다.

□ **S/O 전략 : 강점을 살려 기회를 포착하는 전략**
□ **W/O 전략 : 약점을 보완하여 기회를 포착하는 전략**
□ **S/T 전략 : 강점을 살려 위협을 회피하는 전략**
□ **W/T 전략 : 약점을 보완하여 위협을 회피하는 전략**

가상의 산수유 주스를 가공 · 생산하는 강소농의 입장에서 생각해 보자.

이 강소농은 오랫동안 산수유를 기본으로 하는 가공식품들을 생산해 왔고, 동네 주민들을 고용하여 협력적인 기업문화가 형성되어 있다. 또한, 오랜 경험을 통해 제품 생산에 대한 지식이 풍부하고, 충성 고객들을 확보하고 있어 고객관리제도가 정착되어 있다. 또한 지역 마트들과도 협력관계를 잘 유지하고 있어 장기간 마트에 입점하기도 했다. 그러나 오랜 역사에 비해 브랜드 인지도가 낮고 해외 정보수집체계가 없어 트랜드를 반영하지 못하여 구식 브랜드라는 인식이 강했고, 이로 인해 해외 수출이나 대도시의 백화점 같은 새롭고 큰 시장의 진입은 하지 못하고 있다. 외부 환경을 보면 최근 경제적 상황이 호전되고 있고, 웰빙 열풍과 함께 주말농장 등과 같은 도시농업 인구가 증가하고 있다. 또한, IT융합에 관한 사회적 관심이 고조되면서 모바일이나 IPTV[12]를 통한 유통시장도 커지고 있는 현실이다. 그러나 이러한 농가공시장이 활성화되면서 대기업의 시장진출과 해외브랜드의 한국 시장진입이 예상된다. 또한, 홈쇼핑이라는 새로운 유통경로가 활성화되면서 홈쇼핑을 통한 농가공물의 수요가 증가하여 기존의 마트나 백화점을 중심으로 거래되던 전통적인 유통망이 위협받기 시작했다.

산수유 주스를 가공·생산하는 이 강소농은 제품 생산 지식이 풍부하므로 이를 토대로 웰빙 열풍에 따른 웰빙 전문라인을 개발하여 아침 식사 대용의 산수유 제품을 만들고, 도시농업 관련 신제품으로 도시에서도 관상용으로 키울 수 있는 예쁜 디자인의 모종을 신상품으로 개발할 수 있다. 또한, 웰빙에 관심이 높아져 농가공시장의 활성화가 예상되므로, 브랜드 인지도가 낮고 트렌디한 제품이 부족했기 때문에 한시적이라도 광고와 PR을 통해 브랜드 인지도를 높이고 친환경 공법에 투자하여 웰빙족들을 공략할 수 있다. 대기업과 해외브랜드의 진출이라는 위협을 피해가기 위해 효율적인 고객관리 제도를 운영하여 기존 고객의 충성도를 강화해야 할 것이며, 홈쇼핑이라는 새로운 유통경로에 적합한 가격을 낮춘 소포장으로 다변화해야 할 것이다. 또한, 지역 마트 중심의 유통이라는 제한적인 시장을 벗어나기 위해 홈쇼핑 진출을 적극적으로 고려해야 할 것이며, 해외 정보에 대한 적극적인 수집과 분석을 통해 해외 브랜드에 대응하기 위한 벤치마킹이 필요할 것이다. 이러한 모든 전략이 주먹구구식으로 나오는 것이 아닌, 자신의 사업 SWOT분석을 통해 강점, 약점, 기회, 위협을 도출하여 나오게 되는 것이다. 이처럼 농촌창업에 있어서 전략을 도출하는 데 중요한 분석 중 하나가 바로 SWOT분석이다.

12) IPTV : 초고속 인터넷망을 이용하여 제공되는 양방향 텔레비전 서비스이다. 시청자가 자신이 편리한 시간에 보고 싶은 프로그램만 볼 수 있다는 점이 일반 케이블 방송과는 다른 점이다.

[표 1-Ⅱ-3] 과실주스 가공 강소농의 SWOT분석과 전략도출의 사례

내부적 요인 / 외부적 요인	강점(Strength) • 협력적 사내문화 • 제품 생산지식 풍부 • 고객관리제도의 정착 • 주요마트입점	약점(weakness) • 낮은 브랜드 인지도 • 해외정보력 부족 • 트렌디한 제품부족 • 지역중심의 유통
기회(Opportunity) • 경기회복세 • 웰빙열풍 • 도시농업 인구의 증가 • IT 융합에 대한 관심	S/O 전략 • 웰빙전문제품라인 개발 • 도시농업관련 신제품 개발	W/O 전략 • 광고를 통한 인지도 강화 • 친환경 공법으로 웰빙 소비층 공략
위협(threat) • 대기업의 시장진출 • 해외브랜드 관심 증대 • 홈쇼핑 시장 확대	S/T 전략 • 효율적인 고객관리 제도 운영으로 고객충성도 강화 • 홈쇼핑 채널에 특화된 제품개발	W/T 전략 • 홈쇼핑시장 진출로 비수도권 지역으로 시장 확대 • 해외 정보력 강화로 해외 브랜드 벤치마킹

2. 시장조사

흔히 우리가 듣는 시장조사가 어떻게 분류되고 있는지에 대해 살펴보면 기존에 나와 있는 시장조사나 마케팅 리서치 등을 문헌에는 시장조사를 조사 방법이나 마케팅활동에 따라 매우 다양한 유형으로 구분하고 있으며, 다양한 방식이 활용되고 있다. 일반적으로 사용되는 시장조사는 크게 조사 방법별, 상품수명주기별, 마케팅 의사결정 단계별 등에 따라 분류된다.

(1) 조사 방법별 시장조사

일반적으로 우리가 알고 있는 조사는 크게 사람에게 의견을 물어봐서 알고자 하는 것을 얻는 경우와 사람의 행동을 직접 관찰해서 원인을 찾아 알아내는 경우와 같은 두 가지로 구분될 수 있다. 예를 들어, 여론조사, 선거조사, 사회조사 등 우리가 흔히 접하게 되는 조사들도 모두 특정 사안이나 이슈에 대한 사람들의 생각이나 반응을 설문 형태로 직접 물어보거나 그들의 반응만을 관찰하는 조사를 실시하게 된다. 시장조사도 조사의 방법에 따라 크게 정량(quantitative) 조사, 정성(qualitative) 조사, 관찰(observation) 조사로 구분할 수 있다.

1) 정량 조사

정량조사에서 정량은 양을 헤아려 정한다는 의미를 가짐으로 조사의 결과를 수량으로 표현하는 것을 의미한다. 전화조사, 1:1 개별면접 조사, 우편조사, 온라인 조사 등 비교적 많은 수의 응답자를 대상으로 조사한 내용을 집계하여 특정 질문에 대한 응답자가 몇 명인지 혹은 평균 몇 점 등과 같은 형식으로 분석하게 된다. 정량조사에서 가장 중요한 점은 바로 표본의 대표성이다. 즉 조사대상의 전체가 아닌, 일부만을 표본으로 추출하여 조사를 진행하게 되므로 일부의 표본이 전체를 대표할 수 있어야 한다. 표본의 대표성을 나타내는 정도를 "표본오차"라고 하며, 모든 형태의 정량조사는 "표본오차"가 존재하게 된다. 우리가 흔히 언론에서 접하게 되는 각종 여론조사나 선거조사 등은 모두 정량조사라고 할 수 있으며, 일부만으로 구성된 표본으로 전체 대상의 의견을 파악할 수 있다는 점이 가장 큰 장점이라고 할 수 있다. 정량조사를 통해 어떤 현상이나 사실에 대해 객관화 하거나 검증을 할 수는 있으나, 이러한 현상이나 문제점에 대한 구체적인 원인이나 심층적인 정보를 얻는 데는 한계가 존재한다.

2) 정성 조사

정성조사는 정량조사에서 파악할 수 없는 보다 구체적인 내용을 얻고자 할 때 활용한다. 정성은 "물질의 성분이나 성질을 밝히어 정함"의 의미가 있으며, 정량조사에서 도출될 수 없는 현상의 질을 파악할 수 있다는 점이 정성조사의 가장 큰 장점이라고 할 수 있다. 대표적인 정성조사로는 FGI(Focus Group Interview)[13]와 심층면접(depth interview)[14]이 있으며, 소수의 응답자를 대상으로 비교적 장시간에 걸친 인터뷰를 통하여 특정 이슈나 대상에 대한 응답자의 생각을 깊이 있게 파악하게 된다. 예를 들어 쌈 채소 이용고객 200명을 대상으로 정량조사를 실시했더니 쌈 채소의 위생과 다양성 부족이 주요 문제점으로 분석되었다고 해보자. 이 문제를 해결하기 위해 쌈 채소 생산 농가는 알아서 쌈 채소 위생을 개선하고 쌈 채소 종류를 늘릴 수도 있지만, 정성조사를 통해서 쌈 채소 판매 농가를 이용하여 고객들이 보다 구체적으로 어떤 요인 때문에 쌈 채소의 위생 상태가 엉망이라고 느끼고, 다양성이 부족하다고 생각하는지

---

13) FGI : 소수의 응답자와 집중적인 대화를 통하여 정보를 찾아내는 소비자 면접조사

14) 심층면접 : 일반적으로 장시간(약 30분 동안) 응답자와 잘 훈련된 면접원 간에 연구하고자 하는 주제에, 대하여 조사하는 비구조화된 인터뷰

에 대한 원인을 파악해 볼 수 있다. 즉 이용고객을 대상으로 FGI나 심층 인터뷰를 실시해서 구체적으로 쌈 채소의 위생이 어떻게 떨어지는지 (쌈 채소의 질감, 잎의 색깔, 신선도 등), 쌈 채소가 비위생적이라는 것은 어디서 느끼게 되는지(외관, 향, 진열 등), 쌈 채소의 종류가 구체적으로 어떻게 다양하지 않은 것인지(절대 종류가 부족한 것인지 혹은 고객이 좋아하는 것이 부족한 것인지 등)를 파악할 수 있다.

3) 관찰 조사

정량조사와 정성조사는 다수 혹은 소수의 응답자를 대상으로 직접 질문을 해서 응답자의 생각을 알아낼 수는 있으나, 실제 응답자의 행동을 확인할 수는 없다. 관찰조사는 응답자들에게 직접 물어보는 것이 아닌, 그들의 행동을 관찰하여 조사결과를 집계하게 된다. 관찰은 사물이나 현상에 관하여 자세히 살펴본다는 의미가 있으므로 응답자들이 특정 상황이나 장소에서의 행동을 관찰하여 그들의 행동을 통해 그들의 속마음과는 다른 무의식적인 구매 형태 설문이나 실험으로는 찾아내기 힘든 미묘한 차이를 알아낼 수 있다. 관찰조사는 관찰자 혹은 카메라를 활용해 매장에서의 고객 행동을 관찰하는 직접 관찰법(direct observation)이 대표적이며, 실제로도 많이 활용되고 있다.

(2) 상품수명 주기별 시장조사

사람이 태어나서 성장하고, 어느 정도 성숙하게 되면 노화가 시작되어 결국은 죽게 되는 것처럼, 모든 제품이나 서비스도 처음 시장에 도입이 되어 성장하다가, 어느 시점이 되면 최고점을 누리고 결국은 시장에서 사라지게 된다는 점에서 수명주기(product life cycle)[15]를 가진다고 할 것이다.

1) 도입기(introductory stage)

신제품이 출시되는 시기로 포지셔닝(positioning) 구축을 위해 많은 광고비 지출이 필요하며, 이후 매출이 서서히 증대되는 시기

---

15) 수명주기(PLC) : 새로운 상품을 선보인 후 성장기와 성숙기를 거쳐 쇠퇴기로 이어지는 하나의 사이클을 의미.

2) 성장기(growth stage)

점차적으로 시장점유율이 확대되며, 매출액이 급속히 증가, 시장경쟁이 점차 치열해지고 새로운 경쟁자가 출현하기도 함. 가격은 낮은 가격을 유지해야 함

3) 성숙기(mature stage)

매출액이 최고조로 공급과잉상태이며, 가격 할인정책이 요구되고, 이익은 하락함

4) 쇠퇴기(decline stage)

제품의 시장 존립이 어려운 상태이고, 제품의 폐기 여부를 결정해야 함

이러한 수명주기에 따라 마케팅조사의 유형을 구분할 수 있다. 마케팅조사는 마케팅 의사결정을 위한 정보를 제공하는 것이 주요 목적이므로 상품수명주기 단계별로 수행되는 마케팅활동에 따라 시장조사가 보조를 맞추는 것이다. 제품/서비스의 수명주기는 성장단계에 따라 크게 도입기, 성장기, 성숙기, 쇠퇴기로 나눌 수 있으며, 마케팅조사는 이들 단계 중 쇠퇴기를 제외한 3가지 단계에서 중점적으로 활용된다.

(3) 마케팅 의사결정 단계별 시장조사

시장조사의 궁극적인 목적은 기업이 당면한 마케팅 문제를 해결하는 데 필요한 기초자료의 제공에 있으므로 마케팅 문제를 해결하기 위한 기업의 의사결정 단계에 따라 조사유형을 구분해 볼 수 있다. 즉 기업의 마케팅 의사결정 단계를 크게 문제 인식, 방향 설정, 진행방안 확정, 평가 및 개선 등 4가지 단계로 구분하고, 문제 인식 및 방향 설정 단계에서는 탐색조사를 방향 설정 후 진행방안 확정 단계에서는 전략조사를, 그리고 진행방안 확정 후 활동에 대한 평가 및 개선을 위해서는 추적 조사를, 실시할 수 있다.

예를 들어, 유기농 우유 전문점 매장을 운영하고 있는데 매출이 점점 떨어진다고 가정해 보자. 우선 FGI 조사를 실시해서 원인을 파악하고, 조사 결과로 도출된 문제의 원인을 해결하기 위해 유기농 우유 신상품을 출시하기로 결정하였다. 신상품을 출시하기 전 이에 대한 소비자 반응을 파악하기 위해 유기농 우유 신상품에 대한 콘셉트 테스트를 실시하였더니 신상품 콘셉트에 대해 소비자

들의 반응이 좋아, 이를 바탕으로 최종 출시전략을 수립한 후 판매를 시작하였다. 마지막으로 신상품 판매를 시작한 이후 이용고객들이 제품이나 매장서비스에 대해 얼마나 만족하는지를 지속적으로 체크하기 위해 추적 조사인 고객만족도 조사를 실시해서 고객의 만족 여부 및 불만 사항을 파악하여 개선 활동을 전개하게 된다. 이처럼 실제 마케팅활동을 수행하는 과정에서 발생하는 문제에 대한 의사결정 유형에 따라서 조사를 구분해 볼 수 있다.

강원도, 신선 농산물 수출 확대를 위한 해외시장 조사 추진

강원도는 최근 FTA·DDA 등 농업환경 변화와 시장개방 확대로 수출농업의 중요성이 부각됨에 따라 신선 농산물 수출 확대 및 경쟁력 제고를 위해 수출 농업인과 관련 공무원을 대상으로 9.6~9.11일까지 해외시장 조사를 실시할 계획이다. 이번에 실시하는 해외시장 조사는 수출 농업인과 관련 공무원 등 22명(농업인 12, 공무원 10)이 참가하여 농산물 주 수입국인 일본 시장의 소비자 동향 및 유통 동향 파악과 새로운 수출 유망품목 발굴을 위한 자료수집 등의 활동을 수행하게 된다. 강원도는 그간 수출농업 확대를 위해 '96년부터 '08년까지 총 15회(일본 8, 유럽 4, 중국 3) 285명(농업인 189, 공무원 96)에 대한 해외시장 조사를 실시하였으며, 그 결과 파프리카·여름딸기 등 새로운 수출작목 개발 및 육성으로 수출농업 확대에 기여하였다.

특히, 금년도는 국내 농산물 가격 상승과 더불어 농산물 수출단가 인상 및 엔화 강세 등으로 수출 농가의 소득이 전년보다 크게 향상될 것으로 기대된다. 강원도는 앞으로도 새로운 수출 유망작목 발굴과 현지 유통 동향 파악, 기술향상을 위한 해외연수를 지속적으로 추진하여 수출농업이 농가소득 향상의 견인차 역할을 할 수 있도록 수출농업을 적극 육성할 계획이다.

〈디지털한국농업경영신문〉, 나광원 기자, 2010.09.06.

❖ 이 장의 요약

농촌창업 전에 자신의 창업에 대한 방향부터 설정해야 한다. 즉, 창업에 대한 목표를 설정하고 창업환경을 분석하는 것이다. 창업환경 분석에는 크게 거시적 환경분석과 미시적 환경분석이 있다. 거시적 환경요인으로는 인구통계적 요인, 경제적 요인, 기술적 요인, 정치 법률적 요인, 사회문화적 요인 등이 있으며, 미시적 환경분석은 흔히 3C 분석이라 부르며, 자사(company) 분석, 경쟁자(competitor) 분석, 고객(customer) 분석이 이에 해당한다. 보통은 거시적 환경분석을 먼저 한 후에 미시적 환경분석을 실시하게 된다. 이러한 분석들을 통해서 궁극적으로 사업 기회를 평가하게 되는 것이다.

특히 시장 상황에서 고객과 경쟁사, 그리고 자사의 상태를 정확히 이해하는 것은 매우 중요하며 이러한 3C(Customer, Competitor, Company) 분석을 포함한 시장 상황 분석 방법의 대표적인 예들로 산업구조분석과 SWOT 분석 등을 들 수 있다. 산업구조분석(Industry Structure Analysis) 이론에 의하면, 특정 시장의 구조와 매력도 및 기업이 전반적으로 처한 상황은 현재의 경쟁자, 잠재적 진입자, 대체품의 위협, 공급자의 교섭력과 구매자의 교섭력 다섯 가지 요소로 결정된다.

SWOT 분석은 기업 내부의 강점과 약점을 구체적으로 파악하고 기업 외부 환경의 기회와 위협 요인을 발견함으로써 농촌창업에 있어서의 전략적 대안을 도출하는 과정에 활용될 수 있다. 사업환경평가와 함께 수행되어야 하는 시장조사는 일반적으로 크게 조사 방법별, 상품수명 주기별, 마케팅 의사결정 단계별 등에 따라 분류하고 있다. 또한, 실제 창업 실무에서는 산업 혹은 업종에 따라 활용되는 시장조사 유형은 크게 달라진다. 상대적으로 신제품개발이 빈번한 업종에서는 신제품/서비스개발 프로세스에 따른 조사를 주로 활용하고 있는 반면 내구재, 서비스 업종에서는 조사 결과의 활용목적에 따라 구분하는 것이 일반적이다.

더 생각해 볼 문제

1. 자신이 구상하는 농촌창업 분야를 마이클포터의 산업구조분석을 이용하여 분석해 보자.

2. 창업가로서의 자신을 SWOT 분석해 보자.

3. 구상하는 창업아이디어에 대한 잠재적인 고객의 의견을 알아보는 설문지를 만들어 보자.

경쟁자를 이기는 법 - 송나라의 거상 감지자(監止子)

전국시대 송나라에 감지자라는 사람이 있었다. 그는 기회를 활용할 줄 아는 약삭빠른 사람이었다. 어느 날 감지자는, 한 장사꾼이 박옥(다듬지 않은 옥)의 진가를 모르고 백금에 팔려고 내놓은 것을 보게 됐다. 감지자는 그것이 다듬기만 하면 천금을 능가하는 보물에 가까운 옥이라는 걸 바로 알아챘다. 감지자는 좋은 기회다 싶어 장사꾼에게서 박옥을 사려 했다. 그런데 그때 다른 상인이 어슬렁거리고 나타나 박옥에 관심이 있는 듯이 장사꾼에게 박옥의 가격을 묻는 것이었다. 갑자기 경쟁자가 나타나자 감지자는 당황해 앞으로 나섰다. "미안하지만 이 물건은 내가 먼저 보았소." "아직 팔린 것이 아니니 누구든지 먼저 사는 사람이 임자가 아니겠소?" 상인도 박옥을 양보할 뜻이 없다는 듯이 거칠게 말했다. 잠시 생각을 하던 감지자는 박옥을 들고 일부러 떨어뜨려 흠집을 냈다. "아니, 이 귀한 박옥을 떨어뜨리면 어떻게 합니까?" "미안하오. 내 실수이니 당신이 말한 백금의 값으로 변상을 하겠소." 감지자는 집으로 돌아와 박옥의 흠집을 갈아서 진짜 옥으로 만들어 천일(일 일은 24냥)에 팔아 막대한 이득을 얻었다. 그는 옥을 보는 눈과 기지를 발휘하여 大利(큰 이익)를 얻은 것이다. 사람들의 왕래가 잦고 사람들 눈에 잘 띄는 곳에 상품을 진열하는 것 역시 경쟁에서 이길 수 있는 중요한 전략이다. 고대 중국에 장사를 하던 한 사내가 있었다. 사내가 파는 물건은 채소나 과일 따위였는데, 사내가 하루 종일 장사를 해도 좀처럼 사람들은 그의 물건을 사지 않았다. 저자에는 사려는 사람들보다 팔려는 사람들이 훨씬 많았다. 해가 질 때면 그는 물건을 하나도 팔지 못해 기운 없이 집으로 돌아오곤 했다. 장사를 제대로 하지 못하니 그들의 살림은 궁핍할 수밖에 없었다. 그는 어떻게 해서든 장사를 잘하기 위해 좋은 물건만을 가지고 나갔으나, 이상하게도 늘 장사가 되지 않았다. 그래도 소금은 조금씩 팔려 이익을 남길 수 있었다. 그러나 저자에는 소금 장수가 하나, 둘이 아니었다. 사내는 열심히 장사를 했지만, 저자의 한쪽 귀퉁이에 있는 그의 소금은 근처를 지나는 사람들만이 사갈 뿐이었다. 아무리 목청껏 소리를 질러도 한계가 있었다. 사내는 많은 소금 장수들과 경쟁을 해야 했기 때문에 그다지 신통하게 벌지 못했다. 사내는 항상 소금을 많이 팔 수 있는 방법을 골똘히 생각했다. 그 결과 소금을 팔고 있는 장소가 사람들 눈에 잘 띄어야 한다는 사실을 깨달았다. 그는 높고 뾰족한 언덕에 자리를 잡았다. 그러자 사람들은 높은 언덕에서 소금을 팔고 있는 것을 한눈에 알아볼 수 있었기에 손쉽게 소금을 사 갔다. 사내는 순식간에 많은 돈을 벌게 되었다.

-이수광 저, 〈부를 이루는 상술〉 중에서-

제 2 편

농촌창업의 이해

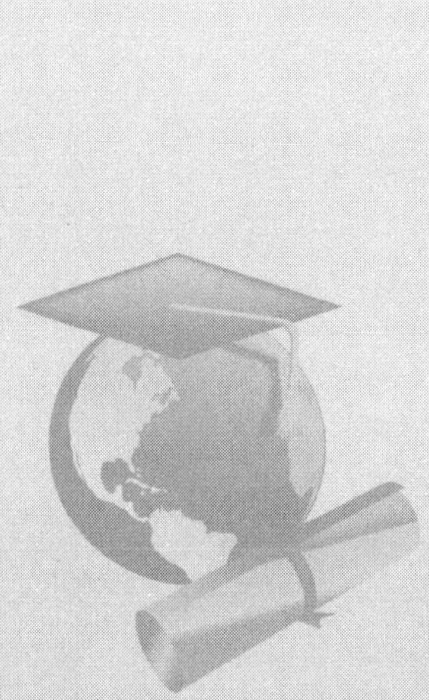

Ⅰ

왜 선택하고 집중해야 하는가?

1. 선택과 집중

누가 우리의 표적 고객들이고 그들은 어떤 것에 가치를 두는가?

새롭게 사업을 시작하거나 신상품을 시장에 출시할 때, 가장 많이 고민하게 되는 것은 신상품을 누구에게 어떻게 팔 것인가 하는 문제일 것이다. 실제로 창업계획 단계나 신제품 기획 단계에서 이미 의사결정을 마쳤겠지만, 초기에 생각했던 것만큼 간단한 문제는 아닐 것이다. 어디서부터 시작해야 하는지 혹은 모든 시장이 표적이 될 것 같지만, 조금 더 생각해 보면 그렇지 않다. 그러므로 시장을 작게 나눈 후 자신에게 매력적인 시장을 선택하고, 그곳에만 집중하는 것이 효율성이나 효과성 측면에서 우수한 전략이 될 것이다.

대부분의 마케팅 계획은 표적시장이나 잠재적인 고객들을 묘사하는 것으로부터 시작된다. 먼저 고객 전략을 세우는 첫 번째, 과업은 자신의 표적시장을 선정하는 것이다. 표적시장은 개인적인 소비자(주부)나 비즈니스 고객처럼 대부분은 쉽게 구분할 수 있다.

개인이 직접 물건을 구매하여 사용하는 최종소비자 즉, 개인적인 소비자들에게 다이렉트 마케팅은 작은 규모로 손쉽게 수행될 수 있으며, 그 효과 또한 좋다. 이러한 마케팅의 유형은 B2B 마케팅[1]에 비해 더 수익성이 높은 경향이 있다. 왜냐하면, 중간 유통상이 없기에 직접 운영함으로 인해서 판매 가치 발생의 기회가 많기 때문이다.

B2B 마케팅은 원료나 투입되는 자원으로 사용될 제품의 판매가 주로 포함된다. 전통적인 B2B 업체들은 대부분 곡물회사(grain company), 가공업체(processor), 포장전문업체(packers) 등이 있다. 그러나 오늘날 특별히 차별화된 원료 생산자들은 두부를 만드는 콩(tofu grade soybeans), 고유지옥수수(high oil corn), 풀을 사료로 쓴 가축(grass-fed livestock), 유기농 사료(organic feed)와 같은 독특한 제품들에 대한 시장수요에 직접적으로 반응하는 것으로 더 많은 수익을 추구하며, 이에 따른 관련 기술과 경영기법을 배우고 있다. 만약 앞서 제시된 것과 같은 원료생산물을 중간 유통상들이나 B2B 고객들에게 직접 판매할 계획이라면 필요한 마케팅 전략은 일반, 개인, 최종소비자로 구성된 잘 정의된 시장에 차별화된 제품으로 직접 마케팅하는 것과는 차별화된 다른 전략을 사용해야 할 것이다. 이처럼 창업을 하려고 하는 예비창업자가 표적시장을 완벽히 정의하기 위해, 해당 표적 세분시장의 특징을 확인할 필요가 있다. 즉, 표적시장의 고객이 누구이며, 그들이 원하는 것은 무엇인가를 확인하라는 것이다. 또한, 그들이 얼마나 구매할 것인가 하는 판매 잠재력[2]도 파악해야 한다. 이러한 조사가 농촌 창업가들의 사업을 성공시키는 중요한 역할을 할 것이다.

다이렉트 마케팅
다이렉트 마케팅이란 일반 대중매체나 광고매체를 이용하지 않고, 기업이나 중간 유통상을 배제하고 소비자에게 직접 판매하는 마케팅을 말한다. 즉, 브랜드가 직접 대상 고객, 표적 집단, 관계자 등과 의사소통하여 마케팅 활동을 하게 된다. 고객과 직접적인 의사소통을 통해 바로 구매로 이어지는 것이 장점이라 할 수 있다.

1) B2B 마케팅 : B2B는 기업과 기업 간의 상거래를 말하는 것으로, 기업고객을 대상으로 하는 마케팅을 의미한다.
2) 판매 잠재력 : 시장 잠재력 중에서 자사가 차지할 수 있는 시장의 규모를 의미한다.

<해외사례>-유통 채널을 기준으로 세분화: Dave and Florence Minar사

우유배달(home delivery) 시장과 소매점 고객 시장으로 시장 세분화

Dave and Florence Minar는 우유와 치즈 같은 유가공생산물을 판매하는 미국의 한 농촌창업기업이다. Cedar Summit Farm Dairy Products를 위한 새로운 타켓 시장으로 중간 유통상이나 비즈니스 고객이 아닌, 일반 미국 가정의 개인 소비자를 선택했다.

이 표적시장은 Davisco와 같은 다른 가공공정을 위해 원유(bulk milk)를 구매하고 있는 중간 유통상 역할을 하는 그들의 기존 고객과는 매우 차별화하였다. 결과적으로, Minar는 프로세스를 계획할 때, 새로운 표적시장의 크기, 지리적 위치, 구매패턴, 선호도를 알기 위한 중요한 조사를 수행했다. 이렇게 잠재고객의 선호도를 파악하고 넓은 잠재시장을 작은 시장으로 나누는 과정을 시장세분화(segmentation)라고 한다. 특별한 세분시장을 선택(targeting)하고 파악하는 것에 따라 더욱 효과적인 포장이나 가격, 촉진 전략들이 개발될 수 있다.

시장은 다양한 방법으로 세분화될 수 있다. 세분화의 가장 흔한 방법은 인구통계적, 지리적, 심리적, 제품 사용 특징에 의한 세분화이다. 예를 들어, Mabel Braige는 대두를 지리적 변수를 이용하여 국내시장과 국제시장으로 나누어 세분화했다. 또한, 시장은 고객의 구매빈도에 의해 세분화될 수도 있다. Riverbend Farm은 주 단위 고객, 월 단위 고객으로 야채 구매고객 시장을 나누었다. Dave and Florence Minar는 그들의 주 고객을 유통 채널에 의해 두 가지 그룹으로 구분하여 병 우유를 위한 표적시장으로 나누었다. 하나는 우유의 소비자들이 집에서 배달받아 소비하는 시장인 집 배달 시장이고 다른 하나는 마트나 다른 소매상을 통해서 자사의 우유를 구매해서 소비하는 고객인 소매점 고객 시장으로 나누어 두 시장에 각각 다른 전략을 구사하고 있다. 그들은 잠재적인 집 배달 고객을 알기 위한 노력으로 75개의 새로운 지역 주민들에게 설문조사를 했다. 기존에 판매범위에 없었던 새로운 시장에 속하는 주민들이기 때문에 그들의 우유 선호도, 주간 우유 소비량, 집 배달에 대한 종합적 관심 등 이러한 설문조사를 바탕으로 그들은 고객 프로필을 작성하여 세분시장을 파악하였고, 이러한 노력을 통하여 고객들이 원하는 것을 알아낼 수 있게 된다.

아래 그림에 소개되어 있는 설문지는 실제로 Dave and Florence Minar 사가 실시했던 설문지 방식의 시장조사 일부를 보여주고 있다. 주로 구매하거나 구매를 고려하고 있는 유제품이 무엇이며 잠재적 구매자들이 소비하는 소비량과 배달 우유에 대한 선호도나 여러 가지 기타 의견들을 모으는 것으로 해당 배달 우유 시장의 소비자 특성들을 파악하려 하였다.

안녕하십니까?

먼저 무엇보다도 저희 유제품과 배달서비스에 대해 많은 관심을 보여주신 데 대해 감사드립니다. 몇 분간의 시간을 내어주셔서 아래의 질문을 채워 주신다면 많은 도움이 될 것입니다. 고객님의 소중한 의견에 다시 한번 감사드립니다.

1. 관심있는 제품에 표기해 주세요.
   우유(일반우유 고칼슘, 저지방)-착향 우유(초코, 딸기, 바나나)-버터-요쿠르트-치즈-크림-아이스크림
2. 일주일에 마시는 우유의 양은 얼마입니까? ______________
3. 집으로 배달하는 것이 좋으십니까? ________________
4. 고객님의 음식이 어디서부터 왔는지 원산지를 아는 것을 원하십니까?
   ____
5. 기타 의견
   ____

농산물 소비·유통시장 변화 파악

"감귤 소비트렌드 어떻게 달라졌나" 22일 감귤 소비·유통트렌드 발표대회 열려

제주농업기술원은 농촌진흥청과 공동으로 '감귤 소비 및 유통 트렌드 발표대회'를 2022년 12월22일 농업기술원 대강당에서 열렸다. 농업인, 유통종사자, 연구·지도공무원 등 100여 명이 참석한 가운데 소비 및 유통시장 트렌드를 살펴보고 시장변화를 고려한 산지 대응 방안 및 마케팅 방향을 모색하는 시간을 가졌다.

주제발표 내용은 △감귤·만감류 소비 트렌드 및 특징(농촌진흥청 하지희) △감귤 유통 트렌드 및 특징(중앙청과㈜ 고길석) △농업기술원 감귤 신품종 육성 현황(농업기술원 정승용)이다. 감귤 소비·유통 트렌드에 따른 제언 및 종합토론 결과, 감귤 소비는 증감을 반복하다, 최근 감소세를 보이며 만감류 소비는 지속적으로 증가하는 것으로 나타나고 있다. 만감류 소비 증가를 뒷받침하기 위해서는 수입산 과일과 경쟁할 수 있도록 가격경쟁력을 갖추고, 품질 유지 향상방안 모색이 필요하다는 제언이다.

'감귤 소비 및 유통트렌드 발표대회'가 22일 농업기술원 대강당에서 열렸다. 농업인, 유통종사자, 연구·지도공무원 등 100여 명이 참석한 가운데 소비 및 유통시장 트렌드를 살펴보고 시장변화를 고려한 산지 대응 방안 및 마케팅 방향을 모색했다. : 기술원

감귤의 주 구매 용도는 자가 소비가 82.5%로 가장 높고, 한번 구매 용량은 5 kg, 선호 포장 형태는 종이 박스로 조사되었다. 시장의 니즈(Needs)를 반영하는 포장 용량, 포장방법, 구매용도, 크기 등에 대한 출하 전략 수립이 필요하다는 의견이다. 소비자는 단맛이 강하고 신맛이 약한 감귤을 선호하며(84%) 건강 기능성이 우수한 신품종에 대한 뚜렷한 구매 의향을 보였다. 소비자가 원하는 감귤에 대한 속성을 파악하고 이를 반영해 개발하는 것이 중요하다.

연령별로 구매금액, 구매 횟수를 보면 30대가 가장 적었고 주스·음료 가공방식의 의존도가 높았다. 30대의 저조한 소비 활성화를 위해 과즙음료, 과육 젤리 등과 젊은 층이 선호하는 가공식품을 개발하고, 그에 적합한 품종개발이 중요하다는 제언도 나왔다. 코로나19 이후 비대면 거래, 직거래가 증가하는 추세다. 소비자 구매 형태를 파악한 맞춤형 판매전략 수립이 필요하다.

한편 농업기술원이 개발한 만감류 신품종에 대한 정보를 공유하고, 향후 안정적인 시장 정착 여건을 조성했다. 농업기술원은 현재 품질이 우수하고 수확기를 달리하는 만감류 '가을향', '달코미', '우리향', '설향' 4품종을 개발하고 농가 실증에 나서고 있다. 올해 3품종 15농가, 내년 4품종 32농가 실증을 계획하고 있다. 김태균 원예경영연구 과장은 "농산물 소비 및 유통시장의 변화를 제대로, 빠르게 파악해 대응하는 것이 무엇보다 중요하다"며 "감귤이 제값을 받기 위한, 방안을 찾고 시장이 원하는 품종을 개발·보급하기 위해 농업기술원의 역할을 재정립하는 자리가 됐다"고 말했다.

〈제주인뉴스〉(http://www.jejuinnews.co.kr)

2. 세분시장 마케팅 – STP 전략

이 장에서는 농촌창업에 핵심적인 전략인 시장세분화, 표적시장 선택, 포지셔닝의 단계로 구성된 STP에 대해 깊이 있게 다뤄볼 것이다. 고객들의 욕구가 다행해지면서 매스 마케팅은 부적절한 전략이 된다. 그러나 대량생산을 해야 하는 기업 입장에서 고객 한사람 한사람의 욕구를 충족시키는 맞춤 생산을 한다는 것은 거의 불가능하다. 그렇다면, 비슷한 욕구를 갖고 있는 고객들을 묶어, 이를 하나의 작은 시장으로 간주하고, 이 작은 시장이 어느 정도의 규모가 된다면, 그 시장의 욕구에 맞는 상품을 마케팅할 수 있을 것이다. 이렇게 전체 시장을 여러 개의 세분 시장으로 나누는 것을 시장세분화라고 한다. 세분 시장 마케팅은 크게 세 단계 즉, 시장세분화단계, 표적시장 선택단계, 그리고 포지셔닝 단계로 구성된다.

[그림 2-Ⅰ-1] STP전략 단계

일반적인 시장세분화의 다섯 단계는 다음과 같다.

① 시장세분화 기준의 수립
② 시장세분화 및 세부시장에 대한 분석
③ 표적시장의 선정 및 마케팅 목표 결정
④ 경쟁 우위 분석 및 제품 포지셔닝
⑤ 포지셔닝 성과 평가 및 재포지셔닝

(1) 시장세분화

1) 시장세분화 단계

시장세분화 단계에서는 먼저 시장을 세분화할 기준이 되는 변수를 선정하고, 그 변수로 시장을 세분화한 후 각각의 하위 시장 특성을 파악한다. 시장세분화를 했을 때는 각 세분시장 내에서는 동질성이 극대화되고 각 세분시장 간에는 이질성이 극대화되어야 좋은 시장세분화라고 할 수 있다. 시장세분화가 완료된 후에는 각 세분시장의 특성을 규명해야 한다. 세분 시장별로 성별과 연령 구성비, 소득 수준 등을 파악함으로써 각 시장의 실체성과 접근 가능성, 그리고 활용성을 확인할 수 있다.

2) 시장세분화의 방법

세분시장 마케팅을 하려면 고객 행동 변수와 고객 특성 변수에 대한 데이터가 필요하다. 고객 행동 변수란 고객의 구매 행동과 밀접한 관련이 있는 변수들을 가리킨다. 예를 들어, 추구 편익, 사용상황, 사용량, 상표 애호도 등이다.

고객 특성 변수란 고객이 누구인지를 나타내 주는 변수들을 가리킨다. 예를 들어, 인구통계변수(연령, 성별, 소득, 직업 등)와 심리분석변수(라이프 스타일, 성격 등) 등이다. 세분시장 마케팅을 효과적이고 효율적으로 하려면 먼저 고객 행동 변수를 이용하여 시장을 세분화한 다음, 고객 특성 변수를 이용하여 세분시장 각각의 전반적인 특성을 파악하여야 한다. 그러므로, 고객 행동 변수는 세분화의 기준변수가 됨으로써 일차적인 역할을 하고, 고객 특성 변수는 일단 발견된 세분시장의 전반적인 특성을 알려줌으로써 이차적인 역할을 한다고 볼 수 있다.

예를 들어, 쌀의 경우, 고객 행동 변수인 사용상황을 생각해보면 밥을 지어 먹기 위해 구매하는 경우와 장가간 아들 집에 선물하기 위해 구매하는 경우를 가정해 볼 수 있다. 두 경우, 사용상황이라는 행동 변수로 쌀 구매 시장을 두 가지로 나눌 수 있는 것이다. 그 후 두 시장의 고객 특성 변수를 이용하여 두 시장의 특성을 파악해 보면 밥을 지어 먹기 위한 시장은 30~40대 주부들이 대부분이고, 자녀의 집에 쌀을 선물하기 위한 시장은 50~60대의 남성이 많았다. 그렇다면 사용상황이라는 고객 행동 변수로 나누어진 두 시장의 고객특징을 반영하여 표적으로 할 시장을 고르거나 고객 특성에 해당되는 전략들을 계획하게 된다.

3) 시장세분화의 긍정적인 효과

시장세분화는 오늘날 농촌창업에 있어서 핵심이라고 말할 정도로, 시장세분화를 하지 않고는 창업의 중요한 마케팅 계획을 수립한다는 것은 생각할 수 없게 되었다. 그 이유는 시장세분화가 다음과 같은 세 가지 중요한 효과가 있기 때문이다.

① 경쟁우위 확보

시장세분화의 핵심은 하나의 상품보다는 여러 개의 상품을 내놓는 것이 고객욕구를 더욱 더 충족시킬 수 있다는 데에 있다. 그러므로 경쟁자보다 한발 앞서 세분시장 마케팅을 하는 기업은 경쟁우위를 확보할 가능성이 상대적으로 높아진다.

② 차별화를 통한 가격경쟁 완화

시장을 세분화하면 고객 욕구를 더욱더 충족시킬 수 있을 뿐만 아니라, 소모적인 가격경쟁의 정도를 약화시킬 수 있는 전략적인 장점도 거둘 수 있다. 이러한 장점은 특히 규모가 작은 중소 농촌창업 기업에게 중요하다. 중소기업들은 대기업들이 무관심한 세분시장에 집중함으로써, 대기업들과의 직접 경쟁을 피하고 장기적인 생존과 성장을 이룰 수 있다. 우리가 겨울철 흔히 볼 수 있는 광경이 김장이다. 김장김치 하면 흔히들 배추김치를 떠올리게 되고 또한, 김치를 만드는 과정도 단순하지 않다는 것을 알고 있다. 대부분의 농가들이 김장을 위해 배추를 판매하거나 출하하는 데 신경을 쓰고 있으며, 배추를 구매하는 고객들 또한, 가격을 신경 쓰지 않을 수 없다. 하지만 시장을 세분화하여 차별화한 농가들이 있다. 바로 소금에 절인 배추를 판매하는 농가들이다. 김장철 각 지역에서 올라오는 배추는 이 시기에 가격경쟁을 피할 수 없을 것이다. 그러나 시장을 세분화하여 김장용 배추를 구매하려는 고객 중에서 절인 배추를 원하는 고객들의 욕구를 반영한 차별화 전략으로 일반 김장용 배추와의 가격경쟁을 피할 수 있는 새로운 시장이 존재한다는 것이다.

③ 마케팅 기회 발견

시장세분화를 하면, 하지 않는 경우, 대비 고객들의 욕구를 더욱 잘 이해할 수 있다. 그러므로 자칫하면 없어질 수도 있었을 마케팅 기회를 더욱더 빨리 발견할 수 있는 것이다. 즉, 평균적인 고객만 봐서는 발견되지 않을 중요한 기회가 세분시장 수준에서는 발견할 수 있게 된다.

[소호마을 "절인 배추 공동작업장"] "고랭지에서 키운 절인 배추로 김장하세요"

지자체 지원 공동작업장 준공운영... 농가 수입 안정 기대

더 춥기 전에 김장을 담그느라 주부들의 김장 준비 손길이 분주해지는 때다. 특히 김장은 배추를 어떻게 절이느냐에 따라 김장의 맛을 크게 좌우하기 때문에 배추를 "잘 절임"은 크나 큰 과제일 터, 공기 맑은 산동네로 알려져 있는 소호마을에 "절임 배추 공동작업장"이 문을 열자마자 밀려드는 주문을 받느라 바쁜 손길이 이어지고 있다는 소문이다.

고랭지 배추 생산의 최적지 "소호마을"은 울주군 상북면 고헌산 해발 450m에 자리 잡은 소호마을, 밭에서는 찬바람을 이겨내며 배추가 노란 속을 채워가고 있는 풍경을 흔하게 볼 수 있다. 지대가 높은 소호마을은 울산 시내보다 6도 이상 온도가 낮아 고랭지 배추 생산의 최적지로 평가받고 있다. 최근 마을 안에 들어선 공동작업장에선 배추 절이는 작업이 한창이다. 반으로 자른 배추는 소금을 푼 물에 담궜다가 건져내고, 다시 소금을 뿌려 15시간을 절인 뒤, 6시간 동안 물기를 빼준다. 특히 지하 150m에서 끌어올린 고헌산 맑은 물로 깨끗하게 씻어 담아, 하루면 배달 준비는 끝이 난다. 소호마을 공동작업장 작목반의 이병길 반장은 "벼농사를 대체한 작물로 배추를 키운 뒤 절임 배추를 소비자에게 제공하겠다"고 말했다. 소호마을 주민 이순근씨는 "우리 마을 배추는 고소하면서도 달고 김치를 담아서 오래 놔둬도 뭉개지는 법이 없다"고 배추에 대한 자랑이 끊이지 않았다. 마을 주민 22명이 절인 배추를 만들어 판매하는 소호마을은 울산에서 유일한 절인 배추 작목반이 결성된 것은 지난 2011년 11월 9일. 예전부터 소호마을은 지대가 높은 고랭지여서 벼농사가 잘 안되지만, 배추 작황은 좋은 곳으로 잘 알려져 있다. 일부 농가가 벼농사를 대체한 작물로 배추를 택해 절임 배추를 만들기로 한 것. (중략)

산촌의 맑은 공기가 배추까지 그대로 전해지며, 소호마을 절인 배추 작목반은 운영 일주일도 지나지 않아 3만여 포기의 배추를 주문받는 대박을 터뜨렸다. 지난 15일 울주군과 소호마을 절임 배추 작목반에 따르면 지난 9일 공동작업장을 개소한 뒤, 이날까지 배추 3만여 포기와 무 3,000개 등을 주문받았다. S-Oil 여성 봉사회에서 배추 5,000포기, 무 3,000개를 행사용으로 구매했다. 또 언양읍과

삼남면 등 서부지역 아파트단지에서 2만여 포기, 시내 지역과 부산 등지에서도 3,000여 포기를 주문받아 절임 작업을 하고 있다. 작목반은 본격적인 김장 시기인 이달 말부터 다음 달 초까지 5만 포기를 주문받을 계획이지만 작업장을 개소하고 홍보를 시작한지 불과 5일 만에 목표치의 70% 이상이 주문돼 목표치를 넘기는 것은 어렵지 않을 것으로 예상된다.

〈내일신문〉, 서경숙, 2011.12.2.

(2) 효과적인 시장세분화가 되기 위한 조건

효과적인 시장세분화가 되기 위해서는 시장을 작게 쪼개는 것만으로 끝나지 않는다. 나눠놓은 개별시장이 시장세분화전략을 사용하기 위해 갖추어야 할 최소한의 조건들이 필요하다. 이러한 조건들은 아래의 4가지로 요약할 수 있다.

① 측정 가능성

세분시장의 크기, 구매력, 기타 특성들을 측정할 수 있어야 한다.

② 규모

세분시장이 너무 작아서는 안 된다. 즉, 세분 시장만을 타켓으로 신상품을 개발하고, 그것을 가지고 광고, 판촉을 통해 이익이 날 수 있을 정도의 규모를 갖고 있어야 한다. 예를 들어, 우리나라에서 아침 식사용 씨리얼을 위한 곡물을 생산하는 것은 무모한 일일 것이다.

③ 접근 가능성

세분시장에 속하는 고객들에게 효과적이고 효율적으로 접근할 수 있어야 한다. 즉, 고객들이 어떤 매체를 주로 보는지 또는, 고객들이 주로 어느 지역에 사는지 등과 같은 정보를 알고 있어야 한다.

④ 세분시장 내 동질성과 세분시장 간 이질성

같은 세분시장에 속한 고객들끼리는 최대한 비슷하여야 하고, 서로 다른 세분시장에 속한 고객들끼리는 최대한 달라야 한다. 따라서 세분시장이 의미를 가지기 위해서는 각 세분시장은 마케팅 믹스[3]에 대해 서로 다른 반응을 보여야 하는 것이다.

3) 마케팅 믹스 : 표적시장에서 기업의 목표 달성을 위한 전술적인 마케팅 도구라고 할 수 있으며, 흔히 제품, 가격, 촉진, 유통 등을 말한다.

❖ 니치마켓[4])과 같은 새로운 시장기회를 발견할 수 있다.

앞서 제시한 것처럼 시장을 세분화하면 새로운 마케팅 기회를 찾을 수도 있다. 흔히 우리들이 많이 들어왔던 틈새시장이 바로 그것이다. 틈새시장은 본래 니치마켓이라는 말로도 사용되어진다. 치열한 경쟁과 빠른 변화에 지친 도시인들이 건강과 여유를 동경하는 욕구가 도시농업을 통해 표출되고 있다. 현대는 주5일제와 길어진 평균수명으로 여가 시간이 늘어나, 다양하고 생산적인 여가활동에 대한 수요가 증대되고 있다. 이와 더불어 웰빙 트렌드의 확산으로 건강에 대한 관심이 높아지고, 안전한 먹거리를 직접 생산하고자 하는 욕구가 증가되고 있다. 그러므로 도시인들은 주말농장이나 옥상, 베란다의 작은 텃밭을 만들어 직접 농작물을 기르는 활동을 통해서 생산적인 여가활동을 즐기고 있으며, 더불어 안전한 먹거리를 직접 생산하고 소비한다. 이것을 도시농업 팜씨티라고 한다. 이러한 도시농업을 통해 도시인이 가지는 소외감, 스트레스, 외로움을 경감 시켜줄 수 있는 정서적인 휴식처의 효과도 가져다 준다.

또한, 도시농업은 생태계 보전, 삭막한 도시환경개선이라는 새로운 가치가 조명되면서 도시의 새로운 트렌드로 자리매김하고 있다. 세계의 여러 도시에서도 이러한 도시농업을 발견할 수 있다. 도시농업의 트렌드를 바탕으로 도시농업 매뉴얼, 다양한 소포장 종자, 디자인을 가미한 패션 농기구 등의 새로운 시장이 형성될 수 있으며, 이러한 세분시장을 공략하여 성공적인 새로운 형태의 농촌창업이 가능할 것으로 전망된다.

옥상 도시농업의 예는 여러 나라에서 찾아볼 수 있지만, 환경과 농업에 관심이 많은 캐나다 밴쿠버에서 쉽게 찾아볼 수 있다. 옥상정원을 이용하여 버려진 공간이 지역의 특화된 소규모의 도시농업이나 지역농작물 생산지로 가능하게 된 것이다. 이러한 옥상정원은 신선한 채소와 과일을 제공하고 있다. 현재 Trent University에 있는 옥상정원은 이곳에서 생산된 채소와 과일을 학생 식당이나 지역 주민에게 공급하고 있다.

---

4) 니치마켓(틈새시장): 니치는 틈새라는 뜻으로, 니치마켓은 수요가 비어있는 시장에 경영자원을 집중적으로 투입하는 전략을 니치전략(niche strategy)이라고 함.

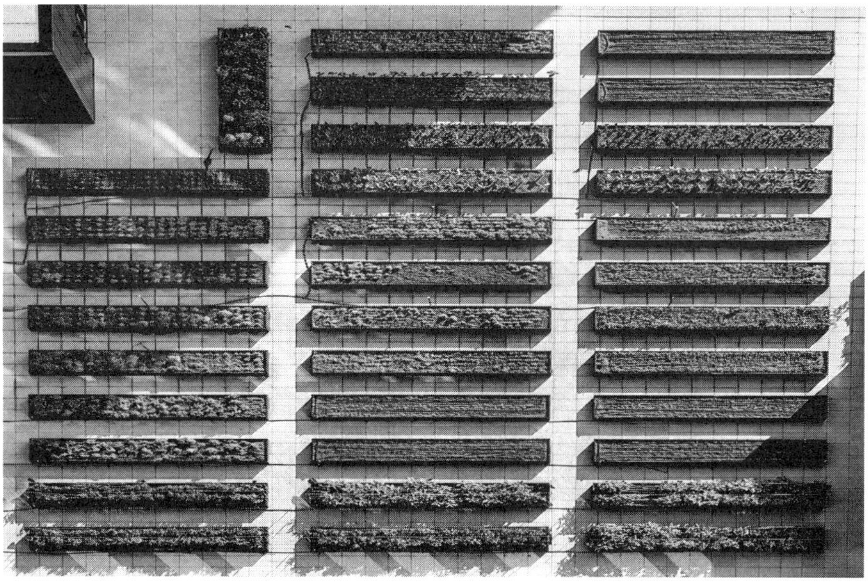

〈Urban agriculture 뉴욕시의 옥상 농장(해외사례)〉

도시에서는 현실적으로 이러한 도시농업이 가능한 지역이 매우 부족한 현실이기 때문에 건물들의 옥상을 이용한 옥상정원이 중요한 대안이 될 수 있다. 또한, 이러한 옥상정원은 새로운 대체 방법을 사용하여 건물에서 나오는 버려지는 물이나 퇴비를 사용하면서, 이용 가능한 쓰레기들을 사용하여 농작물경작에 필요한 퇴비와 물로 이용되어 환경보호에도 큰 보탬이 되고 있다. 미국 시카고의 시청 옥상정원은 커다란 화분들에 이러한 농작물을 심고, 경작 때 사용되는 물로 인한 옥상의 누수를 방지하는 등 여러 가지 대안적인 방법이 도시농업에 사용되고 있다.

옥상이 없는 더 작은 공간을 가진 아파트에서 사는 사람들도 도시농업 활동을 하고 있다. 작은 화분에 채소 같은 것을 기르거나(square foot gardening), 집안이나 베란다 벽면에 액자를 걸듯이 채소를 기르기(vertical gardening)도 한다. 이러한 방법은 전통적인 경작보다 훨씬 적은 공간을 이용해서 도시농업을 할 수 있다는 장점이 있다. 작은 화분을 이용한 채소 기르기는 기존방식의 옥상 도시농업의 20% 정도의 공간으로도 가능하며, 액자형 채소 기르기는 10배나 더 많은 채소가 생산된다.

〈미주리 주 세인트루이스 시내의 푸드 루프 농장에서 옥상 도시농업〉

❖ 국내의 도시농업

국내의 도시농업은 해외의 도시농업과 조금 다른 양상을 보인다. 우리나라도 건물의 옥상을 이용한 정원을 만들어 도시녹화사업을 하고는 있다. 하지만 해외의 도시농업과 비교해본다면 조경에 더 치중한 것이 현실이고 집안의 베란다와 같은 좁은 공간에서는 화분 몇 개에 상추를 심어 먹어보는 정도라 할 수 있다. 하지만 우리나라만의 독특한 도시농업 형태로는 주말농장이 있을 것이다. 특히 서울에는 외곽 쪽에 아직 많은 농지와 터가 있어서, 그곳에 농원들을 중심으로 주말농장이 활성화되어 있다.

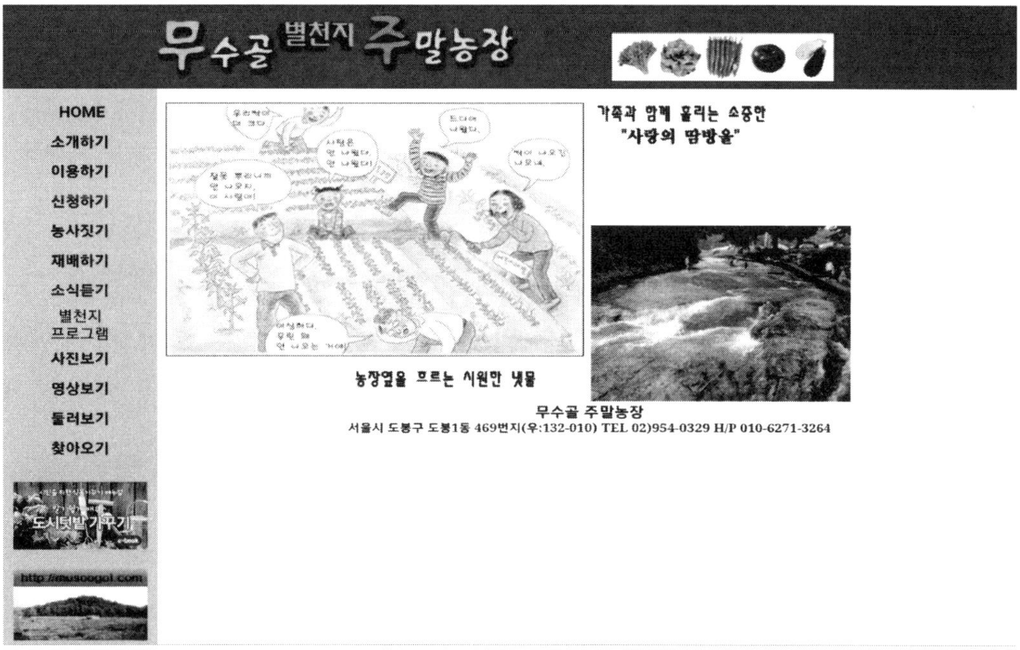

〈무수골 별천지 주말농장〉

위의 홈페이지도 서울시 외곽에 위치한 주말농장이다. 무수골 주말농장은 북한산 국립공원에 속한 노봉산 무수골 자연마을 입구에 위치하여 있으며, 회원들이 가족과 함께 농작물을 가꾸면서 자녀들의 자연학습 체험과 신선한 농작물을 직접 재배하여 소비할 수 있는 공간이다. 도시의 각박하고, 바쁜 스케줄에 피곤한 도시인들이 답답한 도시공간에서 벗어나 자연의 정취를 흠뻑 느낄 수 있는 휴식공간을 제공하는 것이, 한국형 도시농업 즉, 주말농장이 제공하는 핵심 가치가 될 것이다. 이러한 주말농장은 시민들에게 다양한 가치를 제공하여 줌으로 인해, 새로운 시장기회를 가져다 줄 것이다. 도시농업 자체가 가져다 주는 가치를 정리해보면 다음과 같다.

① 기존 농지의 효율성 제고 및 생산성 극대화 도모
② 회원에게 농사 체험의 기회를 제공
③ 국내 농산물 애용과 농업에 대한 이해증진 도모
④ 주 5일 근무제 시행으로 주말을 더욱 알뜰하게 이용할 수 있는 농촌 프로그램을 통해 자연과 함께 하는 가족 단위 여가 활용의 기회 제공

⑤ **가족 간의 유대감 증진을 위한 공간으로 활용**
⑥ **지역사회의 아파트 주민에게 농촌 생활 및 Green Field 제공으로 지역 정서에 이바지 함**
⑦ **건전한 시민 생활문화의 장으로 개발**

❖ 주말농장의 관리방안

도시농업의 잠재적인 고객들은 자신만의 주말농장을 가져보고자 할 것이다. 이러한 잠재적인 고객들을 만족시키기 위해서는 단순히 주말농장용 텃밭을 제공하는 것만으로 그쳐서는 안 된다. 도시에서 주말마다 찾아갈 텃밭이 있고, 우리 가족의 먹거리를 직접 내 손으로 키우는 것이 얼마나 행복하고 보람 있는 일인지를 알려주어야 할 것이다. 그렇다면 우선적으로 도시농업의 잠재적 고객들이 원하는 주말농장을 제공하기 위해서는 다음과 같은 사항을 고려해야 한다.

① **접근성**
② **토질관리**
③ **풍부한 일조량**
④ **커뮤니티 활동**

잠재적인 고객들이 가장 먼저 고려하는 것은 농장의 위치다. 텃밭은 무엇보다도 집과 가까운 곳이 좋다. 특히 봄에 짓는 채소 농사는 자주 돌봐주는 게 필수적이므로 아무리 토질이 좋은 곳이라 해도 자가용으로 1시간 이상의 거리에 있으면, 이동 자체가 부담스러워져 자주 찾아가기 쉽지 않기 때문이다. 잠재고객들이 걸어서 갈 수 있는 곳이라면 좋겠지만, 그것이 쉽지 않다면 대중교통으로 갈 수 있는 접근성이어야 도시민들에게 좋은 곳이라 하겠다.

위치뿐만 아닌, 잠재적인 고객들이 생각하는 중요한 요소는 지력(토질)일 것이다. 밭농사를 짓기 적당한 땅은 점질토에 약간의 모래가 함유된 땅이다. 그러므로 이러한 토질을 유지하여야 고객들에게 질 좋은 텃밭을 제공해 줄 수 있다. 그러기에 기본적으로 큰 돌들을 제거하고, 퇴비 등을 뿌려두어 토질을 관리해야 하며, 또한 토질의 우수함을 고객들에게 알릴 수 있게 홈페이지나 게시판 등에 홍보하는 것도 필요할 것이다.

땅 못지않게 중요한 조건은 일조량이다. 토질이 좋아도 일조량이 적으면 텃밭 농사를 하기가 어렵다. 방향으로 따지면 동남향이 가장 좋고, 북향이라도 일조량이 충분히 확보되면 텃밭으로 괜찮다. 또한, 텃밭 위치에 일조량을 저해하는 장애물이나 고목나무 등을 정리하여 충분한 일조량을 확보해야 한다.

마지막으로 커뮤니티를 만드는 것이다. 대부분 도시농업을 꿈꾸는 사람들은 주변에 다른 사람들을 통해서 밭농사 짓는 법이나 혹은 쌈 채소 등을 수확하여, 농장에서 삼겹살이라도 같이 먹을 동료를 만들고 싶어 한다. 오붓하게 가족끼리만 농사짓고 싶어 하는 고객들이 존재하기도 하겠지만 커뮤니티를 만들고, 그 안에서 주말농장 동료를 사귀고 싶은 사람, 가족만의 오붓한 시간을 가지고 싶은 사람들이 모두 정보를 공유하고, 농사 체험 자체를 공유할 수 있는 공간을 만들어 놓는다면 텃밭을 가꾸는 재미와 즐거움이 두 배가 될 것이다.

청정 봉화가 주는 곤충산업의 새로운 미래 먹거리...

꽃벵이 명인 봉화곤충호텔농업회사법인(주) 강지연 대표 곤충을 호텔 같은 위생적 환경에서 '생산에서 가공까지'

청정 봉화의 자연환경 속에 Save the Earth(우리가 사는 지구를 소중히)라는 슬로건을 내걸고 5성급 호텔과 같은 위생적인 사육환경에서 생산부터 가공까지 One-Stop 시스템을 구축, 소비자가 믿고 먹을 수 있는 미래 먹거리 곤충 가공식품을 생산하고 있어 주목을 받고 있다.

주인공 강지연 대표는 '봉화곤충호텔'은 옛날 초가집 지붕의 썩은 곳에서 나오던 굼벵이 즉 '흰점박이꽃무지(꽃벵이)'라는 곤충을 호텔과 같은 위생적인 환경에서 '생산에서 가공까지 One-Stopt 시스템'을 구축해 소비자가 믿고 먹을 수 있는 곤충가공식품을 생산하는 농업회사법인을 설립을 했다. 강지연 대표는 "2019년도에는 굼벵이를 원료로 하는 가공식품을 만들기 위한 가공시설을 구축, 자체 곤충가공 식품인 진액을 생산하게 됐고, 2020년도에는 농진청 시범사업인 식용곤충 우량종충 공급시스템 구축사업에 선정되어 '스마트 팜'을 활용한 우량종충 사육장을 구축했다"며 "굼벵이 사육농가에게 우량종충을 보급할 수 있는 길을 열게 됐다"고 한다. 〈동의보감〉과 〈본초강목〉에 의하면, 꽃벵이는 간 건강에 효능이 있고, 만성피로 해소에 도움을 준다고 기록이 되어있다. 또한, 생리불순, 산후풍, 시력감퇴, 구내염, 성인병 등의 치료에도 도움을 준다는 기록도 있다. 꽃벵이는 천연항생 단백질인 프로테신이 함유 되어있어, 강장 및 간기능 개선에도 효과가 있고, 인돌알칼로이드 성분이 들어있어 혈전 치유 및 혈액순환 개선에도 좋다고 한다. 현재 봉화곤충호텔은 청정 봉화에서 직접 재배하는 사과를 먹이로 사용함으로써 양질의 식용곤충 흰점박이꽃무지 생산과 학습 애완곤충 장수풍뎅이와 사슴벌레를 생산하고 있으며 식용곤충 흰점박이꽃무지를 원료로 분말, 환, 꽃벵이 진액 등, 기능성 식품이라는 제품을 만들어 판매하고 있으며, 식·약용 전문기업으로 키워 나간다는 자부심을 보여주고 있다. 또한, 강지연 대표는 찾아가는 곤충체험 학습과 찾아오는 곤충체험 학습 교육도 일반인과 학생을 상대로 함께 병행 하고 있다.

〈도민일보〉(http://www.dmilbo.com)

(3) 표적시장 선택

1) 표적시장 선택단계

표적시장 선택의 단계에서는 각 세분시장의 매력도를 평가한 후, 마케팅의 대상이 될 세분시장을 하나 이상 선정한다. 각 세분시장의 특성을 파악한 후에는 선택 가능한 여러 세분시장 중에서 기업이 마케팅 활동을 수행할 때 기업에 가장 유리한 성과를 줄 것으로 기대되는 매력적인 시장을 찾아야 한다. 즉, 시장을 세분화한 다음에는 발견된 세분시장들을 여러 가지 기준으로 평가하여, 가장 바람직한 한 개 또는 그 이상의 세분시장을 찾아내야 하는 것이다. 이러한 시장을 찾아내는 과정을 표적시장 선택이라 하며, 이때 결정된 시장을 표적시장 또는 목표시장이라고 한다. 실제 표적시장 선택에는 여러 가지 문제들이 존재한다. 주요 고려사항은 다음과 같다.

① 시장규모

시장을 세분화한 후 표적시장을 선택할 때는 해당 세분시장의 시장규모를 따져봐야 한다. 세분시장은 시장규모가 크다고 모두 좋은 것은 아니다. 시장규모가 크다는 것은 그 시장이 형성된 지 오래되었다는 것을 의미하고, 그만큼 막강한 경쟁자들이 여럿 존재한다는 것이다. 그러므로 오히려 경쟁적 우위를 점하려면 비교적 규모가 작은 곳이 진입장벽에 있어 유리하다.

② 시장의 성장률

시장은 항상 변화한다. 비록 현재는 시장규모가 작거나 크더라도 시장의 성장이 빠르거나 둔화되어, 항상 그 규모는 변화되기 마련이다. 그러므로 시장을 세분화하여 표적시장을 선택할 때는 현재의 규모에 그치지 말고 앞으로 성장하는 시장인가를 파악해야 한다.

③ 제품의 수명주기

창업자가 진입하려고 하는 표적시장이 제품의 수명 주기상으로 도입기나 성장기에 있다면 현재의 시장규모가 비교적 작다 할지라도 시장 성장률이 높을 것이라고 기대할 수 있다. 그러나 성숙기라면 시장규모는 크겠지만 성장률은 낮고 수익성은 점차 낮아질 것이다. 또한, 쇠퇴기에 접어든 시장이라면 모든 기업들이 철수하거나 사업을 축소시키고 있는 상황이기 때문에 표적시장으로 선택하거나 진입하는 것을 피해야 한다. 이처럼 표적시장을 선정할 때 제품의 수명주기를 고려해보아야 한다.

④ 경쟁자

표적시장을 선정할 때, 중요한 고려사항으로 경쟁자가 있다. 이는 현재 시장 내에 존재하는 경쟁자를 파악해 보고 그 경쟁 정도가 심한 경우, 진입을 고려해봐야 한다. 또한, 이러한 경쟁 정도를 파악할 때는 경쟁의 범위를 넓게 보고 경쟁 강도[5]를 분석해 보아야 한다. 이때, 현재 세분시장에는 참여하고 있지 않지만 미래에 잠재 경쟁자도 같이 고려해보는 것도 좋은 방법이 된다.

⑤ 적합성

매력적인 세분시장이라 할지라도 창업자의 가치관과 서로 상충하거나 자신이 가진 창업역량을 생각해 볼 때 적합하지 않다면 표적시장으로 선택하지 말아야 한다. 자신의 창업 아이템과 가치관이 적합한 세분시장을 선택할 경우, 표적시장으로 적합성에 맞는 표적시장 선택이 된다.

(4) 포지셔닝

1) 포지셔닝 단계

포지셔닝 단계에서는 선정한 세분시장 소비자들에게 자사의 제품이나 브랜드가 어떤 식으로 인식되기를 원하는지에 강조점을 개발하고, 이를 실행에 옮길 전략을 수립한다. 포지셔닝이란 소비자의 마음속에 자사의 제품이 위치할 자리를 만드는 과정이다. 즉, 세분화된 소비자의 마음속에 우리 기업을 혹은 우리

---

5) 경쟁 강도: 대체 가능성이 있는 모든 제품이나 서비스 경쟁의 정도

브랜드를 자리 잡게 만드는 것이라고 할 수 있다. 그런데 소비자의 포지셔닝 공간은 물리적인 공간이 아닌 만큼, 보통 포지셔닝 전략에서 포지셔닝이라 함은 경쟁자와 비교한 우리 기업이나 브랜드의 위치를 일컫는다. 소비자들이 어떤 브랜드를 매우 혁신적이라고 생각한다면, 그 브랜드는 다른 브랜드와 비교하여 소비자의 마음속에 혁신적이라는 위치를 차지하고 있다는 의미이다.

현재의 포지셔닝에 대한 확인은 일반적으로 포지셔닝 맵의 작성을 통해서 하게 된다. 포지셔닝 맵은 보통 2차원의 공간으로 나타내며, 이 공간에는 가로축과 세로축이 필요하다. 아래의 사례는 국산 돈육 가공식품인 햄에 대한 시장 포지셔닝 맵을 작성해본 것이다. 실제로 중요한 많은 속성들이 돼지고기를 고르는데 이용되고 있겠지만 예를 들어, 소비자조사를 통해 소비자들이 돼지고기를 선택할 때 고려할 수 있는 여러 속성 중 이미지가 고급스러운지/실용적인지, 그리고 혁신적인지/전통적인지를 중요하게 여긴다면 아래와 같은 포지셔닝 맵을 그려볼 수 있을 것이다. 포지셔닝 맵을 통해 국내산이 아닌 칠레산 돼지고기나 미국산 돼지고기는 고급스러운 느낌이라기보다 실용적인 이미지를 가지는 것으로 볼 수 있다. 이것은 아무래도 국산 돼지고기 대비 가격이 저렴하다. 때문에, 수입 돼지고기는 실용적인 이미지에 가깝다는 것이다. 하지만 목우촌이나 선진포크, 도드람포크는 맵에서 나온 것처럼 수입 돼지고기에 비해 고급스러운 이미지를 가지고 있다. 이것은 가격 때문일 수도 있고, 지금까지의 촉진 활동들을 통해서 소비자에게 고급스러운 이미지를 전달했을 수도 있다. 또한, 목우촌은 농협에서 만든 브랜드이기 때문에 농협이라는 전통적인 이미지가 투영되어 선진포크나 도드람포크에 비해 전통적이라 느끼고 있으며, 반대로 선진포크나 도드람은 혁신적인 이미지를 가지고 있는 것으로 나타난다.

이처럼 포지셔닝 맵은 실제의 품질이나 속성의 평가에 기반을 둔다기보다는 소비자의 마음속에 자리 잡는 것이어서, 그 효과가 더욱 크다고 할 수 있겠다. 우선 해당 기업이 생각하는 측면이 아닌, 소비자의 의견을 반영하는 것이어서 쉽다. 또한, 경쟁의 강도나 핵심 경쟁자를 파악하는 데도 용이하다. 만약 여러분이 돼지고기를 파는 창업을 준비한다면 어떤 시장에 어떻게 포지셔닝하고 싶은가? 이때 포지셔닝 맵을 통해서 생각해볼 수 있다. 고급스럽고 혁신적인 제품이라는 포지셔닝을 하려 한다면, 선진포크가 제일 핵심 경쟁자로 파악될 것이다. 또한, 경쟁 강도는 아래의 맵에서 두 회사가 고급스럽고 혁신적인 시장에 포지셔닝 되어 있지만, 실제 더 많은 돼지고기 제품을 적용한다면 사분면 중 많은 제품명이 찍혀있는 시장이 경쟁 강도가 심할 것이다. 물론 현재 자신이 창업하여 생산하는 돼지고기를 소비자들의 설문을 통해서 맵 위에 점을 찍어 볼 수도 있다. 이것은 우리가 생산하는 돼지고기를 소비자들이 어떻게 생각하고 있는지, 즉, 내 돼지고기의 포지셔닝을 알 수 있는 방법이 될 것이다.

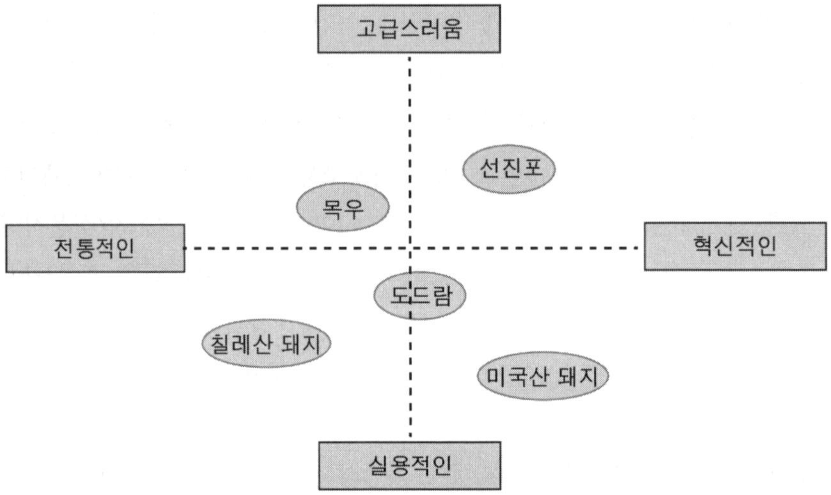

[그림 2-Ⅰ-2] 돈육 브랜드의 가상 포지셔닝 맵

2) 포지셔닝 맵의 작성

포지셔닝 맵의 작성 절차는 먼저, 소비자들이 고려하는 차원의 수와 차원의 이름을 결정한 후 경쟁제품 및 자사제품의 위치를 확인하여 자사에게 이상적 포지션을 결정하게 된다.

[그림 2-Ⅰ-3] 포지셔닝 맵의 작성 절차

① 차원의 수 결정

가장 먼저 인지도에서 차원의 수를 결정해야 한다. 소비자들이 제품을 평가하거나 지각할 때, 고려하는 속성들에 대해서 상세히 파악해야 한다. 일반적으로 인지도는 2차원으로 작성하는 것이 대부분이므로 두 개의 차원들로 한정된다. 이때 많은 속성 중 소비자들이 여러 가지 제품들에 대해서 같다고 느끼는 속성은 인지도의 차원으로서는 가치가 없다.

② 차원의 이름 결정

차원의 수가 결정되면 각 차원의 이름을 결정하여야 한다. 여러 가지 통계적인 방법을 이용할 수 있지만, 실제 시장과 제품에 대해서 가장 잘 파악하고 있는 관리자의 직관이 가장 중요한 단계이다.

③ 경쟁제품 및 자사제품의 위치 확인

차원의 수와 차원의 이름이 결정되면 경쟁제품과 자사제품의 위치를 인지도에서 확인하여야 한다.

④ 이상적 포지션의 결정

경쟁제품과 소비자들의 욕구에 기초하여 가장 이상적인 자사제품의 포지션이 결정되어야 한다. 신제품의 경우에는 이상적인 위치에 맞는 제품개발과 촉진전략이 필요하며, 기존제품의 경우는 이상적인 위치에 접근시킬 수 있는 전략을 사용하여야 한다.

3) 포지셔닝 맵의 전략적 유용성

포지셔닝 맵을 작성한다면 다양한 전략적 유용성을 얻을 수 있다.

① 시장의 틈새 파악이 가능하다.
② 자사제품의 현 위치 파악이 가능하다.
③ 경쟁자의 현황 파악이 가능하다.
④ 경쟁 강도의 파악이 가능하다.
⑤ 이상적인 포인트 파악이 가능하다.
⑥ 마케팅 활동의 효과측정이 가능하다.

3. 새로운 시장기회

<해외 사례>: Bio-gas(메탄가스)를 이용한 발전시설(독일)

전 세계적으로 대체에너지에 대한 관심이 높은 상황에서 낙농가들이 직접 분뇨를 이용하여 메탄가스를 생산하고 이를 이용하여, 전기를 생산·판매하는 사례들이 늘고 있다. 대표적인 사례가 바로 독일의 농가들이다.

독일 정부는 녹색에너지 생산을 위하여 풍력과 태양열에너지 전기 생산 이외에도 Bio-gas 생산을 장려하고 있으며, 이렇게 생산된 전기는 정부에서 비싼 가격으로 구매하고 있다. 최근 들어 독일은 우유 가격이 반으로 떨어져, 더이상 우유를 생산하는 것 만으로는 수익 창출이 어렵다. 때문에, 이러한 문제점 극복을 위해 생겨난 것이 Bio-gas를 이용한 에너지 재생산이다. 목장에서 나오는 분뇨를 탱크에 모으고 또한, 넓은 농지에서 쏟아져 나오는 많은 옥수수를 사일리지로 만들어 그것을 Bio-gas 생산의 원료로 쓰고 있다.

독일은 가축사육에서 생산되는 분뇨를 처리할 수 있는 넓은 초지를 확보하고 있음에도 불구하고 환경오염을 최소화하고, 석유의 대체에너지로 Bio-gas 생산을 장려하고 있다. Bio-gas 생산설비에 대한 높은 투자비는 정부에서 보조금을 지원해주어 점차 Bio-gas 생산 농가가 늘고 있다.

〈농가에서 사육되고 있는 소의 환경〉

독일은 가축사육에서 생산되는 분뇨를 처리할 수 있는 넓은 초지를 확보하고 있음에도 불구하고 환경오염을 최소화하고, 석유의 대체에너지로 Bio-gas 생산을 장려하고 있다. Bio-gas 생산 설비에 대한 높은 투자비는 정부에서 보조금을 지원해 주어 점차 Bio-gas 생산 농가가 늘고 있다.

일부 농가에서는 우유를 생산하는 것보다 Bio-gas를 생산하는 것이 수익성이 더 높기에 생산하는 조사료를 젖소에게 먹이로 주기보다는 Bio-gas 생산에 이용하고 있다. 대부분의 Bio-gas 생산과정은 축사로부터 분뇨를 수거하고 Mixer를 이용하여 혼합한 후, 발효조에 넣어 발효를 시키게 되면, 발효과정에서 발생하는 메탄가스를 모으게 된다. 이렇게 생산된 메탄가스를 이용하여 모터를 가동하고 전기를 생산하거나 발효과정에서 나오는 발생 열을 이용하여 난방에 사용한다. 실제로 발전과정에서 생기는 열로 돼지 돈사, 물, 시설 등의 난방을 하고도 남는 정도이다.

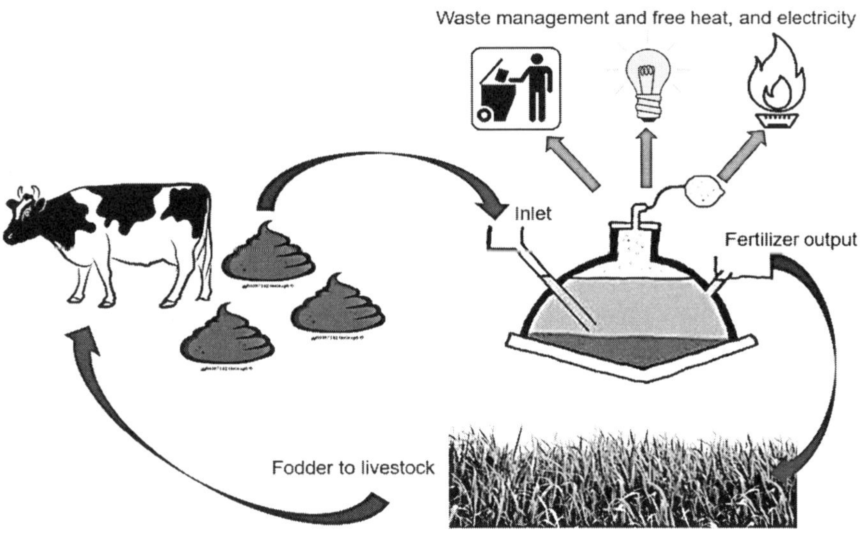

〈Bio-gas 생산과정〉

(1) 식품시장의 메가 트렌드

식품 소비에 있어서 소비자들의 가장 큰 변화는 식품 안전성 요구 증대와 웰빙[6] 추구라고 할 수 있을 것이다. 소득의 증대와 함께 이젠 단순히 배를 채

6) 웰빙(well being): 육체적, 정신적 건강의 조화를 통해 행복하고 아름다운 삶을 추구하는 삶의 유형이나 문화를 통틀어 일컫는 개념

우기 위한 수단의 차원을 넘어서 건강과 영양에 대한 관심이 크게 증대하고 있는 현실이다. 그래서 최근에는 친환경 자연주의를 통해 웰빙 생활을 추구하고 서로 함께 잘 사는 로하스(lifestyle of health and sustainability)가 주목받고 있다.

서구사회에서는 이러한 로하스와 함께 비만이 최근의 화두로 떠오르고 있으며 우리나라에서도 관심이 증대되고 있다. 이 때문에 패스트푸드의 매출이 급감하고 슬로우 푸드인 우리 농산물을 이용한 한식이 건강식으로 헐리우드 영화배우들에게 인기가 있다고 한다. CNN의 최근 보도에 의하면, 미국 식품류 4대 트렌드는 홀그래인(곡물 섬유, whole grain fiber)식품, 저칼로리와 저지방 식품, 유기농 식품, 노인들을 위한 식품이라고 한다. 이러한 식품 트렌드의 공통점은 건강일 것이다.

시장조사 전문기관 Datamonitor가 최근 발간한 세계 식품시장 동향 보고서에서도 "소비자들의 가치체계가 계속 변화하면서 구매 패턴도 따라서 바뀌고 있다"고 분석하였다. 농촌 창업가들이 이러한 메가 트렌드를 잘 이해하는 것이 곧, 창업의 아이디어 및 신제품개발과 창업 경영체의 장기적인 생존과 발전으로 연결될 수 있는데, 커다란 도움이 될 것이다. Datamonitor가 미국과 유럽의 소비자들을 대상으로 조사한 결과를 토대로 전망한 세계 식품시장의 10대 메가 트렌드는 다음과 같다.

① 편의성(Convinience)

소비자들의 시간을 절약해 줄 수 있는 제품이나 간편하게 조리할 수 있는 제품에 대한 소비가 급증하고 있으며, 미국과 유럽 소비자들의 80% 이상이 편리함을 건강 다음으로 원하는 항목으로 꼽고 있어서 이를 반영한 간편 식품의 시장규모가 더욱 확대되고 있다.

② 건강(Health)

앞서도 언급했듯이 소비자의 식생활이 건강에 대한 관심으로 많이 변화되었고, 이는 앞으로 더욱 가속화될 전망이다. 연구 조사에서도 90%의 소비자가 식품선택에 있어 건강을, 중요한 요소로 응답했다. 실제로 응답자의 64%는 식품 선택 시 건강을 고려하여 구매했고, 실제로 기능성 식품 생산업체의 시장점유율이 급증하였다. 이러한 경향은 친환경 식품, 유기농 식품에 대한 선호도와 수요 증가로 연결될 것이며 그와 함께 농업 분야에서도 친환경 및 유기농 재배에 관한 연구와 노력이 더욱 필요할 때이다. 이와 관련한 제품의 판매는 향후 5년간 연평균 10% 이상 증가할 것으로 예측되고 있다.

결과적으로 농촌창업 분야에도 건강과 앞서 제시한 편리함이 융합된 농식품 분야의 창업기업들의 진출 기회가 크게 확대될 전망이다.

③ 세대융합(Age Complexity)

식품 소비에 있어 세대 차이가 줄어들면서 예전에는 한식만을 선호하던 성인이나 노년 계층의 식품 소비 취향이 젊어지는 것과 함께, 젊은 세대들의 식품 구매의 자율성이 확대되어 가고 있다.

젊어지려는 혹은 어른이 되고 싶은 욕구를 충족시킬 수 있는 식품 구매가 확대되는 추세에 대비하여 세대와 관계없이 광범위한 연령층에 어필할 수 있는 식품 개발이 필요할 것이다.

④ 성별의 융합(Gender Complexity)

현대가 융합의 시대인 것처럼 세대 차이가 줄어들고, 또한 성별에 있어서도 유니섹스(uni-sex)라 하여 남·여 구분이 허물어지고 있다. 식품 소비에 있어 이러한 성의 구분은 점자 약화되어 간다. 건강식품과 미용에 관심이 많았던 여성들의 관심이 남성에게도 강하게 나타나고 있고 Datamonitor의 조사 결과도 남·여의 건강과 체중 조절에 관한 관심이 비슷한 수준으로 나타나고 있다.

⑤ 가정의 융합(Lifestage Complexity)

핵가족 개념이 어느 사회에서나 정착되는 가운데, 가정의 융합은 식품 소비에 영향을 미칠 중요한 변화가 일어날 것이다. 가족 구성원들 모두 혼자 지내는 시간이 길어지고, 노년 소비 생활이 연장되며 독립한 자녀들의 회귀가 늘어나는 것이 바로 그것이다. 이는 세대의 융합과 함께 식품 소비에 중요한 변화로 전망되고 있다.

⑥ 소득계층의 융합(Income Complexity)

사치품의 대중화 현상이라고도 부르는 소득계층의 융합이 나타나고 있다. 식품시장에서도 고급 식품류나 고가의 농산물에 대한 저소득층의 전시 소비 현상이 일어날 것이며, 이를 반영하여 최근에는 기업들이 중저가 프리미엄 브랜드 식품을 연이어 출시하고 있다. Datamonitor의 조사 결과, 고소득층을 겨냥한 식품업계의 고의적 접근장벽을 업계 스스로 무너뜨리게 될 것이며 전체적으로

식품시장의 고급화가 진전될 것으로 전망하고 있다.

⑦ 개인주의(Individualism)

세대나 가정의 융합과는 조금 다른 양상으로 보이지만, 싱글들이 늘어나는 것과 함께 식품 소비 있어서도 개인주의 경향이 확대되었다. Datamonitor의 조사 결과 50% 이상의 소비자들이 식품 구매 시 자신만의 취향과 구미에 맞는 브랜드를 선택한다고 응답하였다. 또한, 특별한 수요에 맞게 디자인된 제품과 서비스를 중요하게 생각했고, 그런 제품이나 서비스를 구매한다는 응답을 하여 개인적인 취향을 구매의 기준으로 생각하고 있었다. 이러한 조사 결과를 통해 소비자들이 자신의 입맛과 취향을 개발 과정에 반영할 수 있는 제품 콘셉트가 증가할 것으로 전망하고 있다.

⑧ 감각과 경험 중시(Sensory)

오늘날 소비자들은 감각과 경험을 중시한다. 이러한 사회적 변화에 맞춰 다수의 기업들은 감각적인 경험을 통한 마케팅을 시도하고 있는 추세이다. 또한, 식품 구매에 있어 소비자들도 새로운 식품을 보다 적극적으로 경험해 보려는 자세를 보이고 있다. Datamonitor의 조사 결과, 60%의 소비자가 낯선 식음료를 경험한 것으로 나타났으며 글로벌리즘 현상은 감각과 경험을 중시하는 소비문화와 함께 식품 소비에도 반영되어 이국적 취향과 수입 식음료의 선택이 증가할 것으로 전망하고 있다.

⑨ 편안함(Comport)

식품선택에 있어 일반적으로 안정과 편안함을 추구하는 태도가 지속될 것이다. 55%의 소비자들이 일상적인 식품 구매 패턴을 편안함과 안정감을 주는 식품이나 브랜드로 바꾸어 볼 의향도 있다고 응답했다.

⑩ 교류(Connectivity)

인터넷과 모바일 환경이 급성장하면서 사회적 네트워크가 폭발적으로 넓어지고 있다. 그러면서 소비자들은 다수의 커뮤니티들을 통해서 자신이 속한 공동체를 의식하거나 공동체의 가치를 공유하는 수단으로서의 식품 소비 경향이 증가한다. 이러한 추세를 통해 이민족으로 구성된 사회에서 각각의 나라별 전통 식품(ethnic food)의 소비가 늘어나고 있다.

(2) 농촌창업에 영향을 미치는 주요 소비트렌드

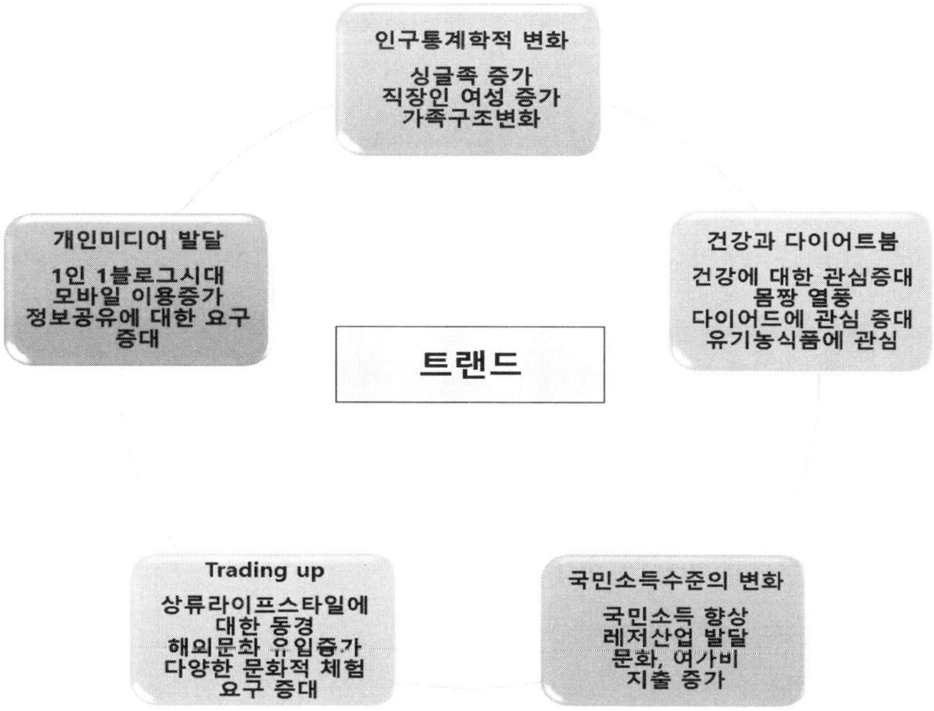

[그림 2-Ⅰ-4] 농촌창업과 관련된 소비 트렌드

① 인구통계적 변화

이미 언급했던 것처럼 인구통계적 요인에서의 큰 변화는 가족구조의 변화를 꼽을 수 있다. 예전부터 점점 핵가족화되어 가고 있었지만, 최근에는 싱글족의 증가로 1인 가구가 늘어나고 있다. 또한 여성들도 직장생활을 하면서 기하수급적으로 직장여성이 증가하여 싱글족 여성들의 소비수준 또한 급등하게 되었다. 이러한 가족구조의 변화로 인해 1인용이나 소포장 농산물에 대한 수요가 증가하며 간편하고 빠르게 조리 가능한 간편식품에 대한 수요가 급증하고 있다.

② 건강과 다이어트 붐

요즘 매스컴을 보면 조만간 모든 국민이 몸짱이 되는 그날이 올 것만 같다. 그만큼 건강에 대한 관심이 증가하였다. 이러한 관심을 이용하여 헬스와 다이어트 식품을 비롯한 관련 산업이 성장하고 있다. 인터넷을 통해 다이어트 식단이 돌고 있으며, 운동하는 법 등이 실시간으로 조회된다. 외국 경우만 비교해봐도 건강과 다이어트 붐은 1~2년 지속되다 사라지는 유행이 아닌, 우리 사회 깊숙이 자리 잡은 트렌드로 계속하여 지속될 것으로 전망된다. 이런 분위기 속에서 농촌 창업가들이 조금만 관심을 가진다면 이러한 트렌드를 통해 여러 창업아이디어를 발견할 수 있을 것이다. 예를 들면, 신선한 야채와 우리 닭고기를 이용한 몸짱 식단을 개발하여 온라인으로 주문을 받고, 매일 아침 배송해준다면 몸짱이 되고 싶은 혹은, 건강을 생각해서 농산물을 구매하고자 하는 많은 소비자들이 자신의 고객이 될 수 있을 것이다.

또한 건강과 다이어트 붐은 유기농 식품에 대한 관심으로 이어져, 앞으로 유기농 시장이 더욱 활성화될 것이다. 소비자들은 못생기고 벌레 먹은 농작물이지만 친환경 매장을 찾게 되고, 주말을 이용하여 자신들이 가꾸는 유기농산물을 선호하고 있다. 이제는 유기농 식품점 또한 깨끗하고 트렌디한 쇼핑몰 인테리어를 도입하고 숍앤숍[7] 개념으로 유기농 카페의 개념을 도입할 정도로 유기농에 대한 관심이 증대되고 있다.

③ 국민소득 수준의 변화

국민소득의 증가로 인해 먹고 사는 문제에서 이제는 즐기는 것에 대한 요구가 늘어나면서 레저산업발달이 가속화되었다. 실제로 가계수입에서 차지하는 문화, 여가비의 지출이 증가하면서 가계 지출항목 분포의 변화가 생겨났다. 이로 인해 농촌을 먹거리만 생산하는 곳이 아닌, 여가를 즐기고 레저의 개념으로 보는 시각이 나타나게 된 것이다. 이러한 국민소득 수준의 향상과 레저에 대한 관심을 농촌창업에 반영한 농촌관광이나 체험상품들에 대한 수요가 증대될 것으로 예상된다.

④ 트레이딩업(trading up)

글로벌 기업이 생겨나면서 국경 없는 경쟁이 시작되고 해외문화가 유입되는 채널이 증대되고 있다. 이를 통해 우리도 외국에 굳이 나가지 않더라도 외국의 다양한 문화적 체험을 할 수 있게 되었고, 이를 열망하는 소비자가 늘어나고 있다. 인터넷을 통해 외국 곳곳을 생생하게 볼 수 있고, 해외 배송시스템을 통해

7) 숍앤숍 : 하나의 매장 안에서 두 업종의 shop을 경영하는 것을 말한다. 예를 들어, 서점 안에 있는 커피숍.

외국의 유명 브랜드의 옷과 가공식품을 집에서 받아 볼 수도 있게 된 것이다. 다양한 선진외국의 문화적 체험이 국민소득의 증가와 함께 소비의 새 물결을 만들어내고 있다. 소비자들이 선진외국의 문화를 접할 기회가 늘어나면서 상류 라이프스타일에 대해 동경하게 된 것이다. 그로 인해 중산층 이상의 소비자가 비싼 제품에도 높은 가격을 지불하기 시작하였다. 불황의 시기를 겪고 있다고 하지만, 여전히 명품은 날개 돋친 듯 팔리고 있으며, 미국의 드라마를 인터넷을 통해서 다운로드해서 받아보고, 그 속의 주인공이 신은 구두가 불티나게 팔리고 있다는 것이다.

이러한 트렌드 속에서 농산물을 소비하는 것도 가격보다는 뭔가 있어 보이는 것에 소비자의 시선이 끌리게 되는 것이다. 이제는 싼 것만이 대세가 되던 시절이 아닌, 것이다. 그러므로 상류 라이프스타일을 반영한 제품의 개발과 마케팅에도 선진외국의 문화적 흐름을 반영하기 위해서 글로벌한 감각을 유지해야 할 것이다.

⑤ 개인 미디어 발달

인터넷이 발달하면서 사람들은 웹 문서나 기사만을 읽는 것에 그치지 않는다. 즉, 개인이 글을 올리고 사진이나 동영상을 편집하여 능동적으로 웹상에서 자신의 의견이나 생각을 펼치고 있는 것이다. 이를 가능하게 하는 것이 개인 블로그[8]의 등장이다.

특히 요즘은 개인 블로그와 디지털 카메라가 거의 1인당 한 개씩 보급되어 있어, 언제 어디서든 사진과 함께 다양한 의견 등을 공유할 수 있게 되었다. 주변에서 예쁘고 맛있는 음식이나 레스토랑의 사진을 찍어 기록하고 공유하는 것을 보았을 것이다. 이처럼 현대인은 예쁘고 맛있는 것에 대해 기록하고 전달하고 싶은 욕구가 확장되었다. 이러한 개인 블로그의 발달로 인해 농촌 창업가들도 개인 블로그를 이용해 자신의 농산물에 관한 이야기와 사진들을 올려 잠재적인 고객들과 공유하면서 부수적인 부가가치를 창출하고 또한, 고객 관계 관리에도 사용할 수 있게 되었다. 이러한 트렌드는 모바일 기술의 발달로 인해 더욱 가속화될 것이며, 이로 인해 농촌창업에도 블로그나 모바일 마케팅에 관한 관심이 필요할 것이다.

---

8) 블로그(blog) : 보통 사람들이 자신의 관심사에 따라 자유롭게 글을 올릴 수 있는 웹사이트

(3) 라이프스타일

라이프스타일은 사람들이 살아가는 생활방식을 말하며, 농촌창업에 있어 사람들의 라이프스타일을 파악해보는 것이 새로운 시장기회와 창업 아이디어를 얻을 수 있는 하나의 지표가 될 것이다. 라이프 스타일은 크게 거시적 라이프스타일과 미시적 라이프스타일로 구분할 수 있다.

거시적 라이프스타일이란, 동일한 사회문화와 집단의 사람들이 살아가는 평균적인 모습이다. 예를 들면, 한국인들은 오전 9시에서 오후 6시까지 직장에서 일하고, 하루에 세 번 식사하고, 자식은 부모에게 효도하는 것을 중요하게 생각하며, 부모는 자녀의 교육을 최우선으로 여긴다. 또한 텔레비전을 즐겨보고 요즘은 오디션 프로그램에 열광한다.

미시적 라이프스타일이란, 한 사람 한 사람이 살아가는 모습이다. 이는 매일 매일의 시간을 어떻게 보내는가를 관찰하여 파악할 수도 있으나, 주로 AIO 기법으로 조사하여 측정한다. AIO 기법이란 사람들이 무엇을 하는가의 차원인 활동과 주변의 어떤 일에 관심과 흥미를 보이며 취향은 어떠한지의 차원인 관심, 자신과 외부세계의 문제에 어떤 생각을 가지고 있는가의 차원인 의견으로 라이프스타일을 파악하는 것이다.

[표 2-Ⅰ-1] AIO 기법에 사용되는 설문 문항의 예

차 원	문 항
활 동	나는 일회용품 사용을 자제한다. 나는 우리 농산물을 이용한다. 나는 현재 도시농업 활동을 하고 있다.
관 심	나는 환경보호와 관련한 국가정책에 관심이 많다. 나는 스트레스를 줄이기 위해 노력한다. 나는 합성섬유보다 천연섬유를 좋아한다.
의 견	우리는 일반 농산물보다 저공해 농산물인 유기농 식품을 먹어야 한다. 친환경 제품을 이용하는 것은 사회 전반에 도움이 된다. 지속적인 발전을 위해 사람들은 농촌에 관심을 가져야 한다.

1) 한국인의 라이프 스타일

그렇다면 한국인의 라이프스타일은 보통 어떨까? 아래의 표는 한국인의 대략적인 라이프스타일을 보여준다. 흔히 우리는 한국인 기질이라고 하여, 이러한 특성들을 많이 들어왔다. 한국인의 라이프스타일 또한 트렌드와 함께 농촌 창업가들이 알아두어야 할 중요한 아이디어 원천이 될 것이다.

아래 표에 나타나 있는 것처럼 요즘 한국 사회는 청소년이 강력한 소비계층으로 등장하면서 10대들의 서구적가치, 자신만의 개성있는 세계관, 소비지향적 문화, 새로운 미디어를 추구하는 등의 독특한 라이프스타일이 형성되고 있다. 또한, 노령화 인구가 증가하면서 60대 이상의 노년층이 사회 여러 방면에서 활발히 활동하고 있는 것이 특징이다. 이외에도 앞서 제시된 주5일 근무제로 인해 여가 시간이 확대되어 레져나 외식 또는 자기계발을 위한 라이프스타일을 추구하는 사람들이 늘어나고 있다.

[표 2-Ⅰ-2] 한국인의 대표적인 라이프 스타일

강력한 소비계층 10대	청소년 시장은 여러 산업에서 강력한 소비계층(음반, 음료수, 의류, 통신) 10대의 독특한 라이프 스타일(서구적가치, 자신만의 세계, 소비 지향성)
여가의 확대 -주5일 근무제	- 여가 시간의 확대를 통한 외식, 레저, 자아개발 투자 시간의 증대
인터넷은 내 친구	실시간 쌍방향의 멀티미디어 네트워크로서의 개방성, 대중성 등 인터넷이 우리 삶에 깊이 스며들면서 생활의 중요한 단면으로 등장
인생은 60부터	1999년은 UN이 선포한 "세계 노인의 해" 과학 기술과 생활수준향상, 소득수준향상, 건강 장수의 열망과 신세대 노인 실버 시장의 등장 : 2020년 72조 원 → 2030년 168조 원 예상
시간 절약이 최고	생활의 빠른 흐름과 취업 주부의 증가 개식화 경향 : 전자렌지의 보급, 편의식품, 즉석요리, 간편식의 증가 국내 전통음식의 인스턴트 상품화 : 즉석국, 즉석찌게 외식화 경향 : 페스트푸드 레스토랑, 패밀리 레스토랑, 가족 이벤트 외식 일회용품의 사용증가 : 일회용 기저귀, 삼푸 린스 겸용 상품 편리함 중시 : 스마트폰, 포장이사 등

<농촌도 패션이다>

〈'6시 내고향' 네박자 [KBS1 TV]〉

우리 제품을 한번 사용해 본다면, 당신은 절대로 다시 전통적인 농기구로 돌아가지 않을 것이다. - Bruce Baker, Founder.

<해외사례>-도시농업용 패션 농기구(미국 Radius Garen)

Radius Garden은 한 계절 동안 사용 후, 재사용이 불가한 저급한 농기구를 사용하던 불편한 경험에서 새로운 아이디어를 얻었다. 다시 말해, 고객들을 불편하지 않게 하는, 더 좋은 도시농업용 농기구는 없는 것일까?라는 생각에서 사업을 출발하였다. Radius Garden 사의 창업자는 전통적인 농기구들이 고객들의 손이나 손목에 부상을 유발할 수 있다는 것이 자신을 매우 불편하게 만들었고, 이 때문에 Radius Garden을 설립하게 되었다. 매년 5명 중 4명이 도시농업 작업 중 부상을 입고 있다. 농업 활동으로부터 오는 모든 스트레스의 4분의 3이 손과 손목에 집중되어 있다. 이러한 부상들은 농기구를 실용적이고 편안하게 디자인함으로써 충분히 예방될 수 있다는 것이다.

이러한 관점을 기반으로 Radius Garden 사에서는 인류가 고수해온 불편한 전통과 넌센스를 거부하고 고객이 더 좋고, 더 편한 도시농업을 경험 할 수 있도록, 그리고 만들 수 있도록 현재까지 사용해 오던 모든 농기구를 새로운 측면으로 다시 디자인을 시작했다. 대부분의 농기구 제조업자들은 수십 년 동안 팔아왔던 오래된 농기구들을 인체공학적으로 디자인했다고 묘사해왔다. 하지만 그들은 손잡이에 범퍼와 곡선을 추가하거나, 그립을 더 두껍게 만드는 것이 전부였다. 또한 진정 달라진 부분은 단지 포장에 인체공학적이라는 단어를 추가시킨 것뿐이었다.

Radius Garden 사는 이것을 인체공학적인 넌센스라고 규정하고 기존의 다른 농기구 제조업자들처럼 바보같이 되지 말자고 외친다. 이러한 모순을 극복하는 일은 잘못된 전통에서 벗어나, 진정으로 발전된 인체공학적 디자인을 만드는 것이라 믿고 Radius Garden 사는 최근까지 농업에 있어 인적요소와 농기구 사용에 관한 연구를 하고 있다. 그 결과 Radius Garden 사는 손과 손목에 스트레스를 최소화하고 반면, 농기구의 힘이나 편안함은 극대화하였다. 한 사례로, 멀티기능의 칼은 가정이나 전문농업에 종사하는 사람들에게 농업이 쉽고 즐거운 일이라고 만들었다. 이처럼 농기구를 제조하고 개발하는 업체들은 고객의 손목과 손에 맞는 농기구를 개발하고 부상 없이 더 나은 도시농업을 하도록 만들어야 한다. 현재 Radius Garden 사는 전문가와 일반인들로부터 농기구에 대한 비판과 지지를 수용하여 지속적인 혁신과 새롭고 더 나은 품질의 농기구를 소개하고 있으며, 이로 인해 고객은 더 나은 도시농업과 적은 부상을 경험할 수 있게 되었다.

〈농기구 세트〉

이처럼 농기구 하나도, 그것을 사용하는 고객을 배려하고 있어야 한다. Radius Garden 사의 농기구는 이러한 신념 이외에 또 하나의 이슈를 우리에게 던지고 있다. 바로 감성마케팅이 그것이다. 최근 소비자의 트랜드와 구매기준이 제품 기능이나 품질에서 감성으로 이동하게 되면서 디자인이 고객의 구매이유와 만족을 이끄는 중요한 차별화 수단으로 부각 되고 있다. 농업 분야에서도 이러한 감성마케팅의 하나로 전통적인 농기구에서 벗어나 다양한 디자인과 색감으로 새로운 신세대 혹은 신세대의 감성을 간직하고 있는 농업인을 충족시켜야 할 시대가 도래한 것이다.

앞서 도시농업에 관련된 이야기에서도 알 수 있듯이, 이제 농업은 시골의 할

머니 할아버지들이 검게 그을린 얼굴로 허리 한번 펴지도 못하고 고생하시는 시대는 끝이 났다. 주말이면 도시 근교나 주말농장 등을 통해서 직접 농작물을 기르는 가정이 늘어나고 있다. 이러한 주말농장을 체험하다 보면, 불편하고 위험한 농기구들 때문에 아이들이나 여성들이 이용을 꺼리는 경우가 있다. 또한 투박한 디자인 때문에 빌려 쓰거나 구매하고 싶은 마음이 전혀 들지 않는 것이 현실이다. 만약 우리나라도 Radius Garden 사의 예쁜 디자인의 농기구들이 있다면, 가족 단위의 주말농장에서나 혹은 농촌체험 프로그램에 참여한 젊은이들의 감성에 부합하게 되어 더 큰 이윤이 창출될 것이다. 농촌창업을 생각하시는 시각을 조금 다르게 바라보면, 주말농장이나 농촌체험 프로그램을 활성화시킬 수 있게 아름다운 디자인을 적용해서 농기구를 제작해 보는 것도 하나의 농촌창업 아이디어가 될 수 있을 것이다.

감성마케팅

감성마케팅이란 소비자의 심리적 감성에 호소하는 마케팅 기법으로, 눈에 보이지 않는 감성이나 취향을 눈에 보이는 색채·형태·소재를 통해 형상화하는 것을 말한다. 즉, 감성마케팅은 소비자의 감성에 어울리는 또는, 그들이 좋아하는 감성적 자극이나 정보를 통해 제품이나 서비스에 대한 호의적인 감정을 불러일으키고 소비 경험을 즐겁게 해 줌으로써 소비자를 감동시키는 것이라 할 수 있다. 즉, 감성마케팅은 인간의 심리와 감성을 중요시하고, 이를 통해 소비자의 감성과 공감을 이끌어내는 마케팅이다. 제품이나 서비스의 기본적인 품질, 편익, 기능이나 가격 등을 중요시하는 이성적 마케팅과는 달리 감성마케팅은 소비자의 감정, 이미지, 공감 등을 중요시하고 있다.

감성마케팅은 소비자가 특정 제품이나 브랜드에 대하여 느끼는 심리적 상태를 중시하는 마케팅이기 때문에 제품의 브랜드가 지니는 감성적 요소들 즉, 시각적 요소(색, 모양, 색채 등), 청각적 요소(음량, 음악 등), 촉각적 요소(재료, 질감 등), 미각적 요소(맛), 후각적 요소(향기)로 구성되는 감각적 표현 요소의 결합이 감성마케팅 활동에 중요하게 사용되고 있다.

우리나라에도 Radius Garden사와 같은 디자인 농기구 제작업체가 활성화되어 있는 것은 아니지만, 농업에도 여러 가지 감성적인 코드를 접목해 창업에 성공한 여러 사례가 있다.

무지개색 장미	야광 장미	파란 장미

〈마술같은 패션 장미 : 파주 임주완 대표〉

빛과 온도에 따라 장미의 꽃 색깔이 변화는 매직 장미를 개발, 새로운 부가가치를 창출하고 있다. 이 장미 농가의 경쟁력은 바로 '감성 아이디어'이다. 햇살을 받으면 색깔이 바뀌는 장미, 어둠 속 또 다른 매력을 발휘하고 있는 야광 장미 등 사람의 손끝, 입김만 닿아도 무한 변신을 하는 꽃으로 농업과 디자인이 결합되어 소비자의 감성을 자극하는 새로운 제품을 탄생시킨 것이다.

경기도 파주의 장미 농가 임주완 대표는 화재로 인해 소실된 농장의 재기를 위하여 이러한 매직 장미라는 특수작물을 개발하게 되었다고 한다. 임주완 대표는 꽃을 단순히 꽃으로만 보는 것이 아닌, 감성을 더해서 고부가가치 상품을 개발한 것이다. 그는 직접 개발한 약품을 처리하여 일반장미로는 불가능한 녹색, 보라색 등 여러 가지 다양한 색의 장미를 개발하였다. 가격 또한 일반 장미의 5배로, 일본, 캐나다, 러시아로 수출되고 있으며 여기서 머무르지 않고 미국 및 유럽 시장을 겨냥하여 장기간 유통이 가능한 건조 형태의 매직 장미 개발을 계획 중이다.

매직 장미는 가격과 품질을 넘어서 소비자의 마음을 여는 감성마케팅이 농업의 새로운 트랜드가 되고 있다는 것을 입증하는 좋은 사례가 될 것이다. 많은 사람들이 농업이라 하면 촌스럽고 먼지 쌓인 구닥다리라 생각할지 모른다. 하지만 소비자가 원하는, 소비자의 감성을 자극하는 디자인과 브랜드의 결합은 소비자가 직접 찾아 나서게 되는 미래농촌으로 앞장서게 될 것이 틀림없다.

경상북도, 색깔있는 벼를 지역 홍보물에 활용

경상북도 농업기술원 도내 10개소 논을 이용한 홍보물을 표현, 다양화 시도

경상북도농업기술원(원장 채장희)에서는 색깔 있는 벼(유색벼)를 활용하여 논에 지역 홍보 상징물을 조성하는 시범사업을 추진하여 논을 다양하게 이용함으로써 새로운 자원으로 활용할 수 있는 기틀을 마련하고 있다. 논에 유색벼를 이용하여 표현하는 기술은 도내에서는 지난해 처음으로 구미 등 6개소에서 시도되어 좋은 평가를 받아, 올해는 10개 시군에서 확대 추진된다. 포항시 '글로벌 포항', 군위군 '삼국유사의 고장 군위', 예천군 '양궁의 고장 예천' 등을 표현하여 시, 군마다 각각의 지역 특색을 홍보했고, 특히 경주시는 9월 27일부터 경주 보문단지에서 개최되는 21회 FAO 아태지역 총회를 환영하는 문구 '30th FAO Welcome to 경주'를 경주 IC 부근에 표현했다. 올해는 상업적 광고가 처음으로 경주와 의성 지역에 조성되어 기업체에서는 이색적인 광고물 조성으로 주목을 받고, 농가에는 임차료 등으로 벼농사 이상의 소득을 올리게 되는 상생 효과를 얻고 있다. 경북도농업기술원 채장희 원장은 지금까지 밥쌀 생산지로만 이용하던 논에 홍보물을 표현함으로써 새로운 관광 자원으로 활용하고, 대단위 면적 조성으로 지역주민이 함께할 수 있는 축제문화행사로 확대함은 물론, 적극적인 기업광고 유치로 쌀 생산이 아닌 새로운 농가 소득원으로 개발하겠다고 밝혔다. 소비 감소와 과다 잉여 물량 발생으로 쌀 수급 조절이 어려운 상황에 생산 중심의 농업기술에서 한층 발전하여 도시민과 생산자가 어우러져 새로운 관광자원 개발, 기능성 쌀, 가공용 쌀 등의 개발 보급에 박차를 가하겠다고 말했다.

〈디지털한국농업경영신문〉, 나광원 기자, 2010.07.19.

❖ 이 장의 요약

창업을 준비하는 예비창업자는 표적시장을 완벽히 정의하기 위해 해당 타켓 세분시장을 확인할 필요가 있다. 그러므로 농촌창업에 있어서 핵심적인 전략으로 STP 전략을 들 수 있다. 세분시장 마케팅전략이라고도 하는 STP 전략은 크게 세 단계로 구성된다. 즉, 시장세분화단계, 표적시장 선택단계, 그리고 포지셔닝 단계이다.

비슷한 욕구를 바라는 고객들을 하나로 묶어, 이를 작은 시장으로 간주하고, 이 작은 시장이 어느 정도의 규모가 된다면, 그 시장의 욕구에 맞는 상품을 마케팅할 수 있을 것이다. 이렇게 여러 개의 세분시장으로 나누는 것을 시장세분화라고 한다. 시장세분화 단계에서는 먼저 시장을 세분화할 기준이 되는 변수를 선정하고, 그 변수로 시장을 세분화한 후, 각각 하위 시장의 특성을 파악한다.

표적시장 선택의 단계에서는 각 세분시장의 매력도를 평가한 후 마케팅의 대상이 될 세분시장을 하나 이상 선정한다. 일단 시장을 세분화한 다음에는 발견된 세분시장들을 여러 가지 기준으로 평가하여, 가장 바람직한 한 개 또는 그 이상의 세분시장을 찾아내야 하는 것이다.

포지셔닝 단계에서는 선정한 세분시장의 소비자들에게 자사의 제품이나 브랜드가 어떤 식으로 인식되기를 원하는지의 강조점을 개발하고, 이를 실행에 옮길 전략을 수립한다. 포지셔닝이란 소비자의 마음속에 어떤 대상이 차지할 자리를 만드는 과정이다. 즉, 세분화된 소비자의 마음속에 우리 기업 또는 우리 브랜드를 자리 잡게 만드는 것이라고 할 수 있다.

이처럼 시장을 세분화하면서 소비자 욕구의 세분화가 지속되고 농업 분야에서도 새로운 시장기회를 찾게 된다. 그러므로 이러한 지속적인 세분화 추세에 신속히 대응하기 위해서 시장의 소비 트렌드와 소비자들의 라이프스타일에 관심을 가지는 것이 농촌창업에서 성공할 수 있는 열쇠가 될 것이다.

더 생각해 볼 문제

1. 자신이 구상하고 있는 농촌창업의 잠재적인 고객을 세분화해 보고, 가장 매력적인 시장을 선택해 보자.

2. 표적시장으로 선택한 시장의 고객들에게 포지셔닝을 위해 할 수 있는 일들을 생각해 보자.

3. 소비 트렌드를 생각해보고 자신이 취할 수 있는 농촌창업전략을 생각해 보자.

상품을 보기 좋게 만드는 법 - 짚신 장수 부자(父子)

디자인의 개념이 상술에 도입되기 시작한 것은 대지 위에서 생산되는 상품들이 가공되기 시작하면서부터였다. 일종의 공산품이 등장하면서 모양이나 포장에 소비자들이 흥미를 갖게 되었고, 보기 좋은 떡이 먹기도 좋다는 말처럼 디자인이 상품의 판매를 좌우하게 되었다.

충청북도 음성에 짚신을 엮는 아버지와 아들이 있었다. 그들 부자는 성실하고 부지런했다. 그들은 짚신을 열심히 만들어 장에 가지고 나가 팔았다. 그런데 아버지의 짚신은 잘 팔렸으나 아들의 짚신은 좀처럼 팔리지를 않았다. 아들은 아버지에게 특별한 비결이 있는지 유심히 살폈으나, 이렇다 할 비결을 찾지 못했다. 짚신을 엮을 때 사용하는 짚도 같은 논에서 생산하고, 같은 볕에서 말린 평범한 것이었다. 아들은 좌절하여 짚신 엮는 것을 그만두고 농사만 지었다. 그러자 아버지는 "얘야, 요즘은 왜 짚신을 엮지 않느냐?" 하고 물었다. 그러던 어느 날, 아들이 아버지에게 다시 물었다. "제가 만드는 짚신은 도무지 팔리지 않으니 만들고 싶지 않아요. 지금도 잔뜩 쌓여 있잖아요?" 그러자 아버지는 아들에게 "다시 한번 만들어 보렴. 정성을 다해 엮으면 사람들이 사게 되어 있단다." 아들은 아버지의 말을 듣고 다시 짚신을 엮기 시작했다. 그리고 장날이 오자 짚신을 가지고 나서서 아버지와 나란히 앉아서 팔기 시작했다. 그런데 여전히 아버지의 짚신은 잘 팔렸으나, 아들의 짚신은 도무지 팔리지 않았다. 아들은 또다시 실망하여 팔리지 않은 짚신을 가지고 집으로 돌아왔다. 얼마 지나지 않아, 아버지가 병이 들어 죽음을 눈앞에 두게 되었다. 아버지는 "아직도 네 신발이 팔리지 않는 이유를 모르느냐?" 라고 쇠약한 목소리로 간호하고 있는 아들에게 물었다. "예, 이제는 아버지의 비결을 가르쳐주십시오." 그러자 아버지는 "네 짚신에는 검불(마른 풀이나 낙엽, 지푸라기 따위를 통틀어 이르는 말)이 많이 있다. 사람들은 짚신을 사더라도 검불이 없고 모양이 좋은 것을 사려고 한다. 네가 아무리 야무지게 짚신을 엮어서, 그 짚신이 튼튼하더라도 검불이 많으면 모양이 나지 않는다. 장사를 하는 사람은 이렇게 사소한 것이라도 신경을 써야 한다."

아버지는 유언처럼 그 말을 남기고 세상을 떠났다. 아들은 그제야 자신의 짚신이 팔리지 않는 이유를 깨달았다. 아들은 그 후, 짚신을 엮으면서 검불을 정성껏 다듬었다. 그러자 그의 짚신도 비싼 값으로 팔려나갔다.

이수광 저 〈부를 이루는 상술〉 중에서 -

II

고객을 이해하라

창업의 시작은 고객을 파악하고 규정하는 데 있다. 고객의 범위는 우리가 생각하는 것보다 중요한 문제이다. 흔히 농촌창업자가 생각하는 고객이라 하면 가정에서 살림을 하며 가족들의 먹을거리를 장만하는 주부를 떠올릴 것이다. 그렇다면 가정주부들의 심리와 구매 행동을 조사하고 그들에게 가치를 전달하는 것이 효과직인 고객관리의 시작일 것이다. 하지만 우리가 만나게 될 고객은 그렇게 단순히 농작물을 최종 소비하는 소비자뿐만 아니라, 농산물을 구매하여 가공하거나 유통시키는 도매상과 소매상 같은 중간상도 될 수 있고, 농산물을 식재료로 사용하는 음식점도 우리의 고객이 될 수 있다. 그러므로 단순히 최종소비자만을 생각하고 창업 활동을 하기보다는 고객의 범위를 조금 확장시켜 본다면, 그에 맞는 전략이나 방법론을 적용할 수 있기에 효과적이고 폭넓게 고객을 이해하는 데 도움이 될 것이다.

1. 고객의 범위

✤ 고객 범위를 확장시켜라.

학교-농촌 연계 프로그램(farm to school program)

농촌과 학교를 연계한 프로그램은 학교와 지역 농가를 연결시키는 것이다. 이러한 단순한 아이디어는 우리 사회가 직면한 중대한 두 가지 문제에 대한 해결책을 제시해 준다. 한 가지는 어린아이들의 건강에 대한 염려이고, 다른 한 가지는 소규모 농가의 붕괴다. 학교-농촌 연계 프로그램(farm to school program)은 지역에서 생산한 농산물을 구매함으로써 학교는 학생들에게 신선한 식품을 제공해줄 수 있고, 더불어 지역 소규모 농가들에게는 새로운 시장을 창출해줌으로써 앞서 언급한 문제들을 해결해줄 수 있다. 학교-농촌 연계 프로그램에 참여하는 농가들은 어린이들의 건강과 도시에서 흔히 접할 수 없는 농촌교육을 제공하고, 이와 함께 부수적으로 농가의 매출 증대도 꾀할 수 있다.

미국에서 학교-농촌 연계 프로그램은 20년 가까이 이루어지고 있다. 2006년 집계를 보자면 35개 주 이상에서 950개 정도의 학교-농촌 연계 프로그램이 진행되고 있으며, 현재 꾸준히 증가하고 있다.

<해외사례>-The Riverside Farm to School Bar Program

2005년 3월에 캘리포니아에서는 제퍼슨 초등학교(Jefferson Elementary School)와 함께 학교-농촌 연계 샐러드 바 프로그램을 시작했다. 제퍼슨 샐러드 바를 만든 이후로, 그 프로그램은 4개 학교로 확장되었고 앞으로도 지역 내 모든 초등학교로 확장시킬 계획이다.

프로그램 초기

리버사이드 지역은 전통적으로 남부 켈리포니아에 있는 농촌지역이다. 이 지역은 예전에는 감귤류를 기르는 과수원과 사과 과수원이 많았으나, 근래에는 미국에서 가장 빠르게 인구가 증가하는 곳 중 하나이며, 농지가 빠르게 도시화 되는 지역이기도 하다. 이러한 환경적 변화 때문에 농촌지역에 특화된 프로그램을 만들어야 한다는 의견들이 생겨났다. 초기에는 지역 파머스 마켓을 통해서 이 지역에 매주 농작물을 공급하던 두 개의 소규모 농가를 선택했다. 이 두 농가는 학교-농촌 연계 프로그램의 강력한 지지자가 되었고 적당한 가격에서 다양한 식재료를 이 지역에 제공하게 되었다. 두 농가로부터 공급받는 것이 불가능한 식품들은 필요한 식품을 공급해줄 수 있는 다른 농가를 찾았고, 이를 통해 현재 학교-농촌 연계 프로그램은 다양한 소규모 농가의 도움을 받고 있다.

〈셀러드 바를 이용하는 학생들의 모습〉

셀러드 바

리버사이드 학교-농촌 연계 프로그램의 주요 사업은 점심 식사의 대용으로 학생들에게 제공되는 샐러드 바이다. 샐러드 바는 그 지역의 농가로부터 얻을 수 있는 한, 최대한 지역농산물을 이용한다. 샐러드 바를 구성하는 과일과 야채가 가장 많이 나는 시즌에는 모든 것을 지역에서 충당했고, 그렇지 못한 시즌에도 50% 이상을 지역농산물을 이용했다. 이를 통해서 지역 농가의 안정적인 유통망을 구축하는데, 도움을 주게 된 것이다. 지역농산물은 대부분 양상추, 딸기, 브로콜리, 키위, 시금치, 사과, 오렌지, 셀러리, 오이 등이었고, 이외에도 칠면조, 참치, 요구르트, 빵, 우유, 잡곡 크레커와 같은 가공식품들도 포함되어있다. 샐러드 바는 학생들의 셀프서비스로 이용되었고, 자신들이 원하는 만큼 먹을 수 있었기 때문에, 학생들이나 학부모들에게도 좋은 반응을 얻을 수 있었다.

샐러드 바 운영을 위해 코디네이터나 영양사 등이 고용되었고, 이러한 사람들은 학교-농촌 연계 프로그램의 성공과 유지 및 관리에 핵심이 되었다. 샐러드 바 코디네이터는 기관과 농업인 사이의 연결자 역할을 하였고, 매주 지역 농가에 상품을 주문하는 일을 하였다. 주문받은 농가에서는 매주 지역 중앙식당으로 배달하였고, 거기서 음식의 대부분이 준비되고, 저장되었다. 그리고 중앙식당으로부터 각 학교로 매일 필요한 만큼 배달되었다. 대부분 양상추와 딸기처럼 파손되기 쉬운 상품들은 신선함을 유지하기 위해 학교에서 준비되었다.

교육적 기회를 통한 촉진

리버사이드 건강관리국과 관련 기관들은 학교-농촌 연계 샐러드 바를 활성화하기 위해 혁신적이고, 효과적인 교육프로그램을 준비했다. 샐러드 바를 시작하기 전에 해당 초등학교의 전체 학생들에게 영양과 건강에 대한 강좌에 참여하게 하였고 또한, 샐러드 바 시식과 이용 예절을 교육하였다. 이러한 교육은 샐러드 바를 시작하기 전, 모든 학교에서 반복적으로 시행되었고 학생들에게 학교-농촌 연계 샐러드 바를 소개하는 중요한 첫 단계가 되었다.

또한, 지속적으로 학교-농촌 연계 샐러드 바에 대한 열정을 유지하기 위해 지역의 많은 학교들에게 Harvest of the Month 프로그램을 적용했다. Harvest of the Month 프로그램은 캘리포니아 교육과 건강부서에 의해 개발된 영양교육프로그램으로 구내식당에 한 달에 한 가지 신선한 과일이나 야채를 특별히 포함시키는 것이다. 이 프로그램은 시식 및 매달 한 가지 아이템을 특별히 포함시키기, 학생들을 위한 지역 파머스마켓 투어, 농업인에게 학교 특강 수업 등을 하도록 하고 있다. 또한, 학생들은 음식을 만들어 보기도 하고, 농가에 방문해보기도 하면서, 작물 재배나 원예에 참여해 보기도 한다. 이러한 추가적인 영양교육과 샐러드 바 촉진 활동들은 샐러드 바에서 점심을 먹는 학생들에게 좋은 영양에 관한 메시지를 강화시키는 역할을 하고 있다.

학교-농촌 연계 프로그램(farm to school program)의 기여

제퍼슨 초등학교는 학교의 규모나 교장의 지원 등을 고려하여 학교-농촌 연계 프로그램의 시범적인 학교로 선정되었다. 제퍼슨 초등학교는 1,023명의 학생들이 등교하는 큰 규모의 학교이며, 그중 75%가 무상급식을 받는 학생들이었다. 학교-농촌 연계 프로그램은 주로 낮은 임금의 학교에 긍정적인 영향을 주고 있다.

2006년 3월에 처음 선택된 두 농가로부터 한 달 평균 한화로 200만 원 정도의 농작물을 구매하였다. 이러한 매출은 지역 농가들에게 안정적인 시장을 확보할 수 있는 새로운 기회가 되고 있다. 게다가 두 농가 모두 추가적으로 학생들을 위한 농촌 학습장을 유치하고, 여러 가지 관련 행사들을 개최하고 있어 부수적인 수입과 함께 많은 홍보가 되고 있다. 이처럼 학교-농촌 연계 프로그램(farm to school program)은 지역 농가와 학교의 상생 관계를 발전시켜 줄 작지만 기막힌 아이디어인 것이다.

〈농촌체험 프로그램을 이용하는 학생들의 모습〉

□ 안정적인 시장 확보

□ 추가적인 교육과 행사로 부수적인 수익 창출

□ 효과적인 농가 홍보

이 식당은 우리 농산물을 사용합니다

경북농산물품질관리원 "음식점 인증제" 시범사업.
국내산·친환경 사용 음식점 2곳 지정

우리 농산물을 사용하는 음식점에 대한 인증제 도입이 추진된다. 경북농산물품질관리원(원장 구돈회)은 최근 '우리 농산물 사용 음식점 인증제' 시범사업 추진을 위해 시범업소 2곳을 지정해 3개월간 운영하고 이를 바탕으로 제도 도입을 적극 추진할 계획이라고 밝혔다. '우리 농산물 음식점 인증제'는 경북농관원이 처음 도입한 것으로, 우리 농산물을 식재료로 사용하는 일반음식업소에 대해 인증 및 사후관리를 하는 제도다. 즉, 일반음식점에서 국내산 농축산물 및 친환경 인증 농산물(쌀·채소류)과 축산물(쇠고기·돼지고기·닭고기·오리고기)을 식재료로 사용하면 이에 대해 인증을 하고 사후관리를 한다는 것.

인증 종류는 '친환경 농산물 사용 인증'과 '국내산 농산물 사용 인증' 두 가지다. 경북농관원은 지난 7월부터 '친환경 농산물 사용 음식점' 1곳과 '국내산 농산물 사용 인증 음식점' 1곳 등 2곳을 지정해 시범 운영한 결과 업주와 소비자들의 반응이 좋은 것으로 나타났다고 밝혔다. 특히 인증업소 방문고객 1,000명을 대상으로 한, 설문조사에서는 '우리 농산물 사용 인증 음식점' 운영 필요성에는 97%가 찬성했고 시범업소의 식재료에 대한 신뢰도도 86%로 높게 나타났다.

경북농관원은 이 같은 결과를 바탕으로 10월 19일 관계기관, 소비자단체, 요식업 단체 등이 참여한 가운데 '우리 농산물 사용 음식점 인증제' 활성화를 위한 협의회를 개최했다. 전문가들은 이 제도가 우리 농산물 판로 확대와 생산 농가의 소득향상으로 직결되도록 하기 위해서는 인증업소의 우리 농산물 식재료 수급대책 마련과 함께, 업소에 대한 철저한 사후관리가 필요하다고 지적했다. 구돈회 경북농관원장은 "이 제도가 시행되면 농산물 생산자와 음식점을 연계시켜 소비자의 알 권리를 보장하고 친환경 농산물을 포함한 국내산 농산물의 소비 촉진에도 기여할 것"이라며 "시범사업 운영 결과를 분석하고 보완해 제도 도입을 적극 추진하겠다고"고 밝혔다.

〈농민신문〉, 유건연 기자, 2011.11.8.

2. 고객의 확인

시장 타당성(실현가능성)을 정의하기 위한 가장 중요한 요인 중 하나는 자사의 제품을 위한 고객층이다. 고객들을 이해하는 것은 제품/서비스를 구매하기 위한, 고객들의 이유를 이해하는 것을 의미한다.

□ **특정 농산물 및 가공제품/서비스에 대한 가장 큰 욕구**
□ **특정 농산물 및 가공제품/서비스를 구매하려는 의도**

잠재적인 고객과 그들의 위치를 파악하는 것은, 창업자가 이러한 고객들에게 도달할 수 있는지를 규명하는 데 도움을 줄 것이다. 만약 그들에게 도달할 수 있다면, 창업자는 시장실현 가능성을 지속적으로 규명할 수 있다.

고객을 확인하는 것에는 세 가지 기본적인 질문에 답하는 것이 필요하다.

□ **누가 우리의 고객인가?**
□ **우리의 고객은 어디에 있는가?**
□ **우리의 고객에게 접근할 수 있는가?**

누가 우리의 고객인가?

고객층을 확인하기 위해서는 농촌창업 농가의 농산물에 대한 잠재적 구매자들의 다양한 특성들을 고려해야만 한다.

① **나이, 소득, 학력, 성별, 직업, 가족 크기(인원수) 등과 같은 인구통계학적 변수들**
② **도시, 위성도시, 시골, 지역 인구분포, 지역 크기 등과 같은 지리적 변수**
③ **사회적 위치, 가치, 라이프스타일과 같은 개인적 변수**
④ **제품 선택으로 인한 이익, 사용률, 브랜드 충성도 수준과 같은 행동 변수**

잠재적 구매자들의 특성을 고려하고 전형적인 고객의 태도를 안다면, 당신은 그러한 태도를 가진 고객의 성향을 규명할 수 있게 된다. 이러한 잠재적 고객들의 수는 상당히 많을 것이다. 시장에는 이렇게 많은 잠재적 구매자들이 있다. 그러나 모든 고객이 동일하게 원하는 것은 아닐 것이다. 잠재적 고객들에게 효과적이고 효율적으로 접근하기 위해서는, 당신은 당신에게 가장 큰 이윤을 가져다줄 것이라는 믿는 특별한 몇 개의 표적시장을 선택해야만 한다.

당신의 고객은 어디에 있습니까?

현재 농촌창업기업의 주된 고객이 누구인지 알았고, 또한 얼마나 많은 사람들이 있는지 알았다면, 그다음은 고객들이 어디에 있는지를 파악해야 한다. 이러한 프로세스의 첫 단계는 지리적 변수로부터 얻을 수 있다. 즉, 현재 전형적인 고객 유형과 일치하는 사람들이 가장 집중된 지역을 알아야만 한다. 보통 인터넷이나 도서관을 이용하여, 이 같은 정보를 찾을 수 있다. 그리고 이러한 지역을 찾아냈다면 주된 고객들에게 다가갈 수 있는 창업가의 능력을 기반으로 해당 농산물을 시장에 팔 수 있는 지역을 결정해야 한다.

당신은 당신의 고객들에게 다가갈 수 있는가?

이제 마지막 질문으로 농촌 창업가가 고객들에게 접근할 수 있는지에 대한 답을 구해야만 한다. 잠재적 구매자들에게 도달하는 데에는 방해가 되는 요인들이 많이 존재한다. 이를테면 소매점의 매장 선반을 얻는 것, 브랜드 인지도를 형성하는 것, 효과적인 유통채널을 만드는 것 등등이다.

심지어 잠재적 시장이 매우 크다면, 창업자가 고객들에게 접근하기는 어려운 문제가 될 것이다. 예를 들어, 당신의 제품이 새로운 형태의 아침 식사 씨리얼이라고 가정해보자. 이 시장은 매우 크지만, 몇몇 대기업들이 이미 선점하고 있기에, 소매점의 매장 선반을 얻기가 매우 어려울 것이다. 그러나 만약 아주 독특한 아침 식사 대용 누룽지 가공식품과 같은 제품이라면, 쉽게 매장 선반을 얻을 수 있고, 또한 자신의 제품이 독특하기 때문에 브랜드 인지도를 형성하기 쉬울 것이다. 자신의 고객을 아는 것과 어디에 있는지 아는 것, 그리고 자신이 고객들에게 다가갈 수 있다면 농촌 창업가로서 사업의 잠재적인 성과를 얻는데 성공할 수 있다.

3. 소비자의 심리

먼저 소비자들을 앞서 살펴본 세분시장 수준에서 분석하는 것이 왜 바람직한지, 그리고 겉으로 드러나는 행동뿐만이 아닌 심리까지 분석하는 것이 왜 필요한지에 대하여 알아보기로 하자.

(1) 세분시장 수준에서의 소비자 분석

우리가 소비자를 이해한다고 할 때, 즉시 부딪히게 되는 문제는 소비자의 수가 너무 많고 각자가 원하는 것이 매우 상이하다는 것이다. 예를 들어, 쌈 채소를 생산하는 A농가의 경우를 생각해 보자. A농가는 신제품을 개발하기 위하여 쌈 채소의 구매자이자 이용 중인 주부들을 대상으로 설문조사를 실시하였다. 그 설문지에는 쌈 채소를 구입할 때, 맛의 다양성, 위생, 가격을 각각 얼마만큼 중요하게 여기는지를 1점(전혀 중요하지 않음)에서 10점(매우 중요함)으로 응답하도록 하는 문항이 있었다. 응답자 중 50%는 맛의 다양성에 10점, 위생에 1점, 그리고 가격에 8점을 주었고, 나머지 50%는 위생에 10점, 맛의 다양성에 1점, 가격에 8점을 주었다. 편의상, 첫 번째 집단을 집단 1, 두 번째 집단을 집단 2라고 부르자.

이 문항에 응답한 결과를 단순히 평균을 내면, 주부들이 가장 중요하게 생각하는 것은 가격이라는 결론에 도달하게 된다. 그래서 이 회사가 가격을 낮춘 쌈 채소 X를 내놓았다면 어떻게 되었을까?

이 시장에 경쟁자가 없었다면, A농가가 어떻게 하더라도 큰 문제가 없었을 것이다. 그러나 불행하게도 A농가에게는 B농가라는 경쟁자가 있었다. B농가는 설문조사 결과를 집단별로 해석하고, 맛의 다양성을 매우 강화시킨 쌈 채소 Y와 위생을 매우 강화시킨 쌈 채소 Z를 동시에 내놓았다. 이렇게 되자, 주부들 가운데 절반은(즉, 집단 1) 자신들이 원하는 맛의 다양성을 갖춘 신제품 Y를 구입하고, 나머지 절반은(즉, 집단 2) 위생을 철저하게 신경 쓴 쌈 채소 Z를 구입하였다. A농가의 쌈 채소 X는 시장에서 발붙일 곳을 찾을 수가 없었다. 결국, 같은 조사를 하고도 그 결과를 응답자 전체 수준에서 해석하느냐 아니면,

집단별로 해석하느냐가 신제품의 성패를 가른 셈이다.

소비자의 수가 많고 원하는 것이 다양한 경우, 이러한 이질성(heterogeneity)을 무시하고 A농가처럼 우리 소비자들은 가격을 가장 중요하게 여긴다고 단정 짓는 것은 매우 잘못된 결정이며, 사업에 있어 위험한 마케팅 계획을 낳게 되는 일이다. 우리는 앞에서 비슷한 특징을 갖는 소비자들로 이루어진 집단을 세분시장이라고 배웠다. 올바른 소비자 분석의 첫 걸음은 소비자들을 여러 개의 세분시장으로 나눈 다음, 세분 시장별로 특징을 파악하는 것이다.

(2) 소비자 심리의 중요성

사람의 행동을 연구하는 것처럼 어려운 일은 없을 것이다. 평생 동안 소비자 행동을 연구한 유명한 학자조차도 확실한 것이라곤 아무것도 없다고 말한다. 아마 가까운 친구, 동료, 애인 또는 자녀의 예상치 못한 행동을 보면서 비슷한 느낌을 받은 적이 있을 것이다. 왜 저런 행동을 할까? 표면에 드러나는 행동만 가지고는 그 사람의 의도나 심중을 알기 힘들다. 이러한 사람의 행동을 창업경영 측면에서 본다면 아마도 고객 구매로 구체화시킬 수 있을 것이다. 쉽게 말해보면, 농산물을 사고 안 사고, 얼마나 사느냐가 중요한 것이 아니라 "왜 저 농산물을 사는 것일까?"가 더 중요한 것이다. 이를 다시 사람의 행동에 비춰보면 "그 사람의 의중은 무엇이었을까?"와 같다.

시장에서 경쟁하는 기업들이 신상품출시, 가격할인, 광고, 진열 등과 같은 여러 가지 마케팅 자극을 소비자에게 제공하면, 소비자는 이를 받아들이고 소비자 나름의 처리 과정을 거쳐 어떤 특정 반응을 보이게 된다. 예를 들어, 우리 상품을 구매하는지 아니면, 경쟁자의 상품을 구매하는지(또는 아무것도 안 살 수도 있음), 누가 샀는지, 어디서 샀는지, 언제 샀는지 등이다. 그러므로 이러한 반응을 꽤 오랫동안 관찰할 수 있다면, 어떤 마케팅 자극이 효과가 있었고, 어떤 마케팅 자극은 효과가 없었는지를 파악할 수 있게 되는 것이다.

그러나, 무엇을 샀는지, 어디서 샀는지, 언제 샀는지만 아는 것으로는 충분하지 않다. 소비자가 우리 상품을 구매하지 않고 경쟁자의 상품을 구매했다면, 왜 우리 상품을 구매하지 않았는지가 창업자가 알아야 할 더 중요한 문제인 것이다. 또는 근본적으로 두 기업으로부터 동일하거나 같은 자극을 받은 소비자들이 왜 모두 같은 반응을 보이지 않고, 다른 반응을 보였는지에 의문점을 가져야 할 것이다. 반대로 소비자가 지속적으로 우리 상품만을 구입했다면 이러한 소비자가 우리 상품에 대해서 높은 충성도(loyalty)를 갖고 있어서 그런 것인지, 아니면 다른 대안이 없어서 할 수 없이 그런 것인지를 알아보아야, 앞으로의 창업마케팅 방향을 설정하는 데 도움이 될 것이다.

이러한 질문에 답하기 위해서는 소비자가 겉으로 드러내는 행동만 관찰해서는 충분하지 않으며, 겉으로 드러내지 않는 심리를 인지하는 것이 필요하다. 그러므로 농촌 창업가들은 이러한 소비자의 심리가 중요하다는 것을 인식하고 관심을 가져야 한다. 즉, 드러나는 행동뿐만 아닌 소비자의 심리를 꿰뚫기 위해서는 소비자가 어떤 과정을 거쳐 생각하고 구매하는지를 파악해봐야 한다는 것이다.

(3) 소비자 구매의사 결정과정

일반적으로 소비자들의 의사결정 과정은 간단하지 않고, 소비자에 따라 달라지며, 같은 사람이라도 어떤 상품을 구매하느냐에 따라 달라지고, 같은 사람이 같은 상품을 구입한다고 해도 어떤 상황이냐에 따라 달라진다.

① 개인에 따른 차이

예) 급한 성격을 가진 A라는 사람과 꼼꼼한 성격을 가진 B라는 사람이 김장용 배추를 구입하는 과정은 같지 않을 것이다.

② 상품에 따른 차이

예) A라는 사람이 김장용 배추를 구입하는 과정과 전통주를 구매하는 과정 역시 같지 않을 것이다.

③ 용도에 따른 차이

예) A라는 사람이 집에 가서 마실 전통주를 구매하는 과정과 직장 상사의 집들이에 선물로 가져 갈 전통주를 구매하는 과정 또한 같지 않을 것이다.

기본적으로 구매 과정은 여러 상황에서 차이가 나고, 또한 소비자의 구매가 일어나기까지는 여러 과정을 거친 후에 비로소 결정되기 때문에, 구매를 일으키려면 소비자가 구매를 하는 해당 시점에만 공을 들일 것이 아니라, 구매 의사결정과정의 모든 단계에 걸쳐서 각 단계에 맞는 마케팅 활동으로 꾸준한 준비가 필요하다는 것을 알 수 있다. 그렇다면 지금부터는 구매 의사결정과정의 각각의 단계별 특징을 알아보고, 각 단계에서 창업자들이 취할 수 있는 마케팅 활동들에 대하여 알아보기로 한다.

문제인식 단계

소비자는 자신의 현재 상태가 일반적인 상태와 차이가 있다는 것을 느끼게 되면, 그 둘 간의 차이를 메울 수 있는 수단을 찾고 싶어 하는데, 이것을 문제의 인식이라고 한다. 실제로 소비자가 필요함을 느끼거나, 현재 어떤 것이 부족하거나 없다는 것을 느끼는 것은 일반적인 상태에 도달하지 못했기 때문이다. 물론 이러한 욕구가 생겼다고 해서 반드시 행동으로 옮겨지는 것은 아니므로 이러한 욕구가 충분히 커져서 구매동기(motive)가 생겨나야 행동 등으로 옮겨지는 것이다.

욕구가 동기로 발전되는 조건
① 현재 상태와 일반적인 상태 사이의 차이가 상당히 커야 한다.
② 특정 욕구를 해결하는 것이 상당히 중요하다고 느껴야 한다.

소비자가 문제를 인식하게 되는 계기
① 내적 요인에 의한 것(소비자 자신이 스스로 문제를 인식하는 경우)
예) 자동차의 경우, 타고 다니던 차가 자꾸 고장이 나서 문제를 인식하는 것

② 외적 요인에 의한 것
소비자 자신은 문제를 인식하지 못하였는데, 광고나 주변 사람 등과 같은 외적인 자극 때문에 문제를 인식하게 되는 경우
예) 새로 나온 차의 광고를 보고 문제를 인식하는 것

문제 인식 단계에서 창업기업이 취할 수 있는 전략적 방법은 다음과 같다.

□ 현재 충족되고 있는 욕구의 경우
현재 상태보다 더 일반적인 상태를 제시함으로써 새롭게 문제를 인식시킨다.

□ **현재 충족되지 않은 욕구의 경우**

이미 문제 인식을 한 상태이므로, 이를 해결할 수 있는 신제품개발에 노력을 집중한다.

정보탐색 단계

문제를 강하게 인식하여 구매동기가 형성된 소비자는 문제를 해결해 줄 수 있는 대안들에 대한 정보를 찾게 된다. 정보탐색의 유형은 두 가지고 나뉜다. 필요한 정보가 소비자의 기억 속에 이미 저장되어 있는 경우에는 내적 탐색만으로 충분하지만, 그렇지 않은 경우에는 외적 탐색을 하게 된다.

외적 탐색 과정에서 소비자는 대게 여러 가지 원천으로부터 필요한 정보를 얻게 되는데, 소비자들은 대게 기업제공 원천보다 소비자 원천이나 중립적 원천을 더 크게 신뢰하는 경향이 있다. 이러한 정보 원천들은 다음과 같다.

① **기업제공 원천**

예) 광고, 판매사원 등

② **소비자 원천**

예) 가족, 친구 등

③ **중립적 원천**

예) 정부 기관, 언론 등

대안에 대한 정보를 탐색하는 과정은 적지 않은 시간과 노력을 필요로 하기 때문에 소비자는 시장에 나와 있는 모든 대안들에 대하여 정보를 탐색하는 것이 아니다. 그러므로 소비자는 이 중 소수의 대안만을 고려 대상에 넣고, 해당 정보를 수집하게 된다. 이렇게 소비자의 고려 대상에 포함된 제품이나 브랜드를 고려 상표군(consideration set)이라고 부른다.

예를 들어, 주부가 저녁 식사 준비를 위해 계란을 구매하는 경우를 생각해 보자. 현재 대형마트에 계란 브랜드는 수십 종에 달하는 것으로 알려져 있지만 이 주부가 알고 있는 브랜드는 불과 5~6개에 불과하다. 하지만 이 중에서 다른 계란보다 너무 비싼 가격 때문에 몇 개 브랜드를 고려 대상에서 제외시키고 3~4개 정도의 브랜드에 대해서만 매장에서 살펴보거나 구매를 고려해 보게 된다.

소비자들이 고려 상표군에 포함시키는 대안의 수는 상품의 종류에 따라 다르지만 대개 3~4개 정도에 불과한 것으로 알려져 있다. 어떤 브랜드가 고려 대상에서 제외되는 이유는, 위의 예에서와 마찬가지로, 브랜드에 대한 인지도가 낮거나, 아니면 어떤 이유에서건 부적당한 것으로 판단되기 때문이다. 실제로 고려 상표군에서 제외된 대안들이 구매될 가능성은 거의 없으므로, 만약 우리 농산물이 잠재고객들의 고려 상표군에서 제외되어 있다면, 이는 매우 큰 문제라고 볼 수 있다. 그러므로 우리 농산물의 판매가 부진하다면 그 원인을 시장에서 구매가 이루어지는 해당 구매 시점에서만 찾지 말고, 우리 농산물이 잠재고객들의 고려 상표군에 포함되는지를 조사해보는 것도 좋은 방법 중 하나가 된다.

정보탐색 단계에서 창업기업이 취할 수 있는 전략적 방법은 다음과 같다.

□ 소비자들이 우리 상품에 대한 정보를 쉽게 얻을 수 있도록 한다.
예) 수신자 부담 전화 또는 홈페이지 개설

□ 소비자들이 신뢰하는 정보 원천에 우리 상품에 대한 유리한 정보가 많이 흘러가도록 한다.
예) 유리한 정보의 전달

□ 가능한 많은 소비자에게 고려 상표군에 우리 상품이 포함될 수 있도록 한다.
예) 인지도 및 경쟁력 향상

대안 평가단계

소비자는 정보탐색 단계에서 수집한 정보를 토대로 제품의 대안들을 비교 평가한다. 그 가운데 자신에게 가장 큰 효용을 줄 것으로 생각되는 대안에 대해 소비자는 가장 호의적인 태도(attitude)를 형성하며, 해당 제품에 대해 가장 높은 선호도(preference)를 갖게 된다. 소비자는 대안 평가의 결과 가장 선호하는 대안을 다음 단계인 구매단계에서 구매하게 될 가능성이 크다. 그러므로 대안 평가단계에서 태도가 어떻게 형성되는지를 이해하는 것은 중요하다. 이러한 대안 평가단계에서 창업기업이 취할 수 있는 전략적 방법은 다음과 같다.

□ 소비자가 특정 상품을 평가할 때 중요하게 생각되는 요인을 조사하여야 한다.
□ 소비자의 대안 평가 요인 중 우리 제품과 적합한 것을 차별화시켜야 한다.

구매단계

소비자들은 대안 평가단계에서 가장 선호하는 대안을 구매하게 된다. 하지만, 다음과 같은 세 가지 요인들 때문에 가장 선호하던 대안 대신에 다른 대안을 구매하거나 구매를 뒤로 미루기도 한다.

① 예상하지 못했던 상황적 요인이 발생한 경우
예) 품절, 불친절한 판매원

② "구매 후 후회하지 않을까?" 하는 생각이 강하게 드는 경우
이것을 지각된 위험[1](perceived risk)이라고 하는데, 비싼 물건일수록, 물건에 대한 확신이 낮을수록 지각된 위험을 크게 느낀다.

③ 다른 사람들의 태도가 중요한 영향을 미치는 경우
특히 가족이나 친한 친구가 추천하는 제품이나 농산물을 믿고, 긍정적인 태도가 형성되어 구매할 가능성이 높다.

---

1) 지각된 위험 : 상품을 구매함으로써 생길 수 있는 결과의 불확실성에 대하여 소비자가 느끼는 불안감. 신체적 위험, 성능 위험, 심리적 위험, 사회적 위험, 재무적 위험 등이 있다.

□ 이러한 구매 시점의 상황적 요인들을 잘 관리하기 위해서 고객의 소리를 들을 수 있는 여러 방법을 고안해야 한다.

□ 소비자들에게 지각된 위험을 주는 원인이 무엇인지를 파악하고, 이를 감소하기 위한 전략을 세운다.

구매 후 행동 관계

고객을 늘리고 유지하는 것은 기업의 장기적 지속과 높은 이익을 거두는 가장 근본적인 방법이라 할 수 있으며, 특히 증가한 고객을 유지하고, 고객에게 만족감을 주는 것은 기업에 매우 중요한 역할이다. 또한, 불만족한 고객은 주위 사람들에게 좋지 않은 입소문을 확산시키기 때문에, 잠재고객을 얻는데 부정적인 역할을 하는 가장 큰 변수이다. 그러므로 소비자가 얼마나 높은 만족을 느끼는지에 따라 고객의 구매 행동이 변하고, 이러한 구매 후, 행동 단계 때문에 창업자는 마지막 순간까지 고객을 대하는 것에 최선을 다하는 것이다.

구매 후 소비자는 때에 따라 구매 후 부조화[2](post-purchase dissonance)를 경험하는데, 이것은 "나의 선택이 잘 된 것일까?" 하는 의구심으로부터 생기는 불안감을 말한다. 이러한 구매 후 부조화가 생기는 경우는 아래와 같다.

① 나에게 중요한 구매일 경우
② 비슷한 대안이 많이 있는 경우

이러한 부조화가 커지게 되면 소비자는 자신이 구매한 상품에 대하여 불만족을 느끼게 되므로, 소비자에게 자신의 선택이 잘 된 것이라는 확신을 심어주는 커뮤니케이션 활동을 펼쳐야 한다.

2) 구매 후 부조화 : 소비자가 제품을 구매한 이후 실제 제품에 대한 만족이나 불만족을 느끼기에 앞서, 구매를 한 자신의 선택에서 느끼는 불안감.

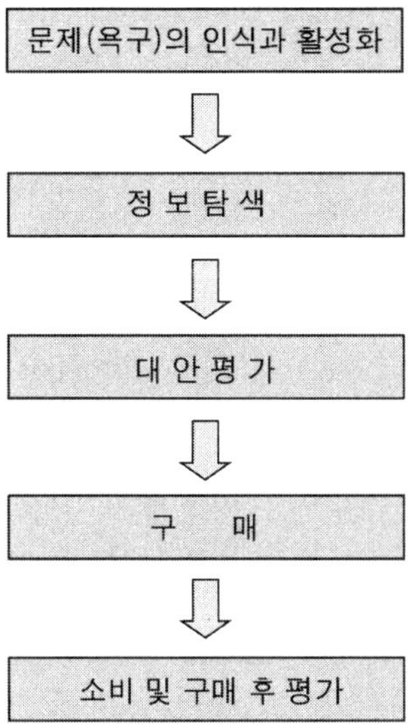

[그림 2-Ⅱ-1] 소비자의 구매의사결정단계

(4) 관여도[3])에 따른 소비자 행동 유형

앞서 언급된 대로 제품이나 서비스 구매에 있어서 구매 의사결정을 내리는 과정은 개인과 제품/서비스 특성, 제반 상황에 따라 달라지지만, 대체로 소비자가 어떤 구매에 대하여 가지는 관심의 정도가 높아질수록 구매 의사결정을 신중하게 내리게 된다. 이처럼 소비자가 어떤 대상에 관하여 관심을 가지는 정도와 중요하게 여기는 정도를 관여도(involvement)라고 한다. 정의에서도 알 수 있듯이 이러한 관여도는 두 가지 요인에 의해 결정된다.

i) **개인적 관련성**
ii) **결정의 중요성**

즉, 어떤 구매에 대한 관여도가 높아질수록 소비자는 신중한 구매 의사결정 과정을 거치며, 그 결정 과정이 길어진다. 반대로 관여도가 낮아질수록 소비자의 구매 의사결정 과정은 단순해지며 그 구매 의사결정 과정이 짧아진다. 관여도에 따라 소비자의 문제해결 정도도 달라진다.

---

3) 관여도 : 특정 상황에서, 자극에 의하여 유발되어 지각된 개인적인 관심도의 수준. 저관여와 고관여로 구분된다.

i) **포괄적 문제해결**

ii) **제한적 문제해결**

즉, 관여도가 높아서 소비자가 상당한 시간과 노력을 기울여 신중하게 의사결정을 하는 경우를 포괄적 문제해결(extensive problem solving)이라 부르고, 관여도가 낮아서 소비자가 비교적 적은 시간과 노력을 기울여 의사결정을 하는 경우를 제한적 문제해결(limited problem solving)이라 부른다.

소비자의 욕구, 목표, 가치가 제품 지식과 연결되었다고 지각되는 정도가 클수록 소비자가 제품 정보에 주의를 기울이고자 하는 동기는 증가한다. 그러므로 관여는 정보를 처리하고자 하는 동기로 볼 수 있다. 즉, 관련된 지식이 기억 속에서 활성화되면 행동하고자 하는 동기가 생긴다. 또한, 제품에 대한 관여가 증가하면 소비자는 제품 관련 광고에 주의를 기울이고, 광고를 이해하기 위해 더 많은 인지적 노력을 기울이며, 광고에 담긴 제품 관련 정보에 더 많은 관심과 주의를 집중시킨다. 이처럼 소비자의 관여 수준에 따라 소비자 행동은 아래와 같이 다양하게 나타난다.

① 복잡한 의사결정

이러한 소비자 행동유형은 행동하기 전에 깊이 생각하게 되며, 신념 → 평가 → 행동의 전통적 정보처리 과정에 따라 행동하게 된다. 이 범주에서 의사결정은 매우 중요하므로 소비자는 적극적으로 정보를 탐색하고 평가 기준을 이용해 여러 상품들을 평가한 후 행동하게 된다.

② 제한된 의사결정

고관여 제품뿐, 아니라 저관여 제품의 경우, 신상품이 도입되거나 상표를 교체하거나 다양성 추구 동기가 증가하면, 소비자는 관심이 아닌 제한된 의사결정을 하게 된다. 예를 들어, 식재료와 같은 관여도가 낮은 제품의 경우, 신상품이 도입되면, 소비자는 그 상품에 관심과 흥미를 갖게 되면서 신상품에 대한 정보를 수동적으로 받아들이고 저장하게 된다. 이후에 상점에서 그 제품을 보면 기억을 떠올리고 제품 포장을 살피면서 신념을 형성하고, 그 제품을 구매한 후, 사용 경험을 기반으로 신제품을 평가하게 된다. 제한된 의사결정이 이러한 인지적 처리 과정을 거치기는 하지만, 복잡한 의사결정과 달리 적극적인 정보탐색이나 상표평가를 하지 않는다는 점에서 서로 다르다고 할 수 있다.

③ 상표 애호도

소비자는 애호도를 가지고 있는 상표에 대해서는 깊이 생각하지 않고 구매한다. 해당 상표에 대한 소비자의 만족이 긍정적 강화 자극이 되어, 반복적으로 구매 행동을 유도한다는 것은 이러한 상표 충성 구매 행동을 잘 설명한다. 복잡한 의사결정과 달리 신념 → 평가 → 행동의 과정에서 신념과 평가과정이 생략되기도 한다. 예를 들어, 해남 고구마에 애호도가 생긴 소비자들은 어디서든지 고구마를 구매할 때는 해남이라는 지역 상표에 애호도가 생겨 복잡한 결정 없이 해남 고구마 구매를 결정하게 된다.

④ 관성

소비자는 수동적으로 신념을 형성하고, 낮은 수준의 정보처리를 하며, 구매 후에 상표를 평가한다. 구매의사 결정을 회피하기 위해 관성에 의한 반복 구매를 하는 것이기 때문에, 처음 몇 번의 구매에서는 평가를 하지 않는다. 구매한 상표를 통해 최소한의 만족을 해도, 그것을 지속적으로 구매하게 된다. 충성도가 없음에도 불구하고 상표 충성도가 있는 것처럼 반복 구매를 하기에, 이러한 반복 구매 행동을 의사 충성도(spurious loyalty)라 부르기도 한다. 예를 들어, 콩나물의 경우, 특정 브랜드가 없더라도 마트나 재래시장에서 구매하게 되며, 특정 브랜드를 가진 콩나물이 아니라도 먹어보고 괜찮으면 소비자는 지속적으로 구매하게 된다. 이것은 상표 애호도와 다른 행동 방식으로 자주 구매하던 매장에서 기존에 구매했던 콩나물이 없더라도 다른 콩나물을 구매하게 되는 것이다.

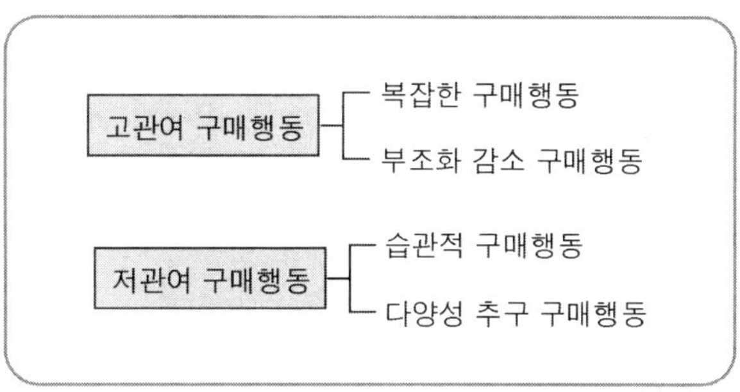

[그림 2-Ⅱ-2] 관여에 따른 소비자 행동 유형

4. 고객 신뢰

신뢰는 소비자들이 구매한 식품에 대한 안전성과 관련된 분쟁이 자주 일어나고, 유기농산물과 직접 마케팅의 경우, 중요한 이슈가 되고 있다. 오늘날 우리를 둘러싼 환경은 점점 더 복잡해지고, 우리가 만나는 사람들과의 관계 유지 또한 점점 더 어려워지고 있다. 그러므로 신뢰라는 것 또한 삶을 영위하는데, 그 중요성이 더욱 증가하고 있다. 하지만 이러한 신뢰를 얻는다는 것은 더욱 힘들어지고 있는 것이 현실이다. 음식이나 식재료들이 유통기한과 원산지를 속여 판매되고, 생산지에 대한 믿음도 불분명할 정도로 소비자들의 눈살을 찌푸리게 하는 뉴스들이 매일 매체들을 장식하고 있다.

오늘날 창업을 준비하는 중소농업인들은 소비자들과 함께 신뢰의 브랜드를 개발해야 한다. 신뢰를 강조하는 것은 직접 마케팅에 의존하는 경향이 두드러지는 소규모 유기농 생산자들에게는 꼭 필요한 조언일 것이다. 일본의 중소농업인은 직접 마케팅의 긴 역사를 가지고 있고 미국처럼 일본에서 지속적으로 유기농 식품과 관련된 시장이 확장되어 왔으며, 또한 사업 관계에서 신뢰의 중요성은 모든 세대에게 인식되어 졌고, 일본에서는 농산품 직접 마케팅을 위한 핵심 요소이다.

(1) 신뢰를 형성하는 농촌 활동들

일본의 한 농가는 소고기와 달걀, 그리고 가공식품을 생산해서 인근 도시에 직접 판매하는 방식을 취해왔다. 이는 소비자들이 원한다면 자신의 농장에 직접 방문하여 원하는 것을 수확해서 가도록 하였다. 이러한 방법으로 소비자들이 농가에서 어떻게 가축들을 관리하고 농장의 방역을 하는지 직접 볼 수 있게 해주었다. 그리고 몇몇 닭들이 더 이상 알을 낳을 수 없을 때, 소비자들을 농장으로 초대하여 닭고기 바비큐를 열었다. 이러한 농가 이벤트(family event)는 생산자와 소비자들 사이에서 정서적 결속과 신뢰를 강하게 만드는 것에 큰 도움이 된다.

이러한 사회적 상호작용들은 표준화된 식품생산유통을 통해서는 얻을 수 없는 고객과의 신뢰를 형성하는 방법이라 할 수 있다. 일본의 많은 농업인들 관점에서 직접 마케팅은 강요되거나 억지로 만들어낼 수 없으며, 이는 신뢰를 얻는 것에 큰 도움이 된다. 많은 유기농 재배를 하는 일본 소규모 농업인들은 직접 마케팅이 농가와 고객 간의 신뢰를 만들어준다고 믿고 있으며, 또한, 그들의 인간적 관계에 기본이 되는 안전한 먹거리를 제공하고 있다.

① 농가 이벤트
② 직접 마케팅
③ 견본품
④ 고객을 참여시킨 농작물 생산
⑤ 고객에게 농산물에 대한 신뢰성 전달
⑥ 농산물에 대한 지속적인 정보제공

(2) 신뢰 형성의 효과

① 신뢰 향상 활동은 고객과 농촌창업자 모두에게 이득
② 신뢰의 브랜드를 개발할 수 있는 기회
③ 신뢰를 통한 경쟁우위

<해외사례>-Western Washington 농가들의 사례

신뢰를 형성하기 위한 전략으로 견본품을 예로 들 수 있다. 견본품을 제공하는 것은 고객들에게 농가들이 친숙하지 않거나 구매하려는 의도가 없는 새로운 식품을 구매하도록 만들어 줄 수 있다. 이러한 전략은 항상 고객들에서 계속 시간을 들여 설명할 수 없는 농가에게 간단하면서도, 신뢰 형성 관계로 발전시킬 수 있는 중요한 방법이다.

워싱턴주의 수도인 Olympia 근교의 한 농가는 신뢰를 형성하기 위한 전략의 하나로 농작물을 고객과 함께 생산한다. 이것은 농작물이 수확될 때 고객에게 알려주는 것이 특히 중요하다. 사람들은 자신들이 구매한 농산물이 그날 수확했는지 아니면 며칠 일찍 수확하고 저장되어 있던 것인지를 알고 싶어 한다. 그래서 이 농가는 농작물을 수확할 때, 솔직하게 고객들에게 전달해주어야 한다고 생각했다. 고객을 초대해서 맛과 신선함을 보여주는 일을 하고 있다. 그리고 자신 있게 생산된 농산물에 관한 이야기를 해 주어야 한다. 고객들에게 농업인으로써 자신이 파는 것에 대해 느끼는 자신감을 고객들에게도 전달해 줄 수 있어야 신뢰가 형성된다는 것이다.

생산품의 품질 지속성은 사람들을 다시 구매하게 하는 중요한 요소이다. 그러므로 생산품에 대한 지속적인 정보를 제공해 주는 것은 매우 중요하다. 그리고 거기에 덧붙여 농작물을 생산하는 데 있어 과정이나 오류들을 포장하거나 감추지 말고 솔직하게 이야기해 주어야 한다. 이 농가의 농작물은 높은 가격이 책정되어있어 소비자들은 왜 이러한 가격인지를 알고 싶어 했다. 그래서 이 농가의 주인은 이러한 고객의 마음을 알고 솔직하게 이유를 설명하고 있다. "나는 실제로 부자는 아닙니다. 나는 매우 열심히 일하고 아주 단순한 라이프스타일을 가지고 있습니다. 나는 하루하루를 농작물을 기르며 살고 있고, 그들을 제외하고는 나는 아무것도 아닙니다. 이러한 나를 보여주는 기회를 고객에게 전달하고 있습니다." 라는 이야기를 한다.

일본과 워싱턴주의 농가의 사례를 정리해보면 다음과 같은 것들을 배울 수 있다.

첫째, 신뢰는 마케팅의 핵심이고 판매자와 구매자 사이에 존재하는 신뢰를 향상시키고, 이러한 활동들은 양자 모두에게 이득을 가져다 줄 것이다. 둘째, 농작물을 직접 판매하는 농업인들은 고객들에게 신뢰의 브랜드를 개발할 수 있는 기회를 가지고 있으며, 이렇게 형성된 신뢰로 인해 대기업을 통해 생산된 제품들과 경쟁에서 우위를 가지게 된다.

❖ 이 장의 요약

창업의 시작은 고객을 파악하고 규정하는 것에 있다. 우리가 만나게 될 고객은 그렇게 단순히 농산물을 최종 소비하는 소비자뿐만 아닌 농산물을 구매하여 가공하거나 유통시키는 도매상과 소매상 같은 중간상도 될 수 있고, 또한, 농산물을 식재료로 사용하는 음식점도 우리의 고객이 될 수 있다. 그러므로 단순히 최종소비자만을 생각하고 창업 활동을 하기보다는 고객의 범위를 조금 확장해서 본다면, 그에 맞는 전략이나 방법론을 적용할 수 있는 효과적이며, 폭넓은 고객을 이해하는 데 도움이 될 것이다.

이처럼 고객을 이해하는 것은 매우 중요하며 이것은 제품/서비스에 대한 고객의 니즈와 제품/서비스를 구매하려는 의도를 파악하려는 것을 의미한다. 먼저 고객을 파악해보아야 하는데, 고객을 확인하는 것에는 세 가지를 기본적으로 고려해야 한다. 첫째, 고객 기반을 확인하기 위해서는 농촌창업 농가의 농산물에 대한 잠재적 구매자들의 다양한 특성들을 고려해야만 한다. 둘째, 이러한 고객들이 어디에 있는지를 파악해야만 한다. 셋째, 농촌 창업가가 고객들에게 접근할 수 있는지를 고려해 보아야 한다.

고객을 이해하는 데에는 소비자 행동은 물론 심리도 분석해봐야 한다. 겉으로 드러나는 구매 행동만으로는 소비자 행동을 모두 설명하기 부족하기 때문이다. 또한, 소비자들이 의사결정을 하는 과정은 간단하지 않아서, 고객에 따라 달라지며, 같은 고객이라도 어떤 상품을 구매하느냐에 따라 달라지고, 같은 고객이 같은 상품을 구입한다고 해도 어떤 상황이냐에 따라 달라지기 때문에 소비자의 구매 의사결정과정을 파악하는 것이 필요하다.

무엇보다도 농업경영을 성공적으로 유지하기 위해서는 고객의 신뢰가 형성되어야 한다. 신뢰는 소비자들이 구매한 식품에 대한 안전과 관련된 분쟁이 자주 일어나는 유기농산물과 직접 마케팅의 경우 특히 중요한 이슈이다. 그러므로 창업을 준비하는 중소농업인들은 소비자들과 함께 신뢰의 브랜드를 개발해야 한다. 신뢰를 강조하는 것은 직접 마케팅에 의존하는 경향이 두드러지는 소규모 유기농 생산자들에게는 꼭 필요한 조언일 것이다.

더 생각해 볼 문제

1. 고객의 신뢰를 형성하기 위한 자신만의 방법을 생각해 보자.

2. 고객의 범위를 규정하고 고객에게 도달할 수 있는 방법을 생각해 보자.

3. 책에서 소개된 학교나 음식점 이외에 중간 연결자로의 역할을 할 수 있는 고객들에 대하여 생각해 보자.

사소한 곳에 답이 있다. - 무서운 개를 키우는 술집

춘추시대 송나라에 술을 잘 만들어 파는 장씨라는 사람이 살고 있었다. 장씨는 매우 성실한 사람으로 술을 팔면서 한 번도 중량을 속여서 팔지 않았다. 또 손님들을 맞이할 때는 친절했고, 술을 판다는 "주"라는 깃발을 높이 세워 멀리서도 잘 볼 수 있게 했다. 술도 정성껏 빚어서 걸렀으므로 장씨의 집에서 파는 술은 언제나 향기가 그윽했다. 그런데 언제부터인지 하루 종일 기다려도 손님은 오지 않고 걸러 놓은 술은 쉬기가 일쑤였다. 술을 파는 가게 앞은 아침 일찍 일어나 깨끗하게 청소를 했다. 그가 하는 일이라고는 가게 앞에 좋아하는 커다란 개를 묶어 놓고 장난을 하는 것뿐이었다.

"대체 손님이 오지 않는 까닭이 무엇일까? 나는 누구보다도 친절하고 술도 좋은 술을 팔고 있다. 손님들을 항상 웃으면서 맞이하고 있다. 그런데 술을 사러 오는 손님이 없으니 이해를 할 수가 없구나." 장씨는 손님이 오지 않는 이유를 괴이하게 생각하다가, 그 지방에서 가장 박식한 사람으로 소문이 파다한 양천을 찾아갔다. 양천은 장씨의 말을 듣고 이것저것 생각나는 대로 질문을 했다. 장씨는 양천이 묻는 대로 소상하게 대답했다. 가게 앞에서 개를 키운다는 말도 했다.

"너희 집 개가 무섭지 않는가?" 양천이 눈살을 찌푸리고 있다가 장씨에게 물었다.

"무서운 편입니다. 그러나 묶어 놓았기 때문에 사람을 물지는 않습니다."

"개가 무서워서 너희 집 술이 팔리지 않는 것이다." 양천이 단정을 짓듯이 말했다.

"어르신, 개가 무서운데 어찌 술이 팔리지 않는 것입니까?" 장씨가 어리둥절하여 물었다.

"술은 어른들이 직접 사러 다니지 않고, 아이들에게 돈을 주어 술 항아리를 들려서 술을 사오라고 시키는 일이 많은데, 개가 아이들에게 달려드는 경우가 있다. 이것이 술을 쉬게 하고 술이 팔리지 않게 하는 이유다. 나라에도 개와 같은 대신들이 있다. 현자가 큰 포부를 품고 나라의 군주에게 쓰이고 싶어도, 대신은 무서운 개와 같이 물어뜯으려고 한다." 양천의 말에 장씨는 크게 깨달았다. 그는 즉시 집으로 돌아와 개를 치웠고, 그때부터 손님들이 밀어닥치기 시작했다. 장씨는 좋은 술을 팔고 친절했기 때문에 금방 부자가 되었다.

이수광 저, 〈부를 이루는 상술〉 중에서

제 3 편

농촌창업의 응용

Ⅰ. 전략적으로 접근하라

Ⅱ. 왜 소통해야 하는가?

I

전략적으로 접근하라

시장세분화 및 표적시장의 선정과 포지셔닝이 이루어졌다면, 서서히 세분시장 마케팅전략의 윤곽이 잡히고, 이 때 창업자는 실제 시장에서 타사제품과 효율적으로 경쟁하기 위한 구체적인 마케팅 활동들을 고민해야 한다. 이것은 바로 창업목표를 달성하기 위한 마케팅 믹스를 결정하는 것이라 볼 수 있다. 이러한 활동을 마케팅 믹스 전략 수립이라고 말하며, 요즘 같은 경쟁적 경영환경 속에서는 전략적 접근이 반드시 필요하다. 먼저 전략이란 기업이 외부환경의 기회와 위협에 대해서 기업 내부 자원과 기술을 적용하여, 경쟁우위를 개발하거나, 또는 적극적으로 자기 기업에 유리하도록 환경을 변화시키는 활동을 말한다. 이 장에서는 창업 경영에서 중요하게 다루어지는 마케팅 믹스를 기반으로 한, 전략적 접근과 함께 창업에 유용한 전략들을 소개하기로 한다.

마케팅 믹스는 창업자가 표적시장에서 창업목표의 달성을 위하여 사용하는 실질적인 마케팅 도구를 의미한다. 마케팅 믹스는 통상 4P로 불리며 제품(product), 가격(price), 촉진(promotion), 유통(place)으로 구성되며 이를 효과적으로 조합하는 것이 창업 활동에 중요한 과제이다.

마케팅 믹스 중 제품은 가장 기본적인 창업 도구로서 표적시장에 내놓는 유형적 제공물을 의미한다. 가격은 고객이 자사 제품을 구매할 때, 대가로 지불하는 금액을 말하며, 촉진은 자사 제품의 장점을 알리고 표적시장의 고객들이 그것을 구매하도록 설득시키는 여러 활동을 말한다. 또한, 유통은 자사의 제품이 표적시장의 고객들에게 쉽게 도달될 수 있도록, 고객이 원하는 제품을 원하는 시간대에 원하는 장소에서 공급받을 수 있게 하기 위한 여러 활동을 의미한다.

1. 경영전략

전략 유형에 관한 연구 중 가장 주목할 만한 것은 Porter의 본원적 전략을 들 수 있다. 본원적 전략에서 언급한 경쟁적 우위를 획득하기 위한 본원적 전략은 세 가지로 구분이 가능하다.

본원적 전략은 경쟁기업에 대한 전략적 우위 요소와 경쟁적 범위라는 두 가지 차원에 의해 분류가 된다. 기업이 보유할 수 있는 전략적 우위 요소로는 경쟁기업에 대한 전반적인 비용우위와 경쟁기업제품에 대해 차별적인 특징을 보유하는 것으로 볼 수 있다. 더불어 경쟁적 범위란 기업이 차지하고자 하는 시장의 범위를 의미하며 기업이 전체시장을 표적시장으로 선택하느냐, 아니면 부분시장만을 표적시장으로 선택하는가를 결정하는 것이다. 이러한 두 가지 차원으로 본원적 전략은 원가우위전략, 차별화 전략, 집중화 전략으로 구분이 가능하고, 집중화 전략은 다시 원가우위 집중화 전략과 차별적 집중화 전략으로 구분이 가능하다..

(1) 원가우위전략

원가우위전략이란 기본적으로 전반적인 비용상의 우위를 목표로 하고 있으며, 여러 가지 기능상의 정책들을 통하여 특정 시장에서 원가우위를 달성하는 것이다.

• 원가우위를 달성하는 방법

① 규모의 경제성을 누릴 수 있는 설비에 투자

② 경험의 축적을 통한 원가절감을 추구

③ 원가와 총경비의 철저한 통제 및 이윤을 내기 어려운 거래의 회피

④ 연구개발이나 서비스 판매 요원, 광고 등의 분야에서 원가를 최소화

• 원가우위전략의 잠재적 위험성

① 과거의 투자나 교육훈련을 무력화시키는 기술상의 변화
② 모방에 의해서나 또는 최신시설에 대한 투자에 의해서 산업에의 신규 진입자나 추종자들이 저원가를 이룩한 기술이나 방법을 습득한 경우
③ 지나친 원가절감에 치중함으로써 생산과 마케팅의 변화에 둔감해지는 경우
④ 경쟁기업의 상표 이미지나 기타 비가격 경쟁 요소를 상쇄하기에 충분한 가격 차이를 보장해 주던 기업의 능력 감소

(2) 차별화 전략

차별화 전략은 제공하는 제품이나 서비스를 차별화함으로써 산업 전반에 걸쳐, 그 기업이 경쟁제품이나 서비스에 비해 구매자에게 독특하다고 인식될 수 있는 그 무엇을 창조하는 전략이다. 농촌 창업가에게는 자신이 시장에 출하하고 있는 제품의 특성 중에서 어떠한 형태로든 다른 제품에 비해 좋은 점을 극대화하여 소비자에게 좋은 점을 부각시키려는 경영활동을 차별화 전략이라고 할 수 있다. 흔히 사용되는 차별화 전략으로는 품질 차별화에서부터 가격 차별화, 상표 이미지로 인한 차별화, 기술의 차별화, 고객에 대한 서비스 차별화, 디자인의 차별화, 그리고 광고를 통한 촉진의 차별화에 이르기까지 다양한 방법이 사용된다. 하지만 차별화를 하면서 꼭 어느 한 가지의 전략만을 고집할 필요는 없다. 사업 여건이 가능하다면 여러 가지 전략을 동시에 같이 사용하는 것이 효과적일 경우가 많다. 그러나 여러 가지 전략을 동시에 사용하면 전략실행에 수반되는 비용도 같이 증가하기 때문에 가장 효과적이라 판단되는 전략부터 사용하여 소비자의 반응에 따라 사용 가능한 차별화 방법들을 점차 확대시켜 나가는 것이, 바람직하다. 우리가 흔히 사용하게 되는 차별화 방법은 품질에 의한 차별화와 가격 차별화를 들 수 있다.

1) 품질에 의한 차별화

여러 가지 차별화의 방법 중 품질에 의한 차별화는 가장 많이 이루어지고 있는 차별화 전략이라고 할 수 있다. 최근 들어 사회적으로 건강에 관한 관심이 높아지면서 흑미, 무항생제 돼지고기, 인삼 한우, 방사 유정란, 검정콩, 두유와 같은 특별한 기능성이나 무공해 농산물과 같이 식품의 안전성이나 기능성으로

차별화하는 경향이 농식품 분야에서 두드러지게 나타나고 있다.

품질에 의한 성공적인 차별화를 위하여 다음 세 가지 요건이 갖추어져야 한다.

① 경쟁자보다 나은 품질을 생산할 수 있는 기술력을 보유해야 한다.
② 소비자에게 품질 차이를 인식시킬 수 있어야 한다.
③ 소비자로 하여금 차별화된 품질에 대해서 지불하고자 하는 프리미엄이 품질 향상에 따르는 비용을 상쇄할 수 있어야 한다.

2) 가격에 의한 차별화

가격에 의한 차별화는 보통 경쟁업체보다 가격을 싸게 하여 판매하는 전략을 말한다. 가격을 낮추면 수익성이 떨어지기 때문에 경쟁자보다 생산비용이 낮다든지, 직거래를 통한 유통마진을 줄일 수 있다든지 하는 특별한 상황이 아니면, 실행하기 힘든 전략이다. 잘못 사용하면 경쟁업체들과 가격경쟁을 부추겨 서로의 수익에 있어서 불필요한 출혈을 일으키기도 한다. 그러므로 무모한 가격경쟁은 피하고 대신 다른 차별화 요소를 찾아 차별화 전략을 사용하는 것이 바람직하다고 할 수 있다.

• 차별화를 하는 방법

① 광범위한 시장조사
② 제품설계
③ 높은 품질의 원자재
④ 집중적 고객지원

• 차별화 전략의 잠재적인 위험성

① 원가우위를 채택하고 있는 경쟁기업과 가격 차이가 너무 커서 상표 애호도가 제 역할을 못하게 된 경우
② 구매자의 차별적 요소에 대한 욕구가 감소하는 경우
③ 경쟁자의 모방에 의한 차별화 효과가 상쇄되는 경우
④ 더 차별화된 제품이 시장에 진입한 경우

(3) 집중화 전략

집중화 전략이란 특정 시장, 즉 특정 구매자 집단이나 제품 라인의 일부분 또는 특정 지역을 집중적으로 공략하는 것으로 특정 시장에 대하여 원가우위전략 또는 차별화 전략을 사용하는 것이다. 집중화 전략은 광범위한 시장에서 경쟁하는 경쟁기업보다 좁은 시장을 중점적으로 공략하는 것이 보다 효율적이고 효과적이라는 것이 전제되어야 한다.

• 집중화 전략의 잠재적인 위험성

① 넓은 범위에서 경쟁하는 기업과의 가격 차이가 특정 시장에 집중하여 얻은 원가상의 이점과 차별화를 상쇄하는 경우

② 특정 시장과 시장 전반이 요구하는 제품 및 서비스 간의 차이가 감소하는 경우

③ 경쟁기업이 특정 시장 내에서 더 좁은 범위의 집중화 전략을 채택함으로써 어중간한 상태로 밀려나는 경우

2. 브랜드전략

(1) 농업 분야에 브랜드가 필요한 이유

사회 각 분야가 지식기반, 디지털 시대로 변화되면서 기업은 브랜드 자산에 더욱 주목하기 시작했다. 실제로 제품뿐만 아니라 서비스, 매체, 소매점, 사람까지도 브랜드화되고 있다. 이러한 변화는 농업 분야에도 예외가 아니다. 각종 농산물이나 농가공품에도 브랜드를 부여하여 공동브랜드 및 개별브랜드를 개발하고 있다.

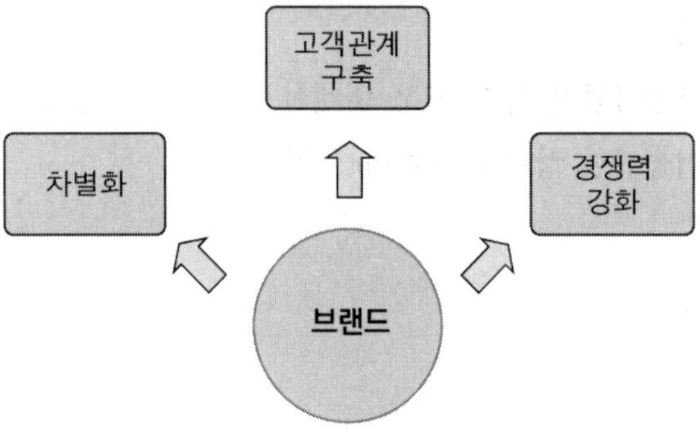

[그림 3-Ⅰ-1] 농촌창업에서의 브랜드

농업 분야에 브랜드가 필요한 첫 번째 이유는 차별화이다. 농산물 시장의 경쟁이 심화되면서 제품을 차별화하는 한 가지 방법으로 브랜드를 꼽고 있다. 생산자 차원에서는 자신의 상품을 차별화하는 전략으로 브랜드를 선택하고 있다. 두 번째 이유는 브랜드를 통한 소비자와의 관계 구축이다. 다양한 유통 채널이 형성되고 직거래의 기회가 증대되면서 소비자와의 거리가 가까워짐에 따라 브랜드화를 통한 소비자와의 관계 구축이 가능해졌다. 소비자는 상품을 구매하는 선택기준으로 브랜드를 활용하고 있으며, 이러한 브랜드를 통해 소비자는 해당 상품을 더 잘 기억하게 되고 구매에 대한 경험을 바탕으로 해당 농산물 브랜드에 대한 긍정적 이미지를 떠올리게 된다. 이처럼 브랜드를 통해서 궁극적으로 소비자의 해당 브랜드에 애호도가 형성되어 소비자와의 지속적인 관계가 구축되는 것이다.

마지막으로, 농업 분야에 브랜드가 필요한 이유는 FTA와 같은 농산물시장 개방에 따른 수입 농산물에 대한 경쟁력 강화를 들 수 있다. 브랜드는 제품이 가진 속성뿐만 아니라 소비자에게 가치를 더해줌으로써 소비자에게 더 큰 혜택을 줄 수 있고, 이로 인해 기업 또한 브랜드로부터 발생하는 추가적인 이윤을 확보하여 궁극적으로 수입 농산물과의 경쟁우위를 가져다줄 수 있다는 것이다. 이러한 여러 가지 이유에도 불구하고 현재의 농산물 브랜드에는 몇 가지 문제점들이 엿보인다.

① 브랜드 네이밍이나 포장디자인 개발과 같은 단순한 작업을 위주로 하고 있다.
② 개발브랜드의 상표 미등록으로 법적 보호를 받지 못하고 있다.
③ 차별화된 개념 없이 원산지명 위주의 브랜드 개발만 하고 있다.
④ 브랜드의 지속적 관리가 미흡하다.

이러한 문제점들을 보완하기 위하여 농촌 창업가들은 브랜드와 브랜드전략에 대한 깊은 이해가 요구된다.

(2) 브랜드란 무엇인가?

이전에는 '로고=브랜드'라는 공식이 상식처럼 여겨지던 시대가 있었다. 그뿐만 아니라 아직도 많은 기업들은 브랜드를 만들면서, 브랜드 이름을 만들고, 새로운 로고를 잘 디자인해서 제품 위에 붙이면 브랜드가 된다고 생각하고 있다.

분명 브랜드 네임, 로고, 제품의 디자인 등은 브랜드를 구성하는 중요한 요소다, 하지만 이것만 잘한다고 해서 진정한 브랜드가 되었다고 하기에는 무리가 있다. 어떻게 보면 로고는 상징물에 불과하다. 중요한 것은 이러한 상징이 나타내고자 하는 '그 무엇' 즉, 브랜드가 가지는 가치관과 이미지일 것이다. 그 무엇을 확실히 나타내고자 하는 것이 궁극적으로 브랜드를 제대로 알고 있는 것이 된다.

그렇다면 브랜드란 무엇인가? 기본적으로 판매자와 구매자가 식별하고 양측을 위해 가치를 창출하는 것이 브랜드이다. 브랜드는 브랜드 소유자가 수익을 창출하는 길이다. 그러나 브랜드를 소유하는 것은 기업도 될 수 있고 소비자도 될 수 있다. 흔히들 브랜드 전문가들은 같은 제품이라도 구매하는 소비자가 어떤 브랜드 제품에 얼마나 프리미엄 가격을 지불하고 구매하려 하는지를 알아보는 것이 브랜드 가치 판단의 유일한 방법이라고 말한다. 물론 이미 브랜드가 부착된 제품에서 브랜드를 제거하는 것은, 말이 안 되므로 이것을 실천해 보기는 힘들다.

또한, 브랜드에 대한 여러 가지 정의가 많이 나와 왔다. '브랜드'란 단어를 두고 각계각층에서 다양한 의견이 나오고 있다. 거의 날마다 새로운 정의가 쏟아져 나오고, 끝도 없이 장황한 설명을 늘어놓는 사람들도 많다. 다시 말해, 사람들은 필요할 때마다 '브랜드'의 의미를 적절하게 만들어 낸다. 브랜드는 상품이나 서비스를 소비자와 연결해 주는 하나의 약속이다. 브랜드는 단어, 이미지, 감정 또는 이 세 가지가 모두 혼합된 형태일 수 있으며, 어떠한 형태로 나타나든 상관없이 특정 자동차, 카메라, 시계, 청바지, 은행, 음료수, TV 방송사, 기업, 유명인사 또는 국가를 생각하거나, 그 이름을 들었을 때 우리의 머릿속에 떠오르는 정신적인 연상과정이다.

1) 구분의 역할

브랜드의 어원적 기원[4]에 대해서는 다수 학자들의 의견이 분분하지만, 다음과 같이 크게 두 가지로 정의하고 있다. 16세기 초 영국의 위스키 제조업자들이 자신의 위스키와 다른 업자의 위스키를 구분하기 위해 위스키 나무통에 인두로 낙인을 표시했다. 하지만 유력한 브랜드의 유래는, 브랜드는 목장 주인이 자기 소유의 소를 분명히 표시하기 위해 소 엉덩이에 불로 지진 낙관을 찍어 놓는 것에서 시작되었다. 이 낙관에는 보통 목장 주인의 이름 이니셜이 들어가 있는데, 자기의 소와 타인의 소를 구분 지어주는 목장주의 이름과 낙인의 생김새 등이 초기 브랜드 구성요소들인 셈이다. 그것이 바로 우리가 흔히 BI로 말하는 브랜드 아이덴티티이다. 초기의 브랜드 개념은 이처럼 타인과 나를 분명하게 구분 짓는 역할을 하는 브랜드 아이덴티티의 개념이었다.

---

4) 브랜드의 어원적 기원 : 미국에서 남북전쟁(1861~1865)이 끝났을 때 텍사스의 목장에만 약 500만 마리의 소가 있었다. 북부 시장에서의 소 가격이 오르자, 남부에서 북부로 소 떼의 대이동이 시작되었다. 각 목장을 대표하는 카우보이들이 소 떼를 몰고 갔다. 목장 주인들은 자기 소와 남의 소를 구분하기 위해 소에 소인(燒印) 표시를 했다. 이것이 바로 브랜드의 탄생이다.

2) 평가의 역할

시간이 흐르면서 좀 다른 개념, 즉 자기 소와 타인의 소를 구분짓던 역할에 그 소에 대한 평가 개념이 추가되었다. 사람들이 이 목장의 소를 맛보고, 길러 보고 하면서 다른 목장의 소와 차이점을 발견한 것이다. 이렇게 소비자에 의해 인지된 이 목장 소와 저 목장 소의 차이점에 대한 인식이 브랜드에 심어지게 된 것이다.

브랜드 이름이 어떠한 연상 작용을 일으키는지 제주도를 예로 들어 보자. 물론, 제주도는 우리나라의 커다란 섬이자 하나의 도 이름이지만, 심리상태를 반영한 브랜드가 될 수도 있다. 어떤 사람이 제주도에 간다는 말을 듣는 순간, 내 머릿속에서는 제주도에 해당하는 폴더가 클릭되면서 따듯한 날씨, 맑은 하늘, 멋진 골프 코스와 야자나무, 제주도의 푸른 바다, 세계 자연 7대 경관과 한라산 등이 줄지어 떠오른다. 아마 내 친구의 머릿속에 저장되어 있는 제주도 폴더에는 아침 비행기 할인 티켓, 올레길 주변의 마을, 테디베어 박물관에 가려는 아이들로 시끌벅적한 공항, 그리고 문자 그대로 신기한 도깨비 도로 등이 떠오를지 모른다. 좋은 브랜드라면 위의 다양하고 긍정적인 이미지를 되도록 사람들에게 심어주기 위해 가능한 모든 노력을 기울여야 한다.

그렇다면 왜 많은 경영자들이 브랜드에 집착하는 것일까? 여기에 대한 해답은 오늘날과 같이 고도의 정보화, 디지털화, 글로벌화되고 다양화된 시장 환경에서 기업이 살아남기 위해서는 무엇이 필요한지에 대한 질문이 선행되어야 할 것이다. 우선 정보 인프라 구축이나 물류의 통합적 배송시스템 구축, 그리고 다양한 제품생산을 위한 진보된 생산설비 등이 필요할 것이다. 그러나 점점 이러한 시설이나 시스템의 기술이 상향 평준화되면서, 다른 무언가가 필요하게 되었으며, 그 대안은 무엇보다도 강력한 브랜드 구축이 필요하다고 할 수 있다. 앞에서 설명하였듯이 브랜드는 기업과 제품을 경쟁자와 명확하게 구별시키며, 그 자체로써 소비자의 구매 의도 혹은 구매 행동에 영향을 미치게 된다. 과거 제조 공정 라인에서 품질관리 전문가들에 의해 주도되었던 경쟁 기술이 평준화되고 경쟁이 치열해지면서 브랜드라는 이름은 제품에 부여된 물리적, 심리적 가치를 담아 기술이나 가격경쟁의 치열한 싸움을 대신하고 있는 것이다.

3) 브랜드가 중요해진 이유

이처럼 소비자들의 욕구 충족의 기준을 심리적인 차별화에 두고, 이상적인 제품을 연상하게 함으로써 자사 브랜드 이미지를 높이고, 궁극적으로는 브랜드 선호도를 증가시켜, 소비자의 구매로 연결시키는 것이 브랜딩 전략의 궁극적인 목적이다. 마케팅의 관점에서 볼 때, 브랜드가 중요해진 이유는 다음과 같다.

① 대량생산체제와 유통기관들의 대량 유통체제가 확립됨에 따라 제품 자체의 차별화는 한계점에 이르게 되었다.
② 물질적인 풍요 속에서 선택의 자유를 누리게 된 소비자들의 구매 행태 또한 더욱 개성화, 감각화, 다양화되었다.
③ 시장구조는 양적으로나 질적으로나 큰 변화를 겪고 있다.
④ 품질이나 가격에 의한 차별화로는 더 이상 소비자들에게 자사 제품의 우수성을 설득시키기 어렵게 되었다.
⑤ 브랜드나 기업 자체의 이미지가 중요한 구매 결정 요인으로 부각하게 되었다.

최근 들어, 브랜드의 가치가 크게 주목을 받게 된 이유는 이러한 복합적인 시장 환경에서 각 기업들이 제품 자체의 개발과 더불어 시장점유율 향상의 방법으로 새로운 제품 이미지의 창출이 필요하게 되었기 때문이다. 즉, 제품의 외견이나 디자인 또는 광고, 판촉 활동 등에 의해 브랜드 이미지의 차별화를 도모하고자 하는 현상이 일반화된 것이다. 이처럼 브랜드를 마케팅의 주요한 수단으로 활용하여 시장에서 선도적 지위를 확보하고자 하는 것이 바로 브랜드 마케팅이다.

제품만이 가진 특·장점을 찾아서 강조해 오던 시대는 지나고, 이제는 제품 간의 기능적 차이점이 점점 줄어들면서 각각의 브랜드가 차별적 이미지를 만들어야 경쟁력을 가질 수 있다. 이전의 제품에만 집착해오던 시대는 지나고, 오늘날은 브랜드에 관한 관심이 증가하고 있는 것이다. 차별화전략이라는 것은 다른 제품이나 서비스와는 다른 무언가를 제공하는 가치제공의 전략을 말한다.

초기 자본주의 시장에서는 대량 생산체제의 소품종 대량생산 시대였다. 그냥 제품이 있으면 소비자가 사용하는 시대였다. 즉 기업 〉 소비자 관계였다. 그러나 자본주의가 성숙하고 소비자의 소비수준이 오르면서 다품종 소량생산 시대가 된 것이다. 소비자의 욕구와 수준에 맞지 않으면 제품을 팔 수 없는 경쟁시대에 오게 된 것이다. 즉 기업 〈 소비자 관계가 된 것이다. 여기에 등장한 것이 '브랜드전략'이다. 워낙 기술력이 비슷해지고, 다양한 제품들이 비슷하게 출시되다 보니, 소비자는 제품 자체의 기능과 서비스에서는 별로 효용가치를 느끼지 못하게 된 것이다. 그러다 보니, 같은 제품이어도 '어느 브랜드'의 것을 사용한다는 효용가치를 인식시키는 것이 중요하게 되었고, 이때부터 마케팅의 중요성이 더욱 강조되기 시작했다.

<해외사례> - 옐로우 테일 와인

브랜드를 통해 제품을 차별화하고 새로운 시장에 들어가 성공한 대표적인 사례로 "옐로우테일"이라는 호주산 와인의 예를 들 수 있다. 옐로우테일의 경우 마케팅의 차별화를 통해서 고객의 숨은 욕구를 끌어내 새로운 시장을 만들어 냈다. 와인은 어떤 느낌인가? 왠지 격식 있고, 비싼 술 같다. 미국의 젊은이들은 그래서 맥주를 선호한다. 하지만, 옐로우테일 와인은 쉽고 재미있는 술이라는 콘셉트로 젊은이들에게 적극적으로 홍보하기 시작했고, 와인에 대한 감추어진 욕구가 있었던 미국의 젊은이들에게 와인 소비량이 증가하기 시작한 것이다.

〈호주_대표_캐주얼_와인_옐로우테일〉

옐로우테일은 세계 최대의 와인시장 미국을 대상으로 대학생 등 와인의 주요 소비층이 아닌 새로운 고객층을 표적으로 개발하여, 호주의 아름다운 자연환경과 캥거루라는 호주의 대표 이미지를 결합한 브랜드가 탄생한 것이다. 옐로우테일은 노란 꼬리라는 뜻으로 실제 호주에 사는 다리와 꼬리에 노랑 무늬가 있는 캥거루과의 왈라비라는 동물의 애칭이다.

와인 초보자도 자신이 원하는 와인을 쉽게 선택할 수 있게 상품 디자인을 단순화시키고 복잡한 와인의 맛을 색으로 표시해서 초보자도 쉽게 품종과 용도를 구별하고 접근할 수 있도록 디자인하였다. 1년에 두세 번 마시는 일반인도 기억하기 쉬운 이름, 생동감이 있는 노란색 캥거루 라벨로 호주의 특성을 각인시킨 것이다.

2001년 미국으로 수출되는 호주 와인 중 수출량의 절반 이상을 차지하여 호주의 와인산업 성장을 견인하였다. 오늘날 옐로우테일은 와인에 대한 수요가 적고, 대부분 프랑스, 칠레 와인이 주류를 이루고 있던 우리나라에서도 와인시장의 입지를 넓히고 있다.

브랜딩은 오늘날 시장에서 아이템의 성공과 실패를 결정하는 아주 중요한 요인 중의 하나이다. 브랜드는 제품이나 기업의 정체성을 확립하고 경쟁으로부터 자신을 차별화시키기 위한 이름, 문자, 상징, 디자인의 조합이라 할 수 있다.

농업 창업자들에게 이러한 브랜드는 새로운 제품을 런칭하거나 시장 포지션을 보호하려 할 때 유용하다. 또한 제공 범위를 넓히거나 새로운 브랜드 카테고리로 들어가려 할 때, 사용할 수 있도록 브랜드에 관한 관심과 노력을 재차 강조한다.

(3) 브랜드가 주는 이점

브랜드는 아래의 세 가지 이유에서 이점이 있다.

1) 차별화

브랜드는 제품을 구매하는 고객들에게 구매에 대한 명백한 이유를 제공한다. 만약 이러한 이유가 존재하지 않는다면, 바꿔 말해 브랜드가 없다면 단순히 설탕이나 밀가루와 같은 원료제품이거나, 단지 가격이 가치를 측정하는 유일한 수단이 될 것이다. 하지만 중소기업은 대기업보다 자금력이 떨어지기 때문에 가격경쟁에서 살아남기 어렵다. 그러므로 제품과 서비스를 차별화하는 것이 필요하다. 이러한 차별화를 가져오는 것이 바로 브랜드이고 차별화가 브랜드의 이점이라 할 수 있다.

2) 가치제공

고객들은 흔히 브랜드가 있는 제품을 브랜드가 없는 제품보다 품질이 좋고 믿을 수 있는 더 좋은 가치를 가진 제품으로 인식한다. 제품 카테고리에서 넘버원 브랜드는 넘버 투 브랜드보다 10% 이상의 가격 프리미엄을 요구할 수 있고, PB상품[5]보다는 40% 이상의 프리미엄을 받을 수 있다. 이러한 가격 프리미엄은 브랜드 텍스(brand tax)로 알려져 있다. 가격 프리미엄을 받을 수 있는 이유는 강력한 브랜드를 가진 제품을 구매할 경우, 고객들이 가질 수 있는 구매에 대한 실패나 불확실성을 감소시켜준다고 여기기 때문이다.

3) 브랜드 충성도 형성

잘 만들어진 브랜드는 브랜드에 대한 추종자를 만든다. 흔히들 "나는 이 브랜드 옷만 입어.", "여기 음식이 나한테는 잘 맞아."라고 생각할 때가 있다. 이러한 고객들은 반드시 다음 구매에도 특정 브랜드를 지속적으로 선택하게 된다. 이것이 바로 브랜드 충성도인 것이다. 이처럼 브랜드 충성도는 특정 브랜드를 재구매하거나 재이용하여 지속적인 이윤을 바라볼 수 있게 한다. 지속적인 판매는 새로운 고객을 창출하는 것보다 90% 정도의 적은 비용이 든다.

<해외사례> - 하와이 커피 농가

농촌 창업가들을 위해, 농작물이나 농가공품에 추가적인 가치를 부여하는 것은 수익성을 만드는 전략을 제시하는데 있어, 특히 중요하다. 실제로 하와이의 소규모 농가들은 이전까지 도매시장에 생산물을 팔아 수익을 창출하는 기본적인 형태였다. 그 때문에 하와이의 대부분 소규모 농가들은 장기적인 생존에 필요한 추가적인 가치를 부여하는 전략은 필수적이라 할 수 있다.

예를 들어, 단순히 커피 체리(커피의 원료가 되는 과실)를 기르고 수확하는 커피 농가는 지역에 그대로 판매하기 때문에 생산비용에 못 미치는 금액으로 커피 체리를 판매하게 된다. 이렇게 생산에 드는 경제적 비용 모두를 충당하지는 못하기 때문에 항상 영세함을 못 면하게 되고 커피 농가는 지속적인 영농을 하지 못하는 것이다.

5) PB상품 : 유통업체가 자체 브랜드로 제작하는 상품을 말한다. 제조업체에 생산을 의뢰한 다음 유통업체의 상표를 붙여 판매된다. 자체개발상품(Private Label Product)이라고도 하며 줄여서 PL상품이나 OL상품(Own Label Products) 등으로 불린다.

〈감칠맛 나는 하와이 코나 커피〉

그러나 생산자들이 도매상에게 즉시 팔기보다는 여러 다른 방법을 가진다면, 더 나은 수익 창출이 가능하다. 하와이의 한 커피 체리 생산 농가는 커피 체리 과육을 제거하고 씻어 말린 후, 커피콩을 내과피만 있는 상태로 판매할 수 있다. 과육을 제거하고 건조 시킨 상태로는 생과 상태보다 더 오랫동안 보관할 수 있다는 장점이 있다. 이런 상태의 커피를 판매함으로 인해 커피를 생산에 있어 추가적인 수입을 얻을 수 있다. 그래서 현재 이 농가는 수확한 커피에 추가적인 가치를 부여하고 있다. 현재 이러한 시도는 많은 농가들로 번져가고 있고, 추가적으로 내과피도 제거하여 생두의 형태로 팔기도 하고 생두를 볶은 후 포장하여 농장 커피(estate coffee)의 형태로 직접 판매하기도 한다. 농장 커피(estate coffee)는 어느 특정 농장에서 수확되는 커피를 지칭하는 것으로, 보통 우리가 말하는 콜롬비아 커피, 브라질 커피 등과는 다른 개념의 커피이다. 흔히 브라질 커피라 하면 브라질의 많은 커피 농가들에서 수확된 커피를 중간 상인들의 모아서 품질 등급을 매겨 소비자에게 유통시키게 된다. 이 경우 브라질 전 지역 커피의 평균적인 맛이지만, 각 지역 특성별로 독특한 맛을 브랜드화하지 못하는 것이 대부분이다. 커피의 향과 맛은 각 농장의 토질, 기후, 재배 방법, 수확 방법, 보관 방법에 따라 현저히 차이가 나기 때문에 농가별로 농장 커피를 만들어내는 것은 향과 맛의 차이가 커피산업에 있어 중요한 사항으로 고려 되어지고 있다. 실제로 요즘 커피 애호가들은 입맛에 맞는 독특한 농장 커피를 찾기 위해 많은 시간과 노력을 기울이고 있다. 또한 농장 커피는 농가만의 독특한 특징 때문에 더 많은 금액을 받고 판매되고 있다.

또한 한 커피 농가는 농가에 관광을 결합하여 커피 농장을 방문객들에게 체험하게 하여 추가적인 가치를 부여하고 있다. 이 농가에서는 커피나무의 성장, 수확, 생두 처리 과정, 배전, 포장까지 모든 것을 견학하고 체험할 수 있게 만들었다. 그리고 여기에 추가적으로 현장에 판매점을 설치하였고, 인터넷으로 추가적인 판매가 가능하게 만들어 예전처럼 중간상에서 커피 체리를 판매하던 단순한 사업모델에서 추가적인 가치를 부여하여 고수익을 창출하고 있다.

〈커피 농장에서 방문객들에게 직접 체험을 통한 판매 기법〉

(4) 브랜드 개발

성공적인 브랜드가 되기 위해서는 자사가 취급하는 제품이 명확하고, 구체적이고, 독특해야만 한다. 예를 들어, Wheaties는 건강이라는 콘셉트를 각인시켜 경쟁자들로부터 차별화된 시리얼 브랜드가 되었다. 농촌창업 기업의 제품이 효과적인 브랜드 개발로 성공을 얻기 위해서는 다음과 같은 단계를 밟아나가야 할 필요가 있다.

① 이름을 찾아라.

제품에 특화되고 쉽게 기억될 수 있는 적당한 이름을 찾아라. 그 이름은 세 글자보다 작은 것이 좋다. 너무 긴 브랜드 이름은 고객들이 기억하기에 어려움이 있다. 또한, 이러한 절차는 이름의 법적인 규제나 상표법에 저촉되는 것은 아닌지, 검색해 볼 필요가 있다. 그리고 고객이 그 이름의 매력을 느끼는지 설문이나 간단한 실험들을 통해서 측정해보아야 한다.

② 슬로건[6]을 개발하라.

쉽게 기억되거나 받아들여지는 두세 단어로 된 슬로건이 필요하다. 슬로건의 아이디어를 만들기 위해서는 고객들에게 집중해야만 한다. 왜 고객이 우리 제품을 사야만 하는가? 그들이 그 브랜드에 대해 어떤 점을 좋아할 것인가? 고객들이 경쟁자들과 어떻게 비교하는가? 슬로건은 이러한 질문에 대답할 수 있어야

6) 슬로건(slogan) : 구매 행동을 촉진시킬 목적으로 주장이나 생각 또는 상품의 특성을 장기간 반복하여 사용하는 간결하면서도 힘 있는 말 혹은 문장이다.

한다. 예를 들어, 고객들이 우리 농산물이 믿을 수 있는 바른 먹거리라서 아이들에게 먹여도 안심되어 좋아한다면 또한 이러한 점이 다른 경쟁자와 차별화가 된다면, "아이를 위한 농산물을 생산하자."라는 슬로건이 브랜드와 함께 고객들의 인지도와 선호도 상승에 도움이 될 것이다.

③ 적절한 상징이나 로고를 만들어라.

개인이나 사물의 실루엣[7]과 같이 단순해야 한다. 제품과 관련된 모든 곳에 이름과 슬로건 그리고 상징물을 사용해라. 이메일, 주문 송장, 서류 봉투, 명함, 광고 그리고 판촉물 등, 이러한 시스템은 브랜드 확장이나 브랜드 및 기업을 광고하는 데 있어 매우 효과적일 것이다.

<해외사례>-Tommies Farm(네덜란드)

〈Tommies Farm은 유리온실을 이용한 농장의 모습〉

Tommies Farm은 유리온실을 이용하여 방울토마토 품종을 주로 생산하는 네덜란드의 토마토 농장이다. 이 농가는 토마토의 새로운 품종개발을 위하여 여러 가지 품종들을 시험 재배하고 있다. 또한 생산과 포장 작업을 분리하고, 생산 못지않게 브랜드 개발에 힘을 기울이며 지속적인 브랜드 발전을 위하여 포

7) 실루엣(silhouette) : 복장의 세부적인 디자인을 제외한 윤곽 또는 외형

장에도 많은 투자를 하고 있다.

〈네덜란드 남자 아이의 흔한 이름인 TOMMIES라는 브랜드로 판매되는 상품들, 사진 : 푸르메재단〉

Tommies Farm은 스낵개념으로 과자를 즐겨 먹는 아이들에게 몸에 좋은 토마토를 스낵처럼 즐겨 먹을 수 있도록 캐릭터를 이용한 상품과 무엇보다 손에 들고 먹기 좋게 소량(125g) 포장되어 있는 것이 특징이다. 소량 포장을 통해서 토마토를 잘 먹지 않는 어린이들에게 토마토를 과자처럼 TV 앞에서 들고 먹을 수 있도록 참신한 아이디어을 낸 것이다. 그래서 위 사진과 같이 방울토마토를 쉐이크 컵에 담아 유통하고 있다. 이러한 노력이 부모들에게도 이 농장은 어린이들의 건강을 생각한다는 인식을 심어주어 신뢰를 가져오게 되는 것이다.

궁극적으로 Tommies Farm은 스낵개념의 포장과 브랜드를 개발하여 단순한 방울토마토가 아닌 안전한 채소, 편리하게 먹을 수 있는 채소를 판매하는 농가의 이미지로 자리매김하고 있다.

이제는 쌀이나 물처럼 브랜드라는 개념이 없던 제품군들도 브랜드에 따라 선택되는 시대가 되었다. 어떤 제품은 할인 또는, 서비스로 더 주면 판매율이 올라가지만, 어떤 제품은 더 큰 할인을 하거나 서비스를 더 많이 줘도 판매율이 오르지 않는다. 판단은 고객들이 하기 때문이다. 그래서 요즘 대형마트 장보기는 참 어렵다. 고르기도 힘들고, 쌀 한 포 구매하면서도 논에 오리를 풀어 친환경적으로 재배한 쌀인지, 게르마늄 쌀인지, 복분자 추출물로 물들인 붉은 쌀인지까지 고객의 눈높이와 소비수준은 매우 높아졌다. 이제는 지역과 연관된 제품을 선택하는 것에도 신중해야 한다. 예를 들어 이천 쌀이 좋다고 했다가는 큰일

나는 시대가 왔다. 이제는 이천 쌀 이외에도 수많은 쌀들이 지역적으로 생산되기 때문이다. 쌀을 구매하기 위해 한참을 고민하다, 주변 점원 아주머니가 김이 모락모락 나는 흰 쌀밥으로 유혹하는데 넘어가서 구매하기도 한다. 다음으로 아이들에게 간식으로 줄 요구르트를 선택하려고 유제품 코너에 가면 거의 머릿속이 하얘진다. 너무 많은 제품들이 다양한 이름에 알록달록한 디자인으로 자리잡고 있기 때문이다. 그냥 소주 같으면 광고하는 여자 연예인을 보고 고르겠지만, 광고 모델만 보고 요구르트를 고르기에는 우리 아이들이 맘에 걸리는 것이 사실이다. 이런 마음으로 둘러보다 보니, 여러 가지 맛의 요구르트를 번들로 묶어서 팔고 거기다가 아이들을 유혹하는 작은 장난감 하나가 붙어 있는 것이 눈에 들어왔다. 하지만 서비스를 많이 주고 사은품도 주는 것이 참 좋지만, 한편으로는 "이것은 뭔가 수상하다"라고 생각하게 만드는 것이 된다. 이처럼 저관여 품목[8]이었던 요구르트가 이제는 고관여 품목[9]이 되었으며 예전부터 불가리스가 좋다는 이야기를 들은 기억으로 불가리스 중에서도 가격이 가장 비싼 제품을 선택하게 된다.

사람들이 모두 이렇게 구매하는 것은 아닐 것이다. 하지만 다 나름 각자의 기준을 들이대고 평가를 하게 될 것이다. 이렇게 기업의 입장에서 예측하기 힘든, 이러한 소비자들 때문에 아마 골치가 아플 것이다. 어떤 제품은 선반 앞에 놓여 있다는 이유로 집어 들기도 하지만, 어떤 제품을 뒤쪽에 놓여 있음에도 불구하고 일부러 팔을 쭉 뻗어 꺼내기도 한다. 어떤 제품은 사은품이 붙어 있어 사기도 하고, 어떤 제품은 사은품이 붙어 있어서 오히려 신뢰가 가지 않기도 한다.

그 브랜드를 이용하는 사람들에 의해 브랜드 가치가 만들어지는 대표적인 예가 할리데이비슨이라는 모터사이클 브랜드이다. 할리데이비슨은 1983년 할리데이비슨을 타는 사람들이 모인 할리데이비슨 오너스그룹(H.O.G., Harley Owners Group 이하 호그)을 만들었다. 현재 호그는 전 세계 128개국에서 130만명 회원(한국 약 1,200명)이 모인 모임이 됐다. 그들은 때로는 한 도시의 회

8) 저관여 품목 : 제품에 대한 중요도가 낮고 상표간의 차이가 별로 없고, 잘못 구매해도 위험이 별로 없는 제품

9) 고관여 품목 : 제품에 대한 중요도가 높고 상표간의 차이가 크며, 잘못 구매했을 경우 위험이 큰 제품

원들과 때로는 한 국가, 혹은 전 세계에서 모인 회원들과 함께 정기적으로 할리데이비슨을 탄다. 광복절 같은 국가 기념일 혹은 이름도 생소한 UN의 날 같은 국제적인 행사에 맞춰 단체로 거리를 누비는 모터사이클의 행진을 본 적이 있다면 십중팔구는 호그 회원들이 진행한 행사였을 것이다. 또 호그는 집단적 모임 이외에도 개별적으로 할리데이비슨을 탄 경험을 나누는 게시판을 운영하기도 한다. 주목할 점은 호그가 할리데이비슨의 통제를 받지 않는, 순수하게 회원들 스스로 운영하는 모임이라는 점이다. 호그 회원들은 지역별 국가별 정기 집회를 자율적으로 기획하고 책임진다. 그뿐만 아니라, 호그 멤버십 메뉴얼(H.O.G. Membership Manual)을 만들어 할리데이비슨을 타는 사람으로서 규율을 지킨다. 도대체 왜 호그 회원들은 스스로를 제약하고, 귀찮은 일에 나서면서까지 호그 활동을 하는 것일까? 이유는 단순하다. 고객들은 호그를 통해 "함께" 할리데이비슨을 즐긴다. 할리데이비슨을 통해 끈끈한 동지 의식을 나누게 되는 것이다. 요즘이 어떤 시대인가, 한 아파트에서 엘리베이터를 나눠 타면서도 쉽게 인사를 하지 못할 정도로 사람 사귀기 쉽지 않은 시절이다. 사람들은 자신이 누리고 싶은 욕구 중 상위 개념에 속하는 소속감에 대한 욕구를 만족스럽게 채우지 못하고 있다. 이런 상황에서 호그는 고객들이 기대하지도 못했던 소속감이라는 욕구를 채워 준다. 고객은 스스로 호그에 시간과 열정을 쏟게 되고, 이는 자연히 할리데이비슨에 대한 충성도로 연결된다. 결과적으로, 브랜딩은 브랜드와 소비자를 연결시켜 주는 작업이 아닐까?

(5) 브랜드 자산

브랜드는 원래 한 기업의 상품을 다른 기업의 상품과 구별하기 위하여 생겨난 것이지만, 오늘날에는 이러한 식별기능보다도 기업의 자산으로서의 가치에 더 크게 주목을 받고 있다. 이처럼 브랜드가 기업에게 꾸준한 이익 흐름을 제공해 줄 수 있기에 브랜드를 자산이라고 부를 수 있는 것이다. 한마디로 함축하자면, 브랜드 자산(brand equity)은 브랜드가 창출하는 부가가치이다.

기업이 강력한 브랜드를 갖고 있으면, 경쟁자보다 높은 시장점유율을 올리거나 높은 가격을 받을 수도 있고, 브랜드를 다른 기업에게 라이선스(license)해 주고 로열티(royalty) 수입을 올릴 수도 있다. 또한 유통업자들이 그 브랜드를 더 많이 취급해 주고, 더 좋은 위치에 진열해주는 등의 혜택을 누릴 수 있다.

이러한 브랜드 자산의 출발점은 고객이므로, 고객의 마음속에서 브랜드 자산이 어떻게 형성되는 것인지를 이해할 필요가 있다. 즉, 고객의 마음속에서 형성되는 브랜드 자산을 구성하는 중요한 요인들은 4가지로 함축될 수 있다.

1) 브랜드 인지

브랜드 인지는 고객들이 우리 브랜드를 기억하고 있는 정도를 의미한다. 어떤 고객이 우리 브랜드를 전혀 들어본 적 없다거나 기억하지 못한다면, 그 고객은 우리 브랜드를 구입할 가능성이 전혀 없는 것이다. 그러므로 브랜드를 인지하고 있다는 것은 브랜드 자산을 구성하는 가장 기본이 되는 중요한 요인이다.

2) 브랜드 연상

소비자에게 어떤 브랜드를 구입해야 할지, 그 이유를 제공하는 것은 브랜드 이미지이다. 브랜드 이미지는 브랜드 연상이라고도 하는데, 글자 그대로 어떤 브랜드에 관련된 생각을 뜻한다. 어떤 고객이 어떤 브랜드를 들어 본 적도 없다면, 그 브랜드에 대한 어떤 생각도 없을 것이므로, 브랜드 이미지가 존재하려면 먼저 그 브랜드가 인지되어야 한다.

3) 지각된 품질

지각된 품질은 소비자가 어떤 브랜드 품질에 대한 주관적인 믿음이다. 간단히 말하자면, "저 브랜드는 품질이 좋을 것이다."라고 생각하는 것이 바로 지각된 품질이다. 실제로 모든 고객들이 보성의 녹차를 맛본 것은 아닐 것이다. 하지만 보성이라고 하면 녹차로 유명하니까 보성녹차는 품질이 좋을 거야라고 생각하게 된다는 것이다. 이것이 바로 지각된 품질이다. 즉, 소비자들이 생각하는 어떤 브랜드의 품질이 좋다면 이러한 소비자들은 브랜드의 자산도 높이 평가할 것이다.

4) 브랜드 충성도

습관적으로 어떤 브랜드를 반복적으로 이용하거나 한번 사용해봤더니 만족스러워 다시 사용하게 되는 경우가 있을 것이다. 이것은 특정 브랜드에 대한 선호도가 높아서 무조건 그 브랜드를 선택하는 등의 행동을 보이는데, 이렇게 지속적이고 일관되게 브랜드에 관련된 태도 및 행동을 브랜드 충성도라고 한다. 브랜드 충성도는 브랜드 자산에서 가장 핵심이자 상위개념으로 브랜드 관리 활동의 최종목표가 된다. 즉, 브랜드 인지도를 향상시키고 브랜드 이미지를 강화하고자 하는 브랜드 활동은 궁극적으로 고객의 만족도 및 선호도를 향상시켜 해당 브랜드에 대한 지속적 이용을 유도하기 위한 것으로 해석할 수 있다.

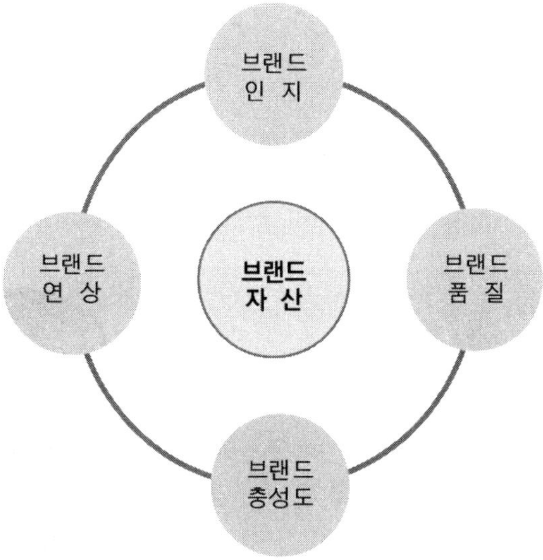

[그림 3-Ⅰ-2] 브랜드 자산의 구성요소

(6) 브랜드를 통한 차별우위

1) 브랜드화(branding)

자기 상품을 다른 상품과 구분하고 상품의 고유한 특성을 소비자에게 인식시키기 위해서 상표를 만들어 붙이는 것을 브랜드화라고 한다. 이러한 브랜드화를 통해 경쟁업체와 다른, 차별적 우위를 실현할 수 있게 된다. 즉, 고객으로부터 경쟁자의 상품과 어떤 형태로든 구별시켜야 하는 차별화 전략에 있어서 브랜드화는 매우 효과적인 방법이라고 할 수 있다. 농촌창업에 있어, 이러한 브랜드화는 크게 다음과 같은 두 가지 방법으로 요약할 수 있다.

① 개별 브랜드[10)]를 사용하는 방법

이 방법은 유기농산물 생산자들로부터 시작되었다. 개별 브랜드를 사용하는 가장 큰 이유는 신제품을 출시하였을 때, 이미 알려진 기업명이나 공동 브랜드명을 사용하는 것보다 제품을 차별화가 유리하며, 제품의 속성이나 특징을 잘

10) 개별 브랜드 : 한 농가에서 생산된 단일 제품군에 사용하는 브랜드

나타내어 각 브랜드의 이미지를 소비자에게 쉽게 전달할 수 있기 때문이다. 현재는 농가의 경영규모가 확대되면서 일부 축산물과 과실 농가에서도 시도되고 있는 방법으로 소비자들에게 농산물에 대한 신뢰를 형성하여 큰 효과를 거두고 있다.

그러나 마케팅 비용이 많이 들고 경쟁시장에서의 우위 확보에 어려움이 따르며, 지속적인 브랜드 관리가 어렵다는 단점이 존재한다. 최근에는 브랜드화의 이점을 충분히 살리면서 효과적인 브랜드 관리를 위하여 여러 농가가 공동으로 참여하는 공동브랜드가 새로운 방법으로 모색되고 있다.

〈지역명을 이용한 브랜드〉

② 지역명을 브랜드화하는 방법

이 방법은 지역 특산품이 소비자에게 잘 알려진 경우, 매우 효과적인 방법이 될 수 있다. 대부분 지역농업협동조합의 이름으로 공동판매하는 경우를 흔히 볼 수 있으며, 소비자에게 지역이나 해당 특산물에 대한 인지도를 바탕으로 제품을 브랜드화시켜 제품에 대한 소비자의 인식과 신뢰를 높여가는 방법이라 할 수 있다.

<해외사례> - 100년 전 시작된 미국 '썬키스트' 77개국에 수출하는 핫한 브랜드

중소기업 신성장 전략 공동브랜드, 해외 성공사례 영세 소상공인들이 만든 이탈리아 칼·가위 "프리막스"와 국가 프리미엄을 부여한 "스위스 레이블" 사용 위반훼손 엄격히 모니터링, 뉴질랜드 '100% 퓨어' 히트 치자, 170여 개 민간기업서 국가 브랜드 사용.

해외 공동브랜드 중에는 "스위스 레이블"과 같은 국가 브랜드에서 미국 감귤농가의 "썬키스트", 이탈리아 칼·가위 제조업체들이 만든 "프리막스" 등 성공사례가 적지 않다. 오랜 기간 운영되며 글로벌 브랜드로서 소비자들에게 선명하게 각인돼 있다.

공동브랜드의 대명사 "썬키스트"

국내 소비자들에게도 친숙한 "썬키스트(Sunkist)"는 미국 캘리포니아 및 애리조나에 있는 6000여 개 감귤농가 조합에서 출발했다. 1893년 설립된 조합은 1907년부터 생산품에 이 브랜드를 부착하기 시작했다. 태양이 입을 맞춘다(Sun-Kissed)는 콘셉트로 광고를 시작했는데 과잉 생산된 오렌지 소비를 늘리는데 기여했다.

100여 년이 지나 썬키스트 브랜드는 미국 내 오렌지의 60%, 레몬의 80%를 공급하고 있다. 2010~2015년 6년 연속 10억 달러 이상의 매출을 올렸다. 이 중 45%는 해외에서 벌어들인다. 전산이나 가공 공장 등에 투자하는 고정비는 브랜드 로열티 수입으로 충당해 조합원의 부담을 줄였다. 썬키스트는 '조합원-지구거래소-연합회' 3단계 구조로 운영된다. 지구거래소는 연합회와 조합원 간 품질관리, 주문, 출하 등 조정 역할을 맡는다. 대신 교섭창구는 연합회로 단일화해 시장 교섭력을 높였다.

썬키스트 브랜드로 판매되는 제품은 주스, 제과 혼합물 등 77개국, 700여 개 품목에 달한다. 품질 기준에 미달하는 상품을 처리하기 위해 가공산업을 발달시켰는데 브랜드 품질관리와 수익 다각화에 도움이 됐다. 과일은 생산자 출하 물량의 12.5%에만 '썬키스트' 상표가 부착된다. 세계에서 가장 오래되고 성공적인 공동브랜드 모델로 평가받고 있다.

이탈리아의 칼·가위 제조업체들도 "프리막스(Premax)"라는 공동브랜드를 통해 58개국에 제품을 수출하고 있다. 회원사는 대부분 종업원이 5~15명에 불과한 중소기업이다. 이탈리아 북부 프리마나 지역에선 300년 이상 명맥을 이어온 칼·가위 제조업체가 적지 않았다. 1970년대 가족 기업 형태의 영세 철공산업이 한계에 봉착하자 1974년 모임을 결성하고 공동브랜드를 개발했다. 40여 년이 지난 현재 회원사는 자체브랜드 혹은 공동브랜드 중 자유롭게 선택할 수 있다. 다만 엄격한 품질규준을 적용해 1등급 상품에만 "프리막스" 브랜드를 허용한다. 프리막스 생산품의 94%는 조합에 소속된 장인에 의해 생산되며, 매출은 4,000만 유로에 달한다. 이 중 84%는 해외에서 발생한다.

100% PURE NEW ZEALAND

뉴질랜드 국가브랜드를 상징하는 '펀마크'

Germany Land of Ideas

독일 국가브랜드 로고

영국 국가브랜드를 활용한 광고

La FRENCH TECH

프랑스 국가브랜드 로고

cool japan

일본 국가브랜드 로고

〈국가명을 이용한 브랜드〉

스위스=품질, 뉴질랜드=순수

성공한 "국가 브랜드"도 좋은 공동브랜드의 사례가 된다. 국가 브랜드는 특정 국가의 제품과 기업에 경쟁우위를 부여하고 구매를 촉진해 수출 확대에 긍정적인 영향을 미친다. 한국무역협회 산하 국제무역연구원의 김보경 연구원은 "최근 글로벌 시장에선 빠른 기술 모방으로 특정 제품이 장기간 우위를 유지하기 힘들어졌다"며 "그러나 국가 브랜드는 특정 국가의 기업과 제품에 대한 인지·정서적 판단 기준이 되는 강력한 고정관념으로 작용한다"고 설명했다.

"스위스 레이블"은 1917년 스위스 민간사업자들이 "Schweizer Woche(스위스 주간)"이라는 브랜드를 부착한 것이 시초가 됐다. 정부와 민간이 함께 엄격한 관리 규정을 적용하면서 스위스 기업들에 프리미엄을 부여하는 공동브랜드다. 스위스 기업 50% 이상이 자사 브랜드에 스위스 레이블을 함께 부착한다. 이 상표가 붙은 스위스산 농·축산품과 일반소비재는 20% 이상, 사치품에는 50% 이상 가격이 높다. 스위스 민법에 따라 설립된 스위스 라벨협회의 심사를 통해 운영되며 스위스 연방 중소기업청(SGV)과 스위스 연방 지식재산연구소(IPI) 등이 민사소송 제기권을 갖고 국내외 브랜드 사용 위반 사례 및 훼손 여부를 엄격히 모니터링하고 있다.

마누카 꿀 등 주력 산업인 낙농 분야의 경쟁력 강화와 관광산업 촉진을 위해 만든 뉴질랜드의 국가 브랜드 "100% Pure Newzealand(100% 순수 뉴질랜드)"도 벤치마킹할 만하다. 1999년 런칭한 이 브랜드는 "100%'와 'Pure"라는 기본 슬로건을 관광에 이어 꿀 와인 등 여러 분야로 확대 적용하고 있다. 뉴질랜드 토종 양치식물의 잎 모양을 응용한 "펀마크(Fern Mark)" 상징물은 각종 정부 정책과 기업 마케팅, 스포츠 행사에서도 사용된다.
수출액 40억달러 이상 170여 개의 뉴질랜드 민간기업이 국가브랜드 파트너로서 자사 제품에 엄브렐러(Umbrella·우산) 방식으로 국가브랜드를 사용한다.

뉴질랜드 대표 기업 최고경영자(CEO)협의회인 "브랜드 트러스트(Brand Trust)"가 국가 브랜드 제고 활동에 참여한다. 적정한 조건을 갖춘 숙박시설, 식당, 교통 등 관광 관련 업체에 한정해 "100% pure" 펀마크 사용을 허가하는 "퀼마크(Qualmark) 제도는 까다로운 등급별 관리로 대내외 신뢰도가 높다. " 펀마크 라이선스" 프로그램은 수출 실적, 수출 지속 기간 등에 대한 엄격한 심사를 통과한 제조사 수출품을 대상으로 운영된다.

〈selenmoon@hankyung.com〉, 문혜정 기자

Puget Sound Fresh(지역 공동브랜드)

Puget Sound Fresh은 12개의 Puget Sound Counties 지역(Whatcom, Skagit, Snohomish, King, Pierce, Thurston, Jefferson, Clallam, Kitsap, Mason, Island and San Juan)에서 생산되는 농산물을 지원하는 지역구매 프로그램이다. 이 프로그램에 가입된 소비자들은 2백만 명이 넘고 지역 농가들로부터 생산된 신선한 농산물들을 언제나 이용할 수 있도록 소개하고 연계하는 웹사이트를 운영하고 있다. 이 웹사이트를 통해 농가들의 이벤트나 여러 가지

농산물에 대한 정보와 뉴스거리들이 제공되고 있으며, 관련 농가와 소비자를 이어주는 여러 가지 마케팅 활동들이 포함되어 있다.

Puget Sound Fresh 프로그램의 가입자들은 크게 세 그룹으로 구성되어 있다.

① 농가 커뮤니티

지역 농가들은 지역 소매점, 도매상에 제품을 공급하기도 하고 직접 판매를 위해 광고하면서 이 프로그램에 참가한다. 농가들이 참가하는데 드는 유일한 비용은 자신들의 제품 포장에 붙이는 Puget Sound Fresh의 스티커 요금이다. Puget Sound Fresh 웹사이트에 편하게 리스트화되어 있어 소비자들에게 홍보가 가능하고, Puget Sound Fresh의 로고를 쓸 수 있도록 하는 승인과 광고, 배너 등 여러 가지 판촉물들을 사용할 수 있다.

② 소매상, 음식점, 도매상

거의 추가적인 비용 없이 그들에게는 광고에서 사용하는 로고나 배너 등을 제공 받는다. Puget Sound Fresh에 등록되어 있는 소매점이나 중간상들은 지역에서 자란 농산물을 원하는 만큼 손쉽게 구할 수가 있다. 농가들로부터 작성된 농산물 리스트가 이용 가능한 물품 리스트를 제공하고 있으며 지속적으로 업그레이드된다.

③ 소비자

소비자들은 Puget Sound Fresh의 웹사이트나 미디어 광고들을 통해서 프로그램에 참여하고 필요한 정보를 얻는다. Puget Sound Fresh의 로고가 있는 농산물을 사용함으로써 믿을 수 있는 지역농산물을 구매할 수 있고 또한 이것은 궁극적으로 지역 농가를 도와주는 일이라 할 수 있다.

Puget Sound Fresh 공동브랜드 프로그램의 성공으로 인해 얻는 지역 농가들의 이득은 아래와 같이 정리해 볼 수 있다.

① 소비자의 인지도 상승

소비자들 사이에 지역에서 생산된 농산물에 대한 인지도가 상승하게 된다. Puget Sound Fresh 로고가 붙은 요구르트나 치즈가 Puget Sound Fresh 로고가 없는 동일한 제품보다 더 빨리, 그리고 많이 판매가 되었다. 이것은 공동브랜드에 대한 소비자의 인지도 상승과 함께 신뢰가 형성되어 가고 있다고 볼 수 있다.

② 가격 프리미엄 획득

공동브랜드가 붙은 농산물도 높은 가격으로 판매가 가능하다. Puget Sound Fresh 상표가 붙은 양상추는 일반상표의 양상추에 비해 두 배나 비싼 가격에 팔리고 있다. Puget Sound Fresh 프로그램 가입을 통해서 평균적으로 10%~30%까지 매출이 증가하였다.

③ 안정적 공급망 형성

공동브랜드를 이용함으로 인해 안정적인 공급망을 가지게 된다. Puget Sound Fresh 프로그램에 가입되어 있는 소매점이나 음식점들에게 안정적인 공급을 통한 고정수입을 얻고 있다.

④ 추가적인 수입원 창출

생산되는 농산물에 대한 인지도와 함께 농장에 대한 인지도도 상승하여 Puget Sound Fresh 웹사이트를 통해 농장에 직접 방문하는 소비자들도 늘고 있다.

〈Puget Sound Fresh 웹사이트〉

3. 가격전략

기업의 마케팅 담당자는 가격 결정을 위해서 가격 결정의 기본구조에 대한 고찰이 필요하다. 이를 위해서는 가격의 개념과 가격 결정의 고려 요인들에 대한 이해가 선행되어야 한다.

(1) 가격이란 무엇인가?

가격의 개념은 경제학적인 관점과 마케팅 관점으로 나눌 수 있는데, 그 차이를 간단히 살펴보면 다음과 같다.

전통적으로 경제학적 가격 결정은 주로 경쟁자의 수에 의하여 특징지어지는 시장구조(독점, 과점, 혹은 완전경쟁)와 관련되어 있으며, 가격이 정상적으로 제품이나 서비스의 실제 가치를 반영한다고 가정하고 있다. 또한 경제학에서 수요는 우하향으로 나타나는 수요곡선으로 가격과의 관계를 설명한다.

이에 반해 마케팅 관점에서는 경쟁자의 수는 여러 고려 요인(시장세분화, 제품 포지셔닝, 마케팅 믹스 전략의 질 등) 중 하나로 간주한다. 또한 마케팅에서는 제품의 질을 주관적 판단에 근거하며 제품의 가치는 다른 마케팅 믹스의 상대적 성과에 달려 있다고 본다. 그리고 마케팅 관점에서는 수요를 가격만이 아닌, 모든 마케팅 요소들과 관련하여 분석하고 있다.

정리해 보면, 어떤 제품이나 서비스가 가지고 있는 가치를 돈으로 환산한 것이 바로 가격이다. 따라서 똑같은 상품이라도 거래 당사자가 누구인가에 따라, 거래 조건이나 거래 상황이 어떤가에 따라 소비자가 지각하는 가치에 차이가 다르며, 그에 따라 가격 또한 다르게 된다. 예를 들면, 사과 농가에서 청과 도매업체에 가격과 동네 과일가게에 판매하는 가격, 그리고 최종 소비자인 우리에게 판매하는 가격은 같지 않다.

1) 기업 입장에서 가격

기업 입장에서 가격은 마케팅 관리요소(4P : product, price, promotion, place) 중 기업의 이익에 직결되는 요인이다. 즉, 가격은 제품(product)에 덧붙여져 제품을 확장시키고, 촉진활동(promotion)의 대상 중 하나가 되기도 하며 유통과정(place)을 통해 금전으로 전환되어 기업으로 돌아오게 된다. 따라서 가격을 결정할 때는 제품이나 촉진 활동, 유통활동과 같은 마케팅 관리에 소요되는 비용을 충분히 상쇄할 정도로 매겨져야 한다. 왜냐하면 기업의 궁극적인 설립 목적은 이윤 창출이기 때문이다.

2) 소비자 입장에서 가격

소비자 입장에서 가격은 제품의 품질을 대리하는 지표다. 실제로 대부분의 소비자들은 가격이 높으면 품질이 좋을 것이라는 생각을 하게 된다. 소비자들은 상품을 구성하는 재료나 제조과정에 대해서 아주 구체적인 정보를 가지고 있지 못하기 때문에 보통 가격이나 브랜드를 통해 제품의 품질을 짐작하는 경우가 발생한다. 즉 가격이 비쌀수록 품질도 좋다고 지각하는 경향이 생긴다. 또 고가라고 지각하고 있는 브랜드는 품질도 우수할 것으로 생각한다. 이를 가격-품질 연상이라고 한다. 특히 가격 이외에 다른 요소들로 제품을 평가하기 힘든 경우, 가격이 품질을 연상시키는 영향력이 커진다.

한편 소비자들은 좋은 상품을 싸게 사고 싶은 욕구가 강하기 때문에 유사한 품질에 속한다고 판단되면 조금이라도 싼 상품을 구매하게 된다. 따라서 소비자는 값비싼 상품은 구매하면서도, 일반적으로 가격대가 비슷한 제품을 구매할 경우, 소비자들이 생각하는 가격대나 비교제품의 가격들보다 웃도는 가격의 제품은 구매하기를 꺼려하기도 한다. 이러한 이유로 종종 가격은 경쟁기업들 사이에서 차별화나 경쟁의 수단으로 활용되기도 한다.

(2) 가격결정 시 고려 요인들

가격은 시장을 구성하는 여러 요인에 의해 영향을 받는다. 예를 들어, 농기계 가격을 생각해 볼 때, 농기계 가격은 농기계 구입과 관련된 세금과 같은 정부의 규제, 주변 경쟁 판매점 및 제조사의 숫자, 판촉비 및 서비스 제공 비용 등 많은 요인에 의해 결정된다. 이러한 가격을 설정하는데 있어, 기업 측에서 고려해야 할 사항들이 있다. 대표적인 요인으로 소비자 반응, 원가, 경쟁 환경, 유통경로, 법적 규제를 들 수 있다.

1) 소비자(consumer)

기업의 마케팅 담당자는 가격 결정에 앞서 소비자들이 가격에 대해 어떻게 반응하는가를 알아야 한다. 결국, 제품의 가격이 얼마나 적절하게 책정되었는지를 결정하는 것은 소비자이다. 즉, 소비자는 제품으로부터 얻을 수 있는 가치를 기준으로 제품의 가격을 평가하게 되다. 그러므로 가격정책도 고객지향적으로 설정되어야 하는 것이다. 가격과 소비자의 구매 행동과의 관계를 이해하는 데 중요한 개념이 수요의 법칙과 수요의 가격탄력성이다.

수요의 법칙이란 소비자들은 제품의 가격이 낮아질수록 더 많은 양의 제품을 구매한다는 것으로, 수요의 법칙은 우하향의 형태를 가진 수요곡선으로 나타난다. 또한, 수요의 가격탄력성은 제품의 가격이 변화함에 따라 판매량이 얼마나 변화하는지를 나타내는 지표이다. 마케팅 담당자는 이러한 점을 염두에 두고 수요와 수요의 가격탄력성에 대한 소비자들의 반응에 따른 가격정책을 실행해야 할 것이다.

2) 원가 (cost)

원가는 가격의 하한선을 결정한다는 점에서 매우 중요한 요소이다. 기업이 일시적으로 경쟁사와의 가격경쟁에서 이기기 위해서, 또는, 시장점유율을 높이기 위해서, 현금의 유동성을 확보하기 위해서 비용보다 낮게 제품가격을 책정할 수는 있지만, 장기적으로는 원가 이하의 제품가격으로는 기업이 생존할 수 없을 것이다. 따라서 기업은 제품생산과 관련된 모든 직·간접비용을 신중하게 분석하여 제품가격에 큰 영향을 미치는 비용 요소 들을 파악해야 할 것이다.

3) 경쟁(competition)

기업의 가격 결정에 영향을 미치는 또 다른 요소는 경쟁상황이다. 일반적으로 기업은 원가를 가격의 하한선으로 책정하는 반면, 소비자들이 지불하고자 하는 가격을 제품가격의 상한으로 고려한다. 이 범위 내에서 구체적인 가격책정에 영향을 미치는 요소가 경쟁사의 가격과 원가 및 품질 등이다.

경쟁사와 유사한 품질의 제품을 제공하면서 더 높은 가격을 제시한다면 기업은 대부분의 고객을 잃을 것이다. 그러나 경쟁사보다 유리한 원가구조를 가지고, 경쟁사의 원가보다 낮은 가격을 제시하면 경쟁에서 유리한 고지를 점령할 수 있다. 반면에 경쟁사보다 고비용의 구조를 가지고 있다면, 가격경쟁보다는 품질향상 등의 차별화 전략을 선택해야 할 것이다.

4) 유통경로(distiribution channel)

자기 점포의 매출을 확대하거나 적정이윤을 확보하기 위한 유통업자들의 노력이 제조업자의 제품가격 결정에 영향을 줄 수 있다. 도매업자나 소매업자들은 적정이윤의 확보를 위해 납품받은 제품의 재고분을 반품할 수 있도록 요구하거나, 수익이 적은 제품의 납품을 거절하거나, 경쟁사 제품을 같이 진열하기도 한다.

제조업자들은 유통경로 참가자들이 경로 활동을 수행하는 데 드는 비용(예: 보관비용, 선적비용, 판매 촉진비용 등)을 보상해 줌으로써 이들의 협조를 확보해야 할 경우가 빈번히 발생하는는 데, 이러한 지원비용이 제품가격에 반영될 수 있다.

5) 정부의 규제(government regulation)

정부의 규제 또한 제품가격의 책정에 중요한 영향을 미치는 요소이다. 정부의 규제는 여러 가지 형태로 나타나게 되는데, 예를 들어 생필품의 가격을 안정시키기 위해서 법적으로 제품가격을 일정 수준으로 동결시키거나 사회적으로 바람직하지 못한 제품들에 대한 수요를 억제하기 위하여 최저가격을 설정하는 등 일정 수준 이상으로 가격을 유지하려는 규제를 행하는 경우를 들 수 있다. 또한 정부는 제조업자들 간의 가격담합(price fixing)이나 유통업자들 간의 가격담합,

제조업자와 유통업자 사이의 가격담합 등을 법적으로 규제하고 있다. 따라서 마케팅 담당자는 자사 제품에 적용될 정부의 정책이나 규제가 미칠 영향을 파악하여 제품가격 책정에 이를 반영하여야 한다.

(3) 가격은 어떻게 결정되는가?

가격 결정방법에는 가격의 근거를 어디에 두고 있느냐에 따라서 비용 중심적 가격 결정방법, 소비자 중심적 가격 결정방법, 경쟁자 중심적 가격 결정방법 등이 있다.

1) 가격 결정방법

① 비용 중심적 가격 결정

비용 중심적 가격 결정 방식은 제품의 생산과 판매에 들어가는 모든 비용을 지출하고도 목표로 한 이익을 낼 수 있는 수준에서 가격을 결정하는 방식이다. 비용 중심적 가격 결정 방법은 기본적으로 비용에 목표이익을 합쳐서 가격을 결정하는 데, 비용과 이윤의 합산 방법에 따라서 비용 가산 방식에 따른 가격결정, 가산이익률에 따른 가격결정, 목표투자이익률에 따른 가격 결정, 그리고 손익분기점 분석에 따른 가격 결정 등이 있다.

② 소비자 중심적 가격 결정

소비자 중심적인 가격결정은 상품 생산에 드는 비용보다는 표적시장에서 소비자들의 상품에 대한 평가와 그에 따른 수요를 바탕으로 가격을 결정하는 방법이다. 이는 아무리 좋은 제품일지라도 소비자가 요구하는 가격이어야 하며, 소비자가 지불할 수 있는 가격 수준에서 가격이 결정되어야 한다는 것이다. 따라서 기업은 소지자가 평가한 상품의 지각된 가치(perceived value)에 대비하여 가격을 결정해야 한다. 즉, 소비자들의 구매 의도(수요량), 가격의 변화에 대한 민감도(가격탄력성), 표적시장의 특성에 대한 정보를 소비자조사 등을 통하여, 이를 가격결정의 기초로 해야 한다.

③ 경쟁자 중심적 가격 결정

경쟁자 중심적 가격 결정은 경쟁사들의 가격을 자사 제품의 가격 결정에 가장 중요한 기준으로 고려하는 것이다. 동일한 시장에 속한 경쟁상품들의 품질이 유사하고 비슷한 비용구조를 가지고 있다면, 비용 중심적 또는 소비자 중심적인 방법으로 결정된 제품가격은 서로 비슷하게 될 것이다. 이러한 경쟁 중심적 가격 결정은 소비자들이 각각의 경쟁사들이 제공하는 제품들이 서로 유사하다고 생각하고 경쟁제품들의 가격을 비교하여 특정 제품을 선택할 것이라는 가정으로부터 출발하게 된다.

2) 소비자의 지각된 가격

위에서 언급되었던 것처럼, 기업이 가격을 결정하는 방법으로 비용 중심적, 소비자 중심적, 경쟁자 중심적 가격 결정 등이 있지만, 실제로 기업이 가격을 결정하는 데는 이러한 세 가지 접근 방법을 모두 종합적으로 고려하는 것이 바람직하다. 비용 중심적 가격은 제품가격의 하한선을 설정해 주며, 여러 비용 항목에 대한 윤곽을 제시해 줄 수 있다. 이는 가능한 이윤 폭, 목표가격, 손익분기점 등에 대한 정보를 제공해 준다. 또한, 소비자 중심적 가격은 기업이 고객에게 제시할 수 있는 가격의 상한선이 되며, 경쟁자 중심적 가격은 경쟁자와의 관계를 고려한 적정가격 수준을 제시해 준다. 그러므로 필요한 모든, 고려사항들을 반영하여 종합적으로 가격 결정이 이루어지지 않는 경우에는 각각의 접근 방법이 갖는 장점을 올바르게 가격 결정에 이용하기 어려울 것이다.

고객이 이 제품의 가치를 어느 정도로 지각하여 얼마를 지불하려고 하는가에 기초하여 상품의 가격을 결정하기도 한다. 이것을 소비자 중심적 가격전략이라 한다. 일반적으로 어떤 상품에 대하여 고객이 지각하는 가격의 유형은 세 가지로 나눌 수 있다. 소비자들은 각 구매상품에 대하여 준거가격, 최저 수용가격, 유보 자격을 가지고 있다.

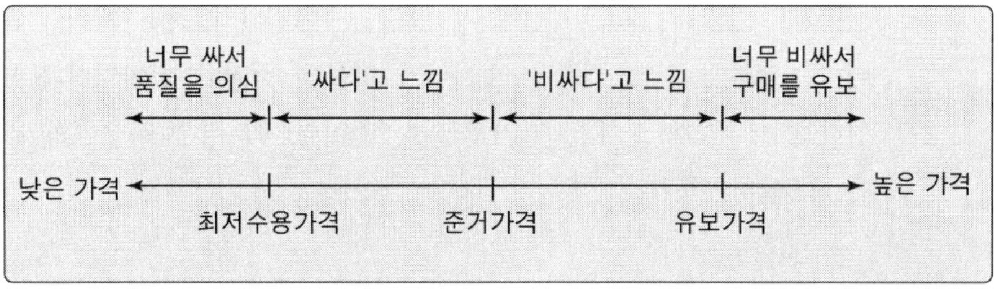

[그림 3-Ⅰ-3] 지금 중용한 것은 마케팅이다. 신윤창 저 인용, 소비자의 기각된 가격수준

① 준거가격

준거가격은 '어떤 상품이 얼마 정도 할 것이다.'라는 짐작에서 비롯되는 것이다. 이전의 구매 경험을 통해서 소비자들은 이미 가격 정보를 가지고 있고, 구매할 때 마음 속에서 준거점이 되는 가격대가 존재하게 된다는 것이다. 이러한 준거가격은 어떤 상품이 가지는 가격이 비싼지 싼 것인지를 가늠할 수 있는 잣대로 사용된다. 그러므로 구매자들은 객관적으로 정해진 준거가격이 있는 것이 아니라, 구매 경험에 근거하여 또는, 자신의 금전적 사정에 기반을 두어 주관적인 준거가격을 가지고 있으므로 구매자가 누구인가에 따라 그 준거가격은 달라질 수 있다.

또한, 전혀 그 상품에 대한 경험이 없다고 하더라도 광고나 주변 사람들의 의견을 기반으로 준거가격이 결정될 수 있다. 요즘은 온라인 가격비교 사이트가 잘 되어 있기 때문에 구매를 고려할 때 어느 정도의 평균 가격을 알아보기 쉽다. 이것을 준거가격으로 사용되는 경우가 있다.

② 최저 수용가격

최저 수용가격은 어느 정도의 금액까지는 구매하겠다는 가격이다. 준거가격보다는 상대적으로 낮으면서도, 너무 저렴해 품질이 의심되는 정도와의 경계가 되는 기준점에서 최저 수용가격이 형성된다. 즉, 어느 정도의 가격보다 저렴하면 품질에 문제가 있어서 못 쓰겠구나, 하는 가격이 최저 수용가격이 되는 것이다. 예를 들어, 대부분의 복숭아 가격이 평균적으로 개당 1,000원일 경우, 같은 산지의 복숭아가 인터넷이나 할인점에서 개당 500원씩 팔리고 있는 것을 보게 된다면, 동네에서 개당 300원짜리 사과를 볼 경우, 너무 저렴해서 좋다고 생각하겠는가? 그렇지 않다. 자신이 생각하는 구매범위의 최하 가격인 500원에도 못 미치는 300원은 그 기준을 벗어나기 때문에 품질이 떨어지거나 맛이 없을 수 있다고 생각해서 구매를 꺼리게 되는 것이다. 이 경우 복숭아의 최저 수용가격은 500원이 되는 것이다.

③ 유보가격

유보가격은 최저 수용가격과 정반대되는 개념이라 할 수 있다. 어느 정도의 가격까지는 구매하겠다 하지만, 그 가격 이상이면 너무 비싸서 구매를 꺼리게 되는 것이다. 즉, 소비자가 생각하는 가격 상한선이라 볼 수 있는 기준가격에서 유보가격이 형성되는 것이다. 좀 전에 들었던 예를 본다면, 대부분의 복숭아 가격이 개당 1,000원이라면, 기준이 되는 준거가격은 1,000원일 것이다. 그런데 백화점이나 할인점들을 비교해 봤을 때, 1,200원이나 1,300원짜리 복숭아들도 볼 수 있을 것이다. 그렇다면 준거가격은 상회하는 1,200원이나 1,300원짜리 복숭아는 비싸다고 인식하게 되며, 필요하다면 그 가격에라도 구매하게 될 것이다. 하지만 시중에 개당 2,000원짜리 복숭아를 보게 된다면, 소비자 자신이 생각하는 유보가격인 1,300원 이상을 훨씬 웃돌기 때문에 너무 비싸서 구매하지 않게 된다는 것이다. 이 경우 복숭아의 유보가격은 2,000원이 되는 것이다.

그렇다면 이러한 소비자 심리를 반영한 가격 기준들이 농촌창업 기업들에게 가져다주는 시사점은 무엇인가? 농촌 창업가들은 이렇게 소비자들이 생각하는 가격에 대한 심리가 반영된 준거가격, 유보가격, 최저 수용가격을 잘 파악하여 가격을 결정해야 할 것이다.

3) 가격 측면에서의 차별적 우위

소비자들이 좋다고 생각하는 가격이란 저렴한 가격이다. 그런데 조금 저렴하게 제품을 판매할 경우, 경쟁사들이 쉽게 흉내 낼 수 있다. 경쟁사들이 쉽게 흉내 내지 못하게 하려면, 매우 저렴한 가격에 팔 수 있어야 한다. 이처럼 품질과 서비스를 다소 희생하더라도 가격을 파격적으로 낮출 수 있다면 차별적 우위를 선점하는 한 가지 방법이 된다. 저가격을 실현하기 위해, 제품이나 서비스에 부수적인 포장, 장식 등의 군더더기를 되도록 제거하는 방법을 생각해 볼 수 있다. 예컨대, 식당이나 주유소 등에서 셀프서비스 제도를 도입함으로써 가격을 낮추기도 한다.

(4) 주요 가격전략

대개 가격전략은 시장가격과 해당 기업 비용의 두 가지 요인에 기반을 둔다. 즉, 가격은 시간과 투자를 보상받을 수 있을 만큼 생산, 마케팅, 촉진을 포함한 모든 비용을 상쇄해야만 한다.

고객들이 구매비용을 지불할 의사가 있는 가격대와 자사의 경쟁자 가격을 살펴보아야 한다. 유사한 제품들에 대한 경쟁자 가격을 조사하여야 한다. 여기에는 시즌별 가격변화, 중간상(브로커, 소매상점 등)에 의해 제공된 프리미엄이나 할인이 포함되어야 한다. 농촌 관련 기관이나 학회 등을 통해서 현재 시장가격 등을 알아볼 수 있다. 유기농 농산물이나 공산품 등의 가격은 시장 자체가 아직 덜 성장했으며, 정보도 적어서 관련 자료들을 찾기 힘들 것이다. 이때 활용할 수 있는 정보원은 인터넷이다. 인터넷에는 많은 전자상거래 매장들이 존재하고 농작물 이름이나 키워드 하나만으로도 매장 홈페이지에 접속할 수 있으며, 그 홈페이지 안에서 거래되고 있는 가격을 살펴볼 수 있다.

전반적인 시장의 가격과 자사의 상품에 대한 비용을 정리하였다면, 가격전략을 개발할 준비가 어느 정도 갖추어진 것이라 할 수 있다. 가격 결정에 고려될 수 있는 다양한 전략들이 존재하며 일반적으로 많이 쓰이는 가격전략들은 다음과 같다.

① 경쟁적 가격

경쟁적 가격전략은 주로 큰 제조업체 사이에서 사용되고 경쟁자들의 기반을 약화시키려는 목적에서 사용된다. 경쟁자를 시장 밖으로 내몰기 위해 원가에도 못 미치게 가격을 낮게 설정하는 것이 전형적인 경쟁적 가격전략이다. 비록 이 전략은 규모가 어느 정도 큰 사업자들에게는 잘 맞는 것이지만, 작은 규모나 개인 사업자들에게는 추천하지 않는 전략이다. 가격전쟁에서 쉽게 이기지 못한다. 즉, 식품산업은 이미 성숙한 시장이고 가격에 기반을 둔 경쟁을 할 수 있는 규모의 경제실현과 같은 능력이 중요하기 때문에 소규모 사업자들에게는 쉽지 않은 일이다.

② 비용기반 가격

비용기반 가격전략은 아마 가장 간단한 방법일 것이다. 해당 사업자의 생산비용을 기반으로 현재 비용에서 10%, 50% 등의 가격을 결정하는 것이다. 물론 고객들이 해당 사업자가 결정한 비용기반 가격을 지불 할 것인지에 관한 시장조사를 먼저 해봐야 할 것이다.

③ 변동적 가격

변동적 가격전략은 해당 제품에 대한 가격 범위를 미리 지정하는 것이다. 즉, 가격의 상한선과 하한선을 두고 가격을 변화시키겠다는 것이다. 이러한 변동적 가격은 구매자의 특성, 계절, 연도에 따라 다양하게 설정될 수 있다. 예를 들어, 잘 상하거나 취급에 주의를 기울여야 하는 과일, 채소나 허브와 같은 것을 시장에 판매하는 농가는 오전이나 이른 아침에 가격을 설정하고, 저녁쯤에 남은 상품을 팔아야 하기 때문에 낮은 가격에 판매하게 된다.

처음 책정한 가격을 계속 유지하는 것은 어렵다. 왜냐하면, 경쟁사의 가격정책이나 새로운 기술적 환경의 영향으로 인해 준거가격이 변화하는 경우도 있기 때문이다. 특히 농작물은 그해 수확 작물이 풍년인 경우, 해당 농작물의 가격은 하락하게 되어있다. 하지만 반대의 경우 호우나 가뭄으로 농작물이 큰 피해를 보는 경우는 가격이 상승한다. 이처럼 지속적인 가격을 유지하기는 쉽지 않은 일이다. 하지만 가격이 비교적 안정적인 농가공 식품의 경우는 적절한 가격 변경전략을 사용할 수 있다. 여기서 소개하는 가격 변경전략은 스키밍 가격전략과 시장침투 가격전략이다. 스키밍 가격전략과 시장침투 가격전략은 신상품이 시장에 등장한 후 시간이 경과 함에 따라 최초의 가격을 변경시키는 가격전략이다.

④ 침투가격

시장침투 가격전략은 스키밍 가격전략과는 반대로 출시 초기에는 가격을 아주 낮게 책정한 후 점진적으로 가격을 상향 조정하는 방법이다. 이는 주로 시장점유율을 높여 시장을 선점하기 위한 목적으로 시행된다.

시장침투 가격전략은 시장에 침투하기 위해 초기에 의도된 장기가격 아래로 상품의 가격을 책정하는 것이다. 시장침투 가격전략의 장점은 경쟁자들을 끌어들이지 않는다는 것이다. 침투가격전략을 구사하기 전에 전반적인 시장가격을 조사해야만 한다. 또한 자신이 책정한 침투가격을 얼마나 유지할 수 있는지에 관한 결정을 해야 한다. 주로 침투가격전략은 상품을 최종 소비자들에게 직접 판매할 때 쓰이는 전략이다.

⑤ 스키밍 가격

스키밍 가격전략은 상품이 처음 시장에 나왔을 때, 아주 높게 가격을 책정하고 시간이 흐름에 따라 점점 가격을 내리는 방법이다. 스키밍 가격전략은 빠르게 비용을 상쇄할 수 있도록 높은 시장 진입가격을 책정한다는 생각을 기반으로 출발했다. 이 전략은 자신의 상품에 대한 경쟁자가 적거나 없을 때 유용한 전략이다. 그러나 이 전략의 단점은 경쟁자들을 끌어들인다는 것이다. 즉, 너무 오랫동안 높은 가격을 유지한다면 더 많은 경쟁자들이 이 시장에 들어올 것이다.

⑥ 상대적 가격

상대적 가격전략은 전반적인 시장가격에 비해 자사 상품의 가격을 높거나 낮게 책정하는 것을 말한다. 실제로 이 전략은 시장에 전반적인 가격을 조사해보는 것이 먼저, 선행되어야 한다.

이처럼 여러 가지 가격전략들이 있지만, 농촌 창업가들이 쉽게 어떤 가격전략을 사용해야 하는지 선택하기는 어려울 것이다. 이런 경우, 일반적으로 업계에 형성되어 있는 가격을 참고하라고 조언하고 싶다. 인터넷을 통해서 농식품부나 자신의 작물과 관련 있는 단체 등 관련 웹사이트를 여러 곳 둘러보고, 대형 유통회사의 소비자가격을 확인해 보자. 물론 농산물 도매시장가격과 상황을 살펴보는 일은 기본이다. 또한, 올해나 내년의 가격을 예상해 보기 위해 작전 가격도 참고하는 노력이 필요하다.

동일한 농산물을 취급하는 다른 쇼핑몰의 가격, 인근의 생산자들이 물건을 파는 가격도 참고하는 것이 좋다. 예를 들어, 유기농산물이라면 초록마을이나 올가홀푸드, 하나로마트 등 유기농산물을 다루는 매장 가격을 참고하고 자신의 유기농산물의 가격전략을 짜는 것이 바람직하다.

〈국내 친환경 식품 유통기업 기업인 초록마을과 올가홀푸드가 최근 실적에서 희비가 엇갈리고 있어 주목을 끌고 있다. 사진 왼쪽부터 초록마을과 올가홀푸드 매장〉.

출처: 시사위크(http://www.sisaweek.com)

<해외사례> - Dave and Florence Minar사의 가격전략

무슨 가격전략을 선택하든지, 자신의 이성을 통해 여러 각도로 생각해 봐야 한다. 낮은 가격을 제공함으로써 경쟁자를 무력화시킬 수 있을 것인가? 유기농 생산물일 경우 자신의 품질 이미지와 시장 수요를 반영하여 높은 가격을 설정하여야 할 것인가? 단순히 원가를 고수할 가격을 찾아야 할 것인가?

Minar사는 소매점에 판매하는 병 우유 제품에 관하여 상대적 가격전략과 비용기반 가격전략을 사용하였다. 새로운 고객에게 전통적인 병 우유를 소개하기 위하여 유기농 우유보다 낮은 가격을 책정하고, Minar사는 품질과 건강에 관심이 높은 소비자들에게 자신의 제품을 한번 시음해 볼 수 있는 기회를 제공하기 위해서였다.

또한, 생산에 드는 비용을 철저히 조사하고, 상대적이면서도 비용을 상쇄할 수 있는 가격을 책정하는데 주력했다. 그래서 Minar사는 유기농 우유와 일반적인 우유의 시장가격 사이에서 가격을 책정했다. 보통 일반적인 우유는 2리터에 $1.99이었고 유기농은 같은 용량에 $3.29 정도로 조사되었고 Minar사는 소매점용 병 우유는 $1.65로 책정하고 배달용 직접 판매 우유는 배송비 포함 $2.45로 정하였다.

4. 촉진전략

초기에 새로운 제품에 대한 고객의 인지를 이끌어내는 것은 쉬운 일이 일이다. 어떻게 보면, 판매 전후의 효과적인 광고나 판촉이 어려움을 극복할 수 있는 핵심 요소가 될 수 있다. 판매전 광고와 판촉은 첫 구매를 획득하는 데 있어 필수적이고, 판매 후에는 고객의 만족을 촉진하고 재구매를 이끄는 데 꼭 필요한 활동이다.

재구매는 브랜드를 개발하는 데 있어 중요한 목적 중 하나이며, 사업의 장기적인 성공에 중요한 것으로 브랜드 로열티(충성도)에 기여할 수 있다.

(1) 소비자와의 의사소통

촉진은 고객들 사이에서 상품에 대한 인지도를 높이기 위한 필수적 부분이다. 촉진 전략은 종종 메시지를 만드는 것으로 대변된다. 자신의 제품이나 사업에 대해 함께 전달하고 싶은 이미지와 메시지는 상품 그 자체만큼이나 중요한 것이다. 다음으로 중요한 것은 어떤 광고 기술과 매체를 사용하여 메시지를 '언제 어떻게 전달할 것이냐'이다.

우리의 유기농 제품들은 지구에 좋을 뿐만 아니라, 당신과 당신의 가족에게도 역시 좋습니다. 한 번에 유기농 제품 한 개씩, 우리 함께 세상을 바꿀 수 있습니다. - Horizon Organic

전달하고자 하는 이미지와 메시지

구체적인 촉진에 관한 이야기를 하기 전에 전반적인 전략적 접근에 대해 생각해 보자. 촉진에 있어서 자신은 이미지에 집중할 것인가/상품에 집중할 것인가? 아니면 둘 다에 촉진할 것인가?

실제로 촉진은 인지도와 상품에 대한 흥미를 유발시키기 위해서 브랜드나 이미지 광고를 사용한다. 브랜드는 이름, 상징, 디자인, 표식, 문구로 대표되거나 이들의 조합으로 이루어진다. 브랜드나 로고는 다른 경쟁자들로부터 자사나 자사의 제품을 구별시키기 위해 사용되어 왔다. 비록 브랜드를 만드는 것은 특히, 소규모 사업자들에게 많은 비용이 들겠지만, 오늘날 농산물 생산 농가들에게 건강, 우리 농산물, 친환경 제품 등의 이미지 광고를 하는 촉진 수단으로 많이 사용되고 있다.

앞서 제시된 Minar사는 새로운 라벨이나 로고를 디자인하여 모든 상품과 광고지에 이용하여 자사의 제품을 광고해 왔다. 제품 광고는 매장 내 견본품(sample) 같은 특별한 제품들을 제공함으로 인하여 즉각적인 매출을 창출하려는 목적을 가지고 있다. 낮은 비용의 몇 가지 제품 촉진 대안을 소개하면 아래와 같다.

- ☐ **쿠폰**
- ☐ **시식이나 요리강좌**
- ☐ **정기간행물**
- ☐ **견본품**
- ☐ **조리법**

대부분의 소규모 농촌창업 기업들이 제품 촉신을 사용하고 있지만, 이러한 방법들은 단기간 효과에 치중한 것이기 때문에 이미지와 제품을 함께 결합한 촉진 전략이 더욱 필요하다. 이러한 이미지와 제품이 결합된 촉진 전략은 사업을 하는 데 있어, 장기적으로 긍정적인 이미지를 만들어 갈수 있는 기회를 제공하는 동시에 즉각적인 제품구매를 이끌 수 있게 도와준다.

어떻게 전달할 것인가?

모든 광고 수단은 장·단점을 가지고 있다. 어떤 광고 기법이 자사의 표적시장에 가장 잘 맞는지를 고려해 봐야 한다. 먼저 어디에 자사의 촉진 메시지를 유통할 것인지 생각해 봐야 한다. 전시회, 파머스 마켓, 지역축제, 라디오, TV, 인터넷 등 많은 촉진 전달 수단들이 있다. 그러므로 그중에 창의적이고, 낮은 비용의 효과적인 방법을 찾아내는 것은 중요한 촉진 활동 중 하나일 것이다. 또한, 입소문 캠페인이나 전략적으로 다른 농가와 협력하는 것도 좋은 방법이 된다.

(2) 소비자의 기억을 증진시켜라

관련이 없는 일련의 숫자나 단어를 기계적으로 암기하는 것은 반복을 통해 일어난다. 광고 등에서도 전화번호를 여러 번 반복함으로써 라디오나 TV 시청자가 쉽게 기억할 수 있게 하고 있다.

또는 두 가지 이상의 자극을 이용함으로써 기억을 연상시킬 수 있다. 시각과 청각을 동시에 자극할 수 있는 것이 라디오나 인쇄 매체보다 TV가 가진 중요한 장점이다. 최근에는 향수나 화장품 마케터들이 자기 제품의 냄새를 잡지광고나 광고지에 스미게 하고 있다. 언어적 묘사, 시각적 제시와 함께 향기가 밴 종이가 어우러져 동시에 여러 감각기관을 자극할 수 있다.

광고의 모체인 커뮤니케이션에서는 가능한 오감을 총동원하는 것이 효과적이다. 현재까지는 주로 제1의 감각인 시각적인 요소에 주력해 왔고, 부수적으로 제2의 감각인 청각적인 요소, 즉 음악이나 음향효과에 신경을 써 왔다. 그런데 향기 있는 광고는 눈과 귀의 단계에서 한 걸음 더 나아가 후각의 감각을 자극해 기억을 연상시켜 보아야 할 것이다.

과일 색(色)의 변신은 무죄…색깔로 소비자 '유혹'

농촌진흥청, 색 달리하는 사과·배 품종개발 잇따라…'황옥' '그린볼' '슈퍼골드' 그린시스' 등 소비자 겨냥

같은 과실이지만 전혀 다른 색(色)으로 무장한 신품종들이 새로운 트렌드를 만들어 내고 있다. 색이 달라 외형적으로 일단 호기심을 끄는 데다 맛도 뛰어나 일선 과수농가들도 반기는 분위기다. 농촌진흥청은 새로운 수요 창출 방안의 일환으로 녹색계열의 사과와 배 품종을 개발해 농가에 보급하고 있다고 21일 밝혔다. 대표적인 품종으로는 사과의 경우 '황옥' '그린볼', 배는 '슈퍼골드' '그린시스' 등이 있다.

사과하면 '빨간색'을 떠올리지만 '황옥'은 노란색을 띈다. 9월 하순에 익는 품종으로 당도(16.5°Bx)와 산도(0.61%)가 높아 맛과 식감이 좋다. 과실 무게는 229g 정도로 저장성도 우수하다. 노란색 품종이기에 붉은색을 내기 위한 잎 따기나 과일 돌리기 등과 같은 작업이 필요 없어 노동력도 훨씬 적게 든다. 성숙기에 기온이 높아 붉은색을 띠기 어려운 남부 지역에서도 재배가 무난하다.

2009년 개발해 지난해 봄부터 농가로 묘목을 보급하고 있으며 현재는 묘목 보급 초기로 경북 김천에서 대략 6ha 정도 집단 재배하고 있다. 국내의 한 제빵업체에서는 '황옥' 품종으로 사과 주스를 만들어 판매해 인기를 끌고 있다. 사과 '그린볼'은 8월 하순에서 9월 상순에 익는 품종이다. 당도는 14°Bx(브릭스)이며 무게는 327g 정도다. 여름이 끝나는 시기에 맛볼 수 있는 녹황색 사과로 단맛과 신맛이 조화된 품종이다. '그린볼'은 상대적으로 기온이 높은 남부 지역에서도 재배 가능하다.

수확기가 비슷한 붉은색 사과 '홍로'와 동일 상자에 포장해 판매한다면 시각적인 효과로 새로운 수요를 창출할 것으로 보인다. 2008년 개발돼 현재는 경남 거창지역에서 집단 재배하고 있다. 배 껍질 색은 황갈색이라는 고정관념이 있지만 '슈퍼골드'는 녹색을 띄고 있다. 달콤 쌉살한 맛이 기존 배에서 경험했던 단조로운 맛과는 차이가 있다. 9월 상·중순부터 수확 가능하며 무게는 570g 정도다. 높은 당도(13.6°Bx)와 산미가 조화돼 식미가 우수하고 저온에서 6개월 이상 유통할 수 있다.

배 '그린시스'는 9월 하순에 익는 460g 정도인 중소형 품종으로 입안을 상쾌하게 만드는 특유의 청량감이 있어 인기다. 특히 단일 병해로 농가에 가장 큰 피해를 주는 검은별무늬병에 강한 품종이다. 2012년 개발돼 보급 중이다.

농촌진흥청은 이와 함께 급식용 작은 사과 품종 보급과 노동력 절감차원의 열매솎기가 필요 없는 품종 등을 개발해 나갈 계획이다. 농촌진흥청 허건량 국립원예특작과학원장은 "차별화된 색과 맛으로 무장한 신품종 사과·배를 적극 개발해 농가 수익에 보탬이 되도록 노력하겠다"고 말했다.

〈저작권자 © '돈이 보이는 리얼타임 뉴스' 머니투데이〉

〈농촌진흥청이 기존 과일색(色)과 차별화된 다양한 과일 신품종을 개발해 선보였다. 사진 윗줄 왼쪽부터 시계방향으로 신품종 슈퍼골드(배), 그린시스(배), 황옥(사과), 그린볼(사과)〉
사진 제공: 농촌진흥청

시각적 맛으로 소비자 유혹해

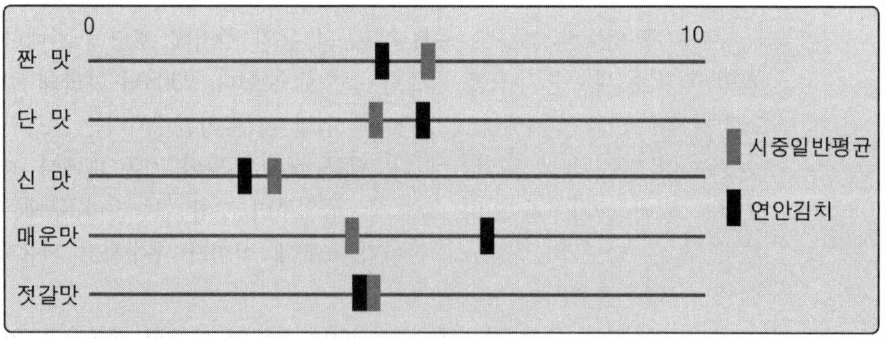

※ 농촌진흥청 지원으로 KAIST-충남대학교가 제작하였음

〈맛의 시각화표〉

충남도농업기술원(원장 손종록)은 상품을 직접 맛보지 않고도 시각적인 정보를 통해 상품의 특성을 파악할 수 있는 맛의 시각화표 및 QR코드를 활용한 홍보시스템을 구축했다고 밝혔다. 맛의 시각화표란 "짠맛, 단맛, 신맛, 매운맛 등 상품마다 다른 맛을 시각적으로 표현해 소비자들에게 쉽고, 신속하게 상품의 정보를 제공하도록 제작한 표"를 말한다.

아울러 과학적인 분석과 관능 평가, 기호도 조사를 통해 도내 전통장류 및 한과 생산 농가 8개소에 대하여 짠맛, 단맛 등을 강도별 10단계로 세밀하게 구분하여 상품의 포장재에 담은 것이다.

또한, QR코드를 활용하여 생산 농가의 소개, 생산방법, 원료곡 준비과정, 제조과정, 사용설명, 연락처 등 상품정보를 상세하게 담아 스마트폰을 활용하면, 누구나 손쉽게 정보를 획득할 수 있도록 하여 소규모 가공업을 운영하는 농가의 새로운 소비자 마케팅 방향을 제시하였다.

농업기술원 관계자는 "농산물의 소비자 마케팅 활성화를 위해 적극적으로 노력할 계획이며, 맛의 시각화표와 QR코드를 통한 소비자 마케팅의 새로운 롤모델을 지속적으로 발굴 추진하겠다"고 말했다.

〈디지털 한국농업경영신문〉, 변선미 기자, 2011.11.21.

(3) 판매촉진 관리

1) 판매촉진의 원리

판매촉진은 제품이나 서비스의 판매를 촉진하기 위한 비교적 단기적인 동기부여 수단의 총칭으로 소비자에게 현재 구매 시점에서 구매할 이유를 제공하는 판촉 방법이다. 즉, 어떤 상품을 구매하여야 하는지의 이유를 제공해 주는 것이 광고의 역할이라면, 어떤 상품을 구매하도록 인센티브를 제공해 주는 것이 바로 판매촉진이다. 그러므로 비교적 많은 자금이 필요한 광고보다는 농촌 창업가들에게는 판매촉진이 더욱 유용할 것이다.

이처럼 판매촉진은 마케팅 커뮤니케이션 수단 중 하나로서, 그 고유의 기능과 역할이 있다. 판매촉진의 의미 그대로 제품 관련 정보의 제공 및 소비자 설득을 통한 구매 행동 유발의 기능을 수행한다. 판매촉진에는 여러 가지 방법들이 사용되는데, 크게 다음과 같이 분류된다.

① 소비자 촉진

가격할인, 견본품, 쿠폰제공, 경품행사, 리베이트(rebate)[11] 등

② 중간상 촉진

구매수당, 제품수당, 무료제품 제공, 협동광고, 판촉비 제공 등

③ 판매원 촉진

보너스, 판매경쟁 등

이러한 판매촉진 수단은 기업이 설정하는 특정 목표에 따라 다양하게 사용될 수 있다. 예를 들어 견본품은 소비자의 사용을 자극할 수 있고, 대형 제조업체에서 제공하는 소매상 경영에 대한 무료상담과 같은 서비스는 소매상과 지속적이고도 긴밀한 관계를 유지할 수 있게 해 준다. 기업은 판매촉진을 그리고 신규 소비자에게는 시험구매를 유도하기 위하여 사용하고 자사 제품에 대하여 충성도가 높은 소비자에게는 적절한 보상을 제공하며, 충성도가 그다지 높지 않은 소비자에게는 재구매를 조장하기 위한 목적으로 사용한다.

2) 판매촉진의 구조

판매촉진은 판매촉진의 대상과 주체에 따라서 크게 세 가지로 나눌 수 있다.

① 대 소비자 판매촉진(consumer sales promotion)

소비자의 직접적인 구매를 유발하는 판매촉진

② 대 유통업체 판매촉진(trade sales promotion)

유통업체로 하여금 제품의 구매를 촉진시키는 판매촉진

③ 소매기관의 판매촉진(retailer sales promotion)

소매기관들이 소비자를 상대로 하는 판매촉진

대 소비자 판매촉진은 제조업체가 그들의 소비자를 대상으로 직접 행하는 판매촉진을, 대 유통업체 판매촉진은 말 그대로 유통업체, 즉 도매기관이나 소매기관 등과 같은 제조업체의 제품을 취급하는 중간상을 대상으로 하는 판매촉진 활동이며, 그리고 소매기관의 판매촉진은 소매기관이 직접 소비자를 대상으로 행하는 판매촉진 활동이다. 소매기관의 판매촉진은 대부분 제조업체와 소매기관

---

11) 리베이트 : 일단 지급받은 상품이나 용역의 댓가 일부를 다시 그 지급자에게 되돌려 주는 행위 또는 금액을 뜻함.

이 공동으로 수행하는 경우가 많으며, 제조업체는 소매기관의 판매촉진에 대한 비용의 일부를 지원해 준다.

(4) 상품 프로모션 전략

1) 전략 수립을 위한 상품 프로모션의 목표와 세부 활동 계획

상품 프로모션 전략은 마케팅전략의 하위활동이므로 상품 프로모션 활동의 목표도 당연히 마케팅 목표 아래에서 설정되는 것이며, 그 프로모션 목표와 마케팅 목표를 달성하기 위하여 프로모션 활동이 계획되고 집행되어야 한다. 상품 프로모션의 목표를 설정할 때는 프로모션의 목표를 마케팅 목표와 다른 차원에서 설정할 수도 있지만, 마케팅 목표 그대로를 프로모션 목표에 이용할 수도 있다. 그러나 상품 프로모션 활동들이 제각기 성격이 다른 몇 개의 하위활동으로 나누어지고, 다른 마케팅 요소들도 나름의 특성을 가지고 마케팅 목표를 달성하는데 기여하기 때문에 프로모션 목표와 마케팅 목표를 동일하게 설정하는 것은 흔하지 않을 것이다. 보통 마케팅 목표와 프로모션의 목표는 판매 중심적인 목표와 커뮤니케이션 중심적인 목표로 나누어서 그 시기와 환경에 따라 적절한 목표를 선택하여 사용할 수 있으며, 그에 따라 상품 프로모션의 세부 활동들이 조정되고 통합될 수 있다.

프로모션 전략에서 목표를 설정한 후의 다음 단계는 각각 개별 세부 프로모션 활동별로 구체적인 실행계획을 수립하여, 이를 실행에 옮기는 것이다. 예를 들어, 판매촉진의 경우에는 사용을 통한 소비자 인지율 30% 이상 확대라는 목표를 달성하기 위하여 우선적으로 사용률을 높여야 하는데, 이를 위해 쿠폰을 사용할 것인지, 아니면 다른 견본품을 나누어 줄 것인지에 관한 계획을 수립할 수 있다. 즉, 상품 프로모션 전략의 핵심은 마케팅 목표에 맞게 프로모션 세부 활동들의 구체적인 계획을 수립하고 이를 일관성을 가지고 조정하고 통제하는 것이 핵심이 될 것이다.

2) 상품 프로모션 전략의 고려요소

① 적용범위

상품 프로모션 전략을 결정하는 데 있어서 상품 프로모션의 적용 범위를 우선적으로 고려해야 한다. 즉, 상품계열에 있어서 어디까지 적용할 것인가에 대한 결정이 필요하고 또한, 시장에 있어 어디까지 적용할 것인가를 결정해야 한다.

② 시기

상품 프로모션 전략을 실행하는 데 있어 시작, 발표, 기간, 회수 등의 시기를 고려하는 것이 필요하다. 상품 프로모션의 시작은 상품의 계절성과 신상품 진입 시기 등을 고려하여 결정해야 한다. 또한 상품 프로모션을 너무 일찍 공개할 경우, 정상 구매를 안 하게 되는 경향이 있고, 반대로 너무 늦게 공개할 경우, 충분한 사전공고가 안될 수 있다. 그러므로 적절한 상품 프로모션의 공개 시기는 중요한 고려사항이 되어야 한다. 이처럼 상품 프로모션에 있어서 시기의 문제를 고려하지 못한 경우, 문제점이 발생할 수도 있다. 만약 상품 프로모션이 너무 자주 실행된다면, 단기적인 측면에서 실적을 올릴 수 있으나, 비용의 증가와 함께 충분한 상품의 프로모션이 이루어지지 않아 오히려 역효과를 가져올 수도 있다.

③ 폭

가격의 성격을 지니는 상품 프로모션들은 어느 정도로 가격할인 또는 상품의 가치를 제공할 것인가를 결정해야 한다. 이러한 폭을 간과하고 지나친 프로모션의 확대는 기업에게 높은 비용의 증가를 초래하여 기업의 수익구조에 부정적인 영향을 미치게 된다.

④ 사용 수단

상품 프로모션 전략을 수행하기 전에 고려해야 할, 또 다른 대상으로는 각 상품 프로모션 수단마다 각각의 장・단점을 정확히 주지하고 있어야 한다. 예를 들어, 할인쿠폰의 장점은 신상품의 경우 사용과 재구매를 촉진시키고 경쟁브랜드 구매자들을 우리 브랜드로 전환시키는데 효과적이다. 또한, 표적시장에만 정확하게 배포하기가 비교적 쉬운 반면 쿠폰 사용률이 매우 낮고 쿠폰 사용을 위한 소매점 등의 하부구조가 부족하다는 단점이 있다. 이처럼 쿠폰의 낮은 사용률, 회수 비용, 상황 오류 등을 감안하면, 회수된 쿠폰 1장당 비용은 1장당 할인액과 배포 비용의 몇 배에 달할 수도 있다.

5. 유통전략

<해외사례>-Klaushofer 농축산물 직판농가(오스트리아)

Klaushofer는 오스트리아 엘마우에 위치한 농축산물 직판농가이다. 이 농가는 젖소 10두, 벌통 29통과 초지 및 밭농사를 경작하여 임야에서 생산된 각종 나무 열매와 나무를 이용하여 발코니 난간대 및 기타 조각품을 제작하여 건축 자재를 생산한다. 또한, 양봉을 통해 생산된 꿀, 로얄제리, 프로폴리스 등을 직접 생산 가공하여 판매하고 있으며, 젖소를 통해 생산된 치즈, 우유, 요구르트 등의 유제품과 돼지고기를 이용하여 집에 설치된 햄과 베이컨을 생산하고 있다.

생산된 제품은 농가에서 직접 직판장을 마련하여 인근 주민과 등산객이나 스키장을 이용하는 관광객들에게 판매하고 있다. 대부분의 농축산물은 대도시시장을 겨냥하여 도매상을 끼고 대형마트나 백화점으로 납품하려 하지만, 이 농가는 독특하게 유통시장 범위를 인근 주민과 관광객으로 규정하고 직접 판매경로를 이용하고 있는 것이다. 이를 통해서 유통 및 물류비용을 줄이고 대량생산 제품이 아닌 차별화된 제품으로 승부를 걸고 있다.

〈홀러 농축산물 가공 직판농장의 요셉 클라우스 호퍼(Joseph Klaushofer) 농장주〉

〈100% 직판으로 판매하는 홀러 농장의 농축산물 직판장. 저작권자 ⓒ 오마이뉴스〉
(정기석 시민기자)

우리의 상품을 시장으로 언제 어떻게 보낼 것인가?

이번에는 우리의 농장에서부터 고객들의 식탁이나 상점의 매대로 어떻게 보낼 것인가에 대하여 확인해 봐야 한다. 보통 유통전략에서 고려해야 할 것은 시장 범위, 이동, 포장 등이 포함된다.

(1) 시장범위

유통전략의 첫 번째 요소는 범위이다. 자사의 상품을 유통하기 위해 어느 정도로 넓은 시장의 범위를 고려할 것인가, 그리고 거기서 집중적 유통을 할 것인가, 선택적 혹은 전속적 유통을 할 것인가를 선택해야 한다. 다시 말해 얼마나 많은 점포들이 필요하며, 각각의 점포에 어느 정도의 경로 서비스를 제공해야 할지를 결정하는 것과 같다. 경로 커버리지(적용 범위) 또는 유통집중도는 특정 지역에서 자사 제품을 취급하는 점포의 수를 말하며, 제조업자가 선택할 수 있는 경로 커버리지 전략에는 집중적 유통, 선택적 유통, 전속적 유통 등이 있다.

1) 집중적 유통

집중적 유통은 주로 저가의 자사 상품을 넓은 범위의 장소에 유통시키는 것이다. 즉, 가능한 한 많은 점포들이 자사 제품을 취급하도록 하는 전략이다. 고객들이 자주 구매하며, 구매 시 최소의 노력을 필요로 하는 편의품[12)]들을 생산하는 기업들은 집중적 유통전략을 택하는 경우가 많다. 이 전략은 비용이 많이 들 수 있고, 매우 경쟁적이다. 대기업들이 주로 이러한 방식의 유통전략을 이용한다.

2) 선택적 유통

선택적 유통은 자사의 제품을 직접적 유통에 비해 상대적으로 관리할 수 있게, 적은 숫자의 중간상만을 사용하는 것이다. 예를 들어, 만약 유기농 치즈처럼 자사의 제품이 고가품일 때, 고품질의 치즈만을 판매하던 소매점을 선택하여 납품하는 것이다. 이러한 선택적 유통은 적은 마케팅비용으로 고객과 중간상들이 더 효과적인 거래관계를 유지할 수 있는 장점이 있다.

3) 전속적 유통

전속적 유통은 선택적 유통의 좀더 제한적 방법이라 보면 이해하기가 쉬울 것이다. 전속적 유통에서는 자사의 제품을 한 상점에만 납품하는 것이다. 즉, 내 제품을 특정 상점 이외의 다른 소매점에는 납품하지 않기로 동의하는 것이다. 이 경우, 한 소매점과 긴밀하게 가격책정, 촉진 전략개발, 배송 일정 등을 결정하게 된다. 이러한 전속적 유통은 자사의 제품에 고급 이미지를 형성시키는 데 도움을 주고 또한, 마케팅 비용을 줄이는 효과도 가져온다. 그러나 반면, 전속적 유통은 자사 제품의 시장점유율을 희생시키야 한다는 부정적인 부분도 가지고 있다.

(2) 유통경로

유통경로가 존재하는 근본적인 이유는 생산자와 소비자 사이에 시간, 장소, 형태상의 불일치가 있기 때문이다.

---

12) 편의품 : 소비자가 최소한의 노력으로 습관적이고 반복적으로 구매하는 상품군. 비누, 치약, 세제, 건전지, 화장지 등 생활소비재가 여기에 속한다.

① **시간상의 불일치** : 생산 시점과 소비 시점의 불일치
예를 들어, 우리나라에서 쌀은 가을에만 생산되지만 소비는 1년 내내 일어난다.

② **장소상의 불일치** : 생산 장소와 소비 장소의 불일치
예를 들어, 생산은 농촌지역에서 이루어지지만 소비는 전국적으로 일어난다.

③ **형태상의 불일치** : 생산되는 형태와 소비되는 형태의 불일치
쌀의 경우 생산자는 대량으로 생산하지만 소비자는 10kg, 20kg 등과 같이 소량으로 구매한다.

가장 기본적인 유통전략은 자사의 제품을 최종고객에게 배송해주는 것에서 비롯된다. 여기에는 기본적으로 직접 유통과 중간상을 이용하는 유통으로 나눌 수 있다.

농업 유통채널의 변화

전통적으로, 농가들은 유통채널 안에서 가장 하위 부분에 위치하여 왔다. 예를 들어, 고객에게 우유를 팔기 전에 포장이나 공정을 거치는 것이 필요한, 원유를 제공하는 것처럼 생산자로부터 소비자에게 전달되는 과정상 가장 첫 부분이 바로 우리 농가들이었다. 그러므로 중간상들은 대부분이 제품을 농가에서 고객까지 전달해주는 중요한 역할로 여겨졌고 생산 농가는 단순히 생산에만 집중하면 된다고 생각되어온 것이 사실이다. 그러나 오늘날은 원료생산에 치중했던 농가들 또한 자신들이 취급하는 생산물을 가공하고 포장해서 직접 유통하는 융복합 경영을 하고 있는 추세이다. 이러한 활동을 직접 담당하면서 자신의 농산물에 가치를 부여하고, 이윤의 상당 부분을 점유하는 형태로 변화되고 있는 것이다. 결과적으로 농가들은 소비자들에게 치즈, 과일나무, 포장 우유 등을 최종소비자들에게 직접 판매하는 직접 마케팅을 유통전략으로 하고 있으며, 그 범위가 점차 확대되는 상황이다.

하지만 직접 판매는 소규모 개인 판매자들이 수익을 창출할 수 있는 전략이

지만 반면, 전체 판매의 적은 부분을 차지하는 것이 대부분이고, 여기에 시간과 노력이라는 비금전적 비용을 봤을 때 불편하고 오래 걸린다는 단점이 있다. 또한, 직접 판매를 하는 경우는 본인이 직접 가공, 포장, 유통, 전반에 걸쳐 발생할 수 있는 모든 문제에 책임을 져야 한다는 것도 큰 부담으로 작용한다. 그래서 대부분의 소비재는 중간상을 이용하여 식료품점이나 레스토랑에 납품하는 유형을 이용한다. 중간상들은 농가에서 생산한 농산물을 사고, 팔고, 저장, 전시, 조합, 촉진하는 역할을 도와준다. 이러한 서비스들은 유통채널을 통해서 이루어지고 있다. 소매상, 도매상, 유통업자, 중개인 등이 이러한 중간상에 속하게 된다. 잘 알려진 유명한 중간상을 통해 유통할 경우, 생산자들 납품을 해주는 유명 중간상의 후광효과를 얻어 소비자들로 하여금 품질에 대한 신뢰를 얻을 수도 있다.

이처럼 중간상들은 생산자의 판매를 용이하게 해주는 역할을 한다. 중간상을 이용한 유통경로를 채택함으로써 얻을 수 있는 이점은 유통 경로상 중간상들의 기능을 좀더 구체적으로 살펴봄으로 인해 알 수 있다. 중간상은 교환과정의 촉진, 제품 구색 불일치의 완화, 소비자와 생산자의 연결, 고객 서비스의 제공과 같은 기능을 수행한다. 이러한 기능은 중간상 없이 직접 판매를 한다고 없어지는 것이다. 단지 이 모든 유통경로의 기능을 직집해야 한다는 짐만 다른 것이다.

(3) 중간상의 기능

1) 교환과정의 촉진

중간상의 가장 중요한 기능은 교환과정의 촉진이다. 생산자와 소비자 사이에 중간상이 개입하게 되면 제조업자는 소수의 중간상과 거래할 수 있으므로, 수많은 소비자와 개별적 거래를 하는 불편에서 벗어날 수 있다. 즉, 중간상의 개입으로 교환과정을 보다 단순화시킬 수 있어, 보다 많은 거래를 효율적으로 이루어 낼 수 있는 것이다.

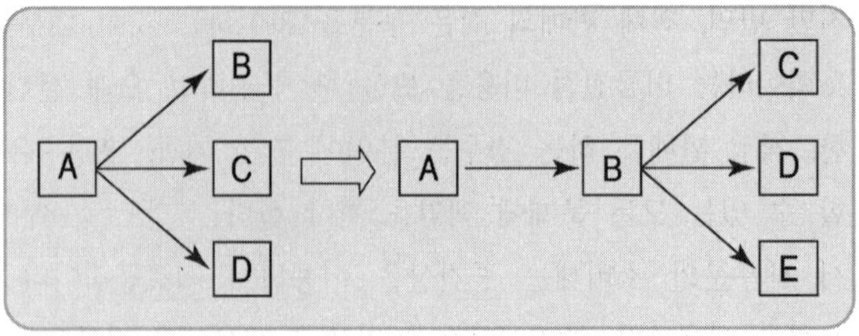

[그림 3-Ⅰ-4] 총 거래수의 효율성

2) 제품 구색 불일치의 완화

중간상의 또 다른 중요한 기능은 제품 구색의 불일치를 완화시키는 것이다. 일반적으로 생산자는 규모의 경제를 실현하기 위해 가능한 소수의 제품 라인을 대량 생산하려고 한다. 이에 비해 고객들은 가능한 많은 제품 중에서 특정 제품을 선택하고 싶어 한다. 이 같은 양측의 욕구 차이에서 발생하는 제품 구색의 불일치를 중간상이 해소해 줄 수 있다.

3) 생산자와 소비자의 연결

중간상은 생산자와 소비자를 효율적으로 연결시켜 주는 기능을 수행한다. 생산자들은 목표 잠재고객들이 어디에 위치하고, 어떻게 그들에게 도달할 수 있는가를 쉽게 알기는 어렵다. 이를 파악하기 위해서는 상당한 탐색비용을 지불하여야 한다. 그러나 중간상들은 생산자에 비해 소비자와 가까이 있으므로 고객정보의 획득이 상대적으로 유리한 경향이 있다. 즉, 생산자는 중간상을 이용하여 적은 비용으로 더 많은 잠재고객에게 도달할 수 있으며, 소비자들의 탐색비용도 어느 정도 절약시켜 준다.

4) 고객서비스 제공

중간상의 또 다른 기능은 고객서비스 제공기능이다. 중간상은 생산자를 대신하여 소비자에게 사후 서비스의 제공과 제품의 배달 등의 서비스를 제공한다. 예를 들어, 마트에서 구매한 과일이 눈에 보이는 부분은 괜찮았으나, 집에 와서 보니 아랫단에 놓인 것은 배송 도중 흠이 난 경우, 생산지인 농가에 연락해서 환불이나 보상을 받지 않고, 구매한 마트에서 교환이나 환불 서비스를 해주게 된다. 이와 같이 중간상이 제공하는 서비스가 상품구매에 결정적인 역할을 하는 경우가 많으며, 일반적으로 복잡하거나 고가 또는 사이즈가 큰 생산물의 경우,

중간상이 제공하는 서비스가 그 제품구매에 특히 중요한 역할을 하게 된다.

> **정읍시-정읍교육지원청, 친환경 학교급식 지원 업무협약**
> **7일 친환경 농산물 공급 업무협약, 안전하고 신선한 먹거리 보장**
>
> 전북 정읍시가 지역 학생들의 안전한 먹거리와 로컬푸드 활성화를 위해 지역에서 생산한 친환경 농산물을 공급하는 학교급식 지원에 나섰다. 정읍시와 전라북도 정읍교육지원청은 지난 7일 정읍시 친환경 농산물 학교 급식률을 높이기 위한 업무협약을 체결했다.
>
> 이번 협약은 성장기 학생들에게 신선하고 안전한 정읍산 친환경 농산물을 공급함으로써 건강한 신체 발달을 도모하기 위함이다. 협약에 따라 시는 지역 농가들이 생산한 친환경 농산물을 급식학교에 현물로 우선 지원할 계획이며, 정읍교육지원청은 학교에서 적극적으로 사용할 수 있도록 협력할 예정이다.
>
> 한편, 정읍시는 학생들에게 안전한 먹거리를 제공하기 위해 친환경 농산물 공급에 앞장서고 있다. 지난해는 친환경 농산물 65%를 학교급식에 사용했으며, 올해는 70%로 확대 보급하기 위해 시 자체 예산 3억 9,500만 원을 추가 확보했다. 이학수 시장은 "우리 지역에서 생산된 친환경 농산물을 공급해 지역 농가의 소득증대는 물론 성장기 학생들이 안전하고 신선한 먹거리를 보장받을 수 있도록 최선의 노력을 다하겠다"고 말했다.
>
> 〈뉴스웨이〉, 김재홍 기자, 2023.02.10.

위에서 정리한 중간상의 기능을 토대로 실제로 소매업과 도매업의 기능을 열거해 보면 아래와 같다.

소매업의 기능

□ 소매업의 소비자에 대한 역할

- 올바른 상품의 제공
- 적절한 상품 구색 갖춤
- 필요한 재고 유지
- 각종 정보제공
- 쇼핑의 편의 제공

- 쇼핑의 즐거움 제공
- 쇼핑의 장소 제공

□ **소매업의 공급자에 대한 역할**

- 상품에 대한 소비자의 다양한 욕구 전달
- 생산 노력을 지원하는 역할
- 물적 유통기능의 수행
- 금융기능 및 촉진 기능 수행

도매업의 기능

□ **제조업자를 위한 기능**

- 시장 확대, 재고 유지, 주문처리, 시장정보제공, 고객서비스 대행 기능

□ **소매업자를 위한 기능**

- 소단위 판매, 구색 갖추기, 신용 및 금융, 소매상 서비스, 기술지원 기능

소비재마케팅 vs. 산업마케팅
B2C(Business to Customer) 마케팅 기업과 개인 고객 간의 거래를 말한다. 제품의 최종적인 소비 목표를 일반 소비자에게 두는 것이 B2C라 하며 흔히 소비재라고 부른다.
B2B(Business to Business) 마케팅 기업과 기업 간의 거래를 수반으로 하는 마케팅을 말한다. 이 같은 B2B마케팅은 기업이 기업이나 단체, 공공기관 등, 일종의 법인 성격의 고객을 대상으로 접촉하고 거래하는 것을 말한다.

(4) 포장

농산물을 유통하는 것도 중요한 역할이지만, 자칫 간과하고 넘어갈 수 있는 부분이 바로 포장이다. 백화점에서의 청과 포장과 재래시장의 포장이 다른 것을 보면 제품 자체의 품질을 눈으로 가늠하는 척도가 겉모습이라는 것을 잊지 말아야 한다. 또한 온라인 배송으로 물건을 받았을 때, 허접한 포장으로 실망한

경험을 떠올리면 제품을 유통하는 것에 있어, 포장의 중요함을 다시금 느낄 수 있게 된다.

상품을 포장하는 것은 기능적인 역할과 촉진적 역할 두 가지를 모두 담당한다. 기본적으로 기능적 역할은 상품의 파손을 방지하고 운반을 용이하게 하기 위해 포장을 하는 것이다. 그리고 촉진적 역할로는 다른 제품과 차별화하는 상품 광고의 수단을 의미한다.

1) 포장의 기능적 역할

포장의 기능적 역할도 두 가지로 나누어 생각해야 한다. 하나는 상품 자체에 관한 것이고, 둘째는 배송을 위해 상품을 포장하는 것이다. 상품 자체에 포장의 역할은 무엇을 의미하는가? 이를테면 수확한 무를 시장에 보낸다고 생각해 보자. 무는 파나 상추와 비교하여 상대적으로 보관하기도 쉽고, 쉽게 파손되지 않는 상품이라는 생각에 방심하고, 배송과 출하를 쉽게 생각한다. 보통 대충 흙만 털어서 상자에 담아내면 될 것이라고, 생각하기 쉽다. 그러나 도시의 백화점이나 대형마트에 가서 무가 어떻게 진열되어 있는지를 보면 생각이 달라질 것이다. 도시의 대형 소매점들은 겉에 묻은 흙을 깨끗하게 씻고 잔뿌리와 무청 부분을 손질하여 깔끔하게 판매한다. 심지어 소량으로 잘라서 랩을 씌어 바로, 요리가 가능하도록 손질하여 진열되어 있기도 한다. 농촌에서는 껍질을 손질하고 무청을 모아다가 시래기를 만드는 자연스러운 것들이 도시의 소비자들에게는 다 귀찮은 일이고 쓰레기가 많이 생기는 비효율적인 작업이 되는 것이다. 그러다 보니 무 하나를 보낼 때도 도시소비자의 입장에서 생각하고 최대한 손이 덜 가도록 깔끔하게 포장을 해야 한다.

그리고 배송하기 위해 상품을 포장하는 것은 말 그대로 상품이 안전하게 배송될 수 있도록 상품을 포장하는 것을 의미한다. 포장재가 화려하고 안 하고의 문제가 아닌, 내용물을 정성스럽게 담았느냐, 상품이 파손되지 않도록 세심하게 신경을 썼느냐가 고객으로부터 만족을 넘어서 감동까지 주게 되는 것이다.

2) 포장의 촉진적 역할

촉진적 역할로는 다른 제품과 차별화하고 광고하는 수단으로 포장을 사용할 수 있다. 자사의 생산물이 가공식품의 원료이거나 부피가 큰 것이라면, 별도의 촉진 수단으로의 포장보다는 선적이나 파손에 집중한 기능적 포장에만 신경 쓰면 될 것이다. 만약 유기농 야채나 과일, 꽃 등의 특용작물일 경우, 정해진 규격의 포장이 산업별로 존재하기 때문에 포장의 기능적인 측면에 집중해야 한다.

반면, 최종 소비자에게 파는 여러 가지 소비재 같은 경우, 포장에 있어서 촉진적 요소를 포함한 독특한 디자인을 적용할 필요가 있다. 예를 들어, 상품과 관련된 캐릭터나 만화를 삽입하는 것도 좋은 방법이 될 수 있다.

[그림 3-Ⅰ-5] 당진 쌀 캐릭터

이처럼 포장을 촉진의 한 방법으로 사용한다면, 여기에도 고객이 원하는 것을 파악해야 한다. 이는 창업과 마케팅 중심에는 고객이 있기 때문이다. 즉, 포장을 하는데 있어, 자사 제품에 꼭 맞는 포장을 찾기보다는 고객들이 원하는 편리함이나 때에 따라 요구사항을 반영해서 포장을 해주는 것이 필요하다. 예를 들면, 어떤 레스토랑에서는 파프리카와 같은 식재료를 낱개 포장하여 보내주면, 보관이 더욱 용이할 것이다. 이러한 중간고객들에게는 대량이지만 낱개로 포장해주는 것이 필요할 수도 있다. 또한 요즘같이 핵가족화 또는 혼자 사는 싱글들이 증가하는 추세일 때는 소포장으로 상품을 살 수 있게 함으로, 앞으로는 트랜드에 맞춰 유통을 해야 할 것이다.

<해외사례>- 이세탄백화점(일본)

동경 시내에 있는 이세탄백화점은 120년의 오래된 역사를 지닌 유명한 고급 백화점이다. 이곳의 식품 코너는 과일의 진열이나 판매에 있어서 독특한 마케팅 전략을 사용하고 있다. 이세탄백화점의 식품매장에서 눈에 띄는 것은 소포장이다. 작고, 편리하고, 간편하게 소포장하여 일본 농산물 유통의 특징을 고스란히 적용하고 있다. 우리나라 백화점들도 포장과 진열에 신경을 쓰고 있지만, 이세탄

백화점은 대부분의, 과일을 모두 한 사람이 한두 번 먹을 수 있을 정도로 소포장하여 카페에서 조각 케익을 고르듯이 손쉽게 소비자의 구매를 유도하고 있다. 또한, 낱개 판매를 통해 대량구매가 부담스러운 소비자들을 위한 가격전략도 펼치고 있다.

자전거를 주요 교통수단으로 이용하는 일본 주부들과 소식 위주의 식생활 패턴, 그리고 독신자 증가 추세인 라이프스타일을 반영하여 소포장 판매전략과 가격전략으로 마케팅하고 있다. 이러한 소포장뿐만 아닌, 농산물 유통에 대한 설명이 잘 되어있어 소비자에게 신뢰를 주고 있다.

〈소포장 판매전략과 가격전략 마케팅〉

이처럼 여러 가지 포장의 전략적 역할들이 있지만, 농촌 창업가들이 어떻게 포장해야 하는지 감이 잘 오지 않을 것이다. 이런 경우, 일반적으로 상품의 특성, 도시소비자들의 성향을 잘 파악해 보기를 권한다. 예를 들어, 백화점이나 대형마트에 가서 자신이 판매하려는 농산물이 어떻게 진열되어 있고, 포장되어 있는지 살펴보고 벤치마킹해 보자. 여기서 말하는 벤치마킹은 그대로 복사해오는 것이 아닌, 창조적 모방을 의미한다. 창조적 모방은 기본적인 모방에다, 여러 가지 서로 다른 전략적 차별화를 두어, 이전의 것을 더욱 활성화시키고 개선해 나가는 것이다.

이러한 창조적 벤치마킹을 위해 자신이 취급하는 농산물을 판매하는 다른 농가들이나 온라인매장에 들어가서 주문을 해보는 것도 좋은 방법 중 하나이다. 농산물을 받아보고, 그 제품의 포장을 꼼꼼하게 살펴보면 포장에 있어서 잘된 점과 잘못된 점을 파악하기에 더 수월할 것이고, 여기서 발견한 여러 가지 장점과 단점을 자신의 농산물 포장에 개선점으로 반영하여야 한다.

(5) 판매점도 하나의 상품일 수 있다

우리는 하루에도 수십 군데 매장을 지나치며 간접적으로 매장에 진열된 제품을 접하게 된다. 어떤 매장은 자극적인 광고문구와 형형색색의 간판을 이용해서 사람들의 눈을 사로잡는다. 또 어떤 매장은 너무 일반적인 유형의 간판과 쇼윈도우를 가지고 있어서 누가 봐도 '뭘 하는 곳이구나.'라는 것을 금방 알게 만든다. 이렇듯 소비자로 하여금 상품을 구매할 수 있도록 도와주는 공간을 구성하는 것이 바로, 판매점 인테리어이며, 이를 잘 갖추어야 할 요소라고 할 수 있다. 하지만 판매점은 단순히 제품을 판매하는 곳이 아닌, 브랜드 이미지를 파는 곳이라 할 수 있으며, 브랜드나 창업가들과 소비자들의 관계를 밀접하게 연결해 주는 역할을 하는 곳이라 할 수 있다. 소비자들의 라이프스타일과 가치를 브랜드로 연결하여 상품을 체험할 수 있도록 하는 공간이 되는 것이다.

〈과일 판매대의 모습〉

쇼윈도우의 활용

우리는 명동거리만 봐도 수많은 매장들이 고객을 유혹하고 있는 것을 알 수 있다. 저마다 특색있는 간판과 문구들이 매장 전면을 채우고 있지만, 누가 뭐라 해도 사람들의 눈길을 잡는 것은 마네킹이 걸치고 있는 옷이나 신발들일 것이다. 하지만 소규모 상점들은 어떤가? 특히 우리의 관심사인 농업 관련 창업은 이러한 쇼윈도우 진열과는 거리가 멀어도 한참 멀다. 싱싱하고 맛있게 보이는 청과물을 예쁘게 쇼윈도우에 디스플레이하는 것은 어떤가? 우리 속담에 보기 좋은 떡이 먹기도 좋다는 말이 있다. 그나마 백화점들은 과일이나 야채 하나도 보기 좋게 포장하여 판매되고 있다. 이렇게 예쁘게 포장해서 쇼윈도우에 진열되어 있어, 깔끔해 보인다면 지나가던 고객들도 한 번씩 더 쳐다보게 되고, 다른 매장들과 차별화되어 기억에 오래 남을 것이다. 이러한 노력은 결코 어려운 것이 아니며, 조금만 관심을 가지고 디스플레이에 활용한다면 매장도 하나의 상품이 될 수 있는 멋진 공간이 될 수 있다는 것을 명심하자.

그렇다면 요즘 많은 관심을 가지고 있는 인터넷 쇼핑몰은 어떠한가? 하루에도 수백 개의 온라인 상점들이 생겨나고 있다. 하지만 어떤 곳은 좋은 물건을 팔고, 안 팔고를 떠나서 홈페이지를 들어가 봤을 때, 초라하기 그지없는 단순한 홈페이지 디자인을 보게 된다면 실제로 물건을 직접 보고 만질 수 없기에, 더욱 그 매장에 대한 믿음이 가지 않을 것이다. 그래서 요즘 대기업들의 홈페이지는 많은 돈을 투자해서 제작하고 관리하는 것에 관심과 열의를 가지는 것이다.

(6) 상권분석

소규모 창업에 있어서 입지를 선정하는 일은 창업의 성패를 결정짓는 중요한 분석 중 하나이다. 실제로 좋은 장소의 점포를 찾으면, 거의 절반은 성공이라 볼 수 있다. 이와 같이 좋은 입지를 찾기 위해서는 반드시 상권을 분석해야 한다. 이러한 상권분석은 창업을 준비하는 본인이 직접 발로 뛰면서 할 수도 있지만, 외부 전문기관에 의뢰할 수도 있다.

이러한 상권분석의 목적은 첫째, 창업자가 입지를 선정하기 위한 기초자료가 되기 때문이다. 둘째, 상권분석을 통해 창업자가 창업하려는 입지에 대한 전반적인 특징을 파악할 수 있다. 셋째, 상권분석을 통해 창업 후 예상되는 매출의 추정이 가능하다. 넷째, 경쟁업체 파악이 가능하며, 파악한 경쟁업체와의 차별화 전략을 수립하는데 상권분석을 활용할 수 있다. 그렇다면 상권분석을 할 때 반드시 필요한 조사항목과 조사절차는 어떻게 되는가?

① 상권의 일반적인 특징을 먼저 조사
② 발전 가능성과 미래 전망을 조사하고 또한 개발 예정이 되어 있는지 도시 계획을 살펴본다.
③ 상권 내 거주하는 주민의 연령, 성별, 소득수준 등을 조사
④ 요일별, 시간대별로 유동 인구수를 파악
⑤ 상권 내의 경쟁업체를 조사
⑥ 재래시장의 상권이 형성되어 있는지 등의 주변 상권도 함께 분석

입지 신정 참고자료
① 시내 중심가 상권은 유동 인구가 많아 매출액이 당연히 높다. 그에 비례하여 세금이나 임대료도 높기 때문에, 경험이 부족한 창업자에게는 위험성도 커진다. ② 주택가나 아파트 상권은 매출액이 비교적 꾸준해서, 상권이 안정되어 있는 편이다. 저가의 식료품이나 식재료 등을 주로 취급하는 것이 유리하며, 부녀회 등을 통한 입소문 마케팅이 효력을 발휘한다. ③ 역세권은 유동 인구가 많기는 하지만, 머무는 시간이 짧아서 저가품이 유리하다. 또한 출근보다는 퇴근 시간대에 매출이 높다. ④ 권리금이 높거나, 주변에 노점상이 많은 곳이 좋은 상권이다. ⑤ 주변에 은행, 대형 유통시설, 극장가, 관공서, 대형병원 등 편의시설이 많은 곳이 좋은 상권이다. ⑥ 지하철 역, 버스정류장, 횡단보도 주변과 같이 접근하기 쉬운 곳이나 주차시설이 있는 곳이 좋은 상권이다. ⑦ 사람들의 보행속도가 느린 곳이 좋은 상권이며, 차량 통행 속도나 보행속도가 빠른 곳은 좋지 않은 상권이다. ⑧ 빌딩의 경우 고층보다 저층이 유리하며, 지상 2층보다 지하 1층이 더 유리하다. 〈소자본창업〉, 최병진 · 장준영, 2008.

(7) 직거래를 통한 유통. 물류비용 절감

우리나라에서의 농산물 직거래는 유기농산물 생산자 조직으로부터 시작되었으며, 1980년대 중반에 배추, 무, 파동을 비롯한 농산물 유통의 문제점들이 불거져 나오면서, 일반 농산물에서 농산물 직거래가 확대되기 시작하였다.

직거래의 장점과 유형

① 직거래의 장점

a. 유통 마진을 줄일 수 있기 때문에 높은 가격으로 판매가 가능

b. 유통환경의 변화에도 불구하고 가격과 판매의 안전성을 기할 수 있음.

② 직거래의 유형

직거래의 유형에는 여러 가지가 있으며 구분하는 방법도 다양하다. 우선 누가 하느냐에 따라 크게 두 가지로 구분된다.

a. 개별 생산자의 직거래

b. 생산자 단체의 직거래

또한, 누구에게 직접 판매하느냐에 따라, 아래와 같이 크게 세 가지로 구분된다.

a. 일반소비자.

일반소비자를 대상으로 하는 직거래는 농장, 관광지, 고속도로 휴게소 및 공항 터미널의 직판장, 우편 판매, 전자 판매, 택배, 방문판매 등 여러 가지 방법이 있다.

b. 대량소비처

대량소비처란 대형음식점 및 가공업체와 단체급식을 하는 병원, 군부대, 학교, 회사 등을 말한다.

c. 민간 유통업체

최근에는 대도시의 대형 유통업체와의 계약에 의한 직거래도 크게 늘어가고 있다.

농산물 직거래는 지속적인 고객관리를 통해 안정적인 수요를 확보할 수 있고, 인터넷과 모바일 등의 통신과 도로 여건 등 교통수단의 발달로 인해 수송이 편리해지면서, 점차 직거래 시장의 확대가 예상되기 때문에 앞으로 농촌창업에서의 중요성이 커지고 있다.

성공적인 직거래 전략

성공적인 직거래 전략을 위해서는 고객 유인전략과 유지전략의 두 가지 문제로 귀착된다. 고객유치 단계에서는 우선 소비자의 관심을 유발하여야 한다. 아무런 연고가 없는 경우, 소비자에게 접근하는 것도 쉽지 않기 때문에 소비자의 관심을 유발하는 것은 매우 중요하다. 또한, 소비자가 만족할 만한 조건을 제시하여야 한다.

① 가급적이면 일정 내의 소비자를 집중적으로 공략

a. 판촉 활동을 한 곳으로 하기 때문에 시장개척 비용이 적게 들고
b. 여러 곳에 거주하는 소비자를 대상으로 하는 경우, 비해 유통비용이 대폭 절감
c. 비슷한 소득계층이 살기 때문에 제품의 특성이나 가격 등 판매전략의 단순화 가능

② 주민들의 여론을 주도하고 있는 오피니언 리더들을 대상으로 시작하는 것이 좋다.

대개 아파트단지의 부녀회나 통·반장이 이러한 사람들이다. 이때 막무가내로 협조를 구하기보다는 잘 설득시켜야 한다. 예를 들어, 어떻게 농사를 짓기 때문에 품질이 좋다는 것을 자세히 설명하는 것이다. 지역의 어려운 실정을 이야기하고 감정에 호소하는 것도 한 방법이 될 수 있다.

③ 지역주민들의 공동생활에 참여하여 지역의 일원이라는 생각을 가지도록 지역 밀착전략을 추진하는 것이 바람직하다.

자연스럽게 주민의 소비 활동 속으로 들어서기 위해서는 우선 외부 사람이라

는 생각이 들지 않도록 하는 것이 중요하다. 즉, 항상 접하는 슈퍼마켓 주인 같은 인상을 심어주는 것이다. 이를 위해 반상회나 경로잔치 등 지역주민들의 공동행상에 적극적으로 참여하는 것도 좋은 방안이다.

<해외사례> - 모리타 양란원(일본)

동경 근교 사이타마현 가와고에시에 위치한 호접란 생산 전문 농가로 유리온실을 이용하여 호접란을 생산하고 있다. 국내에서 생산되는 호접란 이외에도 대만과 인도네시아 등의 값싼 수입품과 경쟁해야 하기 때문에 품질개량과 자체 브랜드 개발에 많은 노력을 기울이고 있다.

모리타 양란원은 최종상품을 키워 출하하는 작업을 주로 하고 있으며, 묘목을 키우는 부분은 하청을 주고 있다. 대부분의 농가가 대만 등지에서 거의 다 자란 묘목을 수입해서 꽃만 피워 판매하는 것과는 달리, 온실마다 묘목부터 판매단계까지 단계별로 분류해 놓고 재배하는 방식의 체계적인 생산시스템을 유지하고 있다.

과거에는 상품을 만들어서 경매장을 주로 이용하는 유통을 하였는데, 경매장으로 물건이 가면 제값을 못 받는 상황이 많아지면서, 이제는 거의 모든 물량을 자체 브랜드화하여 직접 유통하는 방식을 추구하고 있다. 장기적인 시각에서 자산의 브랜드를 가지는 것은 매우 중요하다고 볼 수 있다. 모리타 양란원은 자신의 브랜드를 개발하기 위해 고품질, 고가전략을 사용하여 호접란의 고품격화를 모색하여 시장에서의 협상력을 강화해 나가고 있다.

〈모리타 양란원의 홈페이지 사진〉

이러한 직접 유통방식은 인터넷을 통한 배송, 직접 소매점과의 거래를 이용하고 있으며, 남은 제품은 경매장을 통해서 유통하고 있다. 인터넷 및 직판 10%, 농장에서 대형 꽃집 직접 배달 50%, 도매상 직거래 25%, 경매장 출하 15%로 나누어 유통경로 전략을 세우고 있으며, 경매는 가격을 좋게 받기 어렵고, 생산자의 출하 가격보장이 안 되어 점점 줄여가고 있는 추세이다.

❖ 이 장의 요약

시장 세분화 및 표적시장의 선정과 포지셔닝이 이루어졌다면, 서서히 세분시장 마케팅 전략의 윤곽이 잡히고, 창업자는 실제 시장에서 타사제품과 효율적으로 경쟁하기 위한 구체적인 마케팅 활동들을 고민해야 한다. 이것은 바로 창업목표를 달성하기 위한 마케팅 믹스를 결정하는 것이라고 볼 수 있다. 이러한 활동을 마케팅 믹스 전략 수립이라고 말하며, 요즘 같은 경쟁적 경영환경 속에서는 전략적 접근이 반드시 필요하다 하겠다.

마케팅 믹스는 창업자가 표적시장에서 창업목표의 달성을 위하여 사용하는 실질적인 마케팅 도구를 의미한다. 마케팅 믹스는 통상 4P로 불리며 제품(product), 가격(price), 촉진(promotion), 유통(place)으로 구성되며, 이를 효과적으로 조합하는 것이 창업 활동에 중요한 과제이다.

특히 농업 분야에서 브랜드가 필요한 첫 번째 이유는 차별화이다. 두 번째 이유는 브랜드를 통한 소비자와의 관계 구축이며, 마지막으로, 농업 분야에 브랜드가 필요한 이유는 FTA와 같은 농산물 시장개방에 따른 수입 농산물에 대한 경쟁력 강화를 들 수 있다.

브랜드는 원래 한 기업의 상품을 다른 기업의 상품과 구별하기 위해 생겨난 것이지만, 오늘날에 와서는 이러한 식별기능보다는 기업의 자산으로서 가치가 더 크게 주목을 받고 있다. 한마디로 함축하자면, 브랜드 자산(brand equity)은 브랜드가 창출하는 부가가치이다. 그러므로 기업이 강력한 브랜드를 갖고 있으면, 경쟁자보다 높은 시장점유율을 올리거나 높은 가격을 받을 수도 있고, 브랜드를 다른 기업에게 라이선스해주고 로열티 수입을 올릴 수도 있다.

기업의 마케팅 담당자는 가격을 결정하기 위해서는 가격 결정의 기본구조에 대한 고찰이 필요하다. 어떤 제품이나 서비스가 가지고 있는 가치를 돈으로 환산한 것이 바로 가격이다. 기업 입장에서 가격은 마케팅 관리요소(4P : product, price, promotion, place) 중 기업의 이익에 직결되는 요인이다. 소비자의 입장에서 가격은 제품의 품질을 대리하는 지표이다. 실제로 대부분의 소비자들은 가격이 높으면 품질이 좋을 것이라는 생각을 하게 된다. 가격은 시장을 구성하는 여러 요인에 의해 영향을 받는다. 이러한 가격을 설정하는 데 있어 기업 측에서 고려해야 할 사항들이 있다. 대표적인 요인으로 소비자 반응, 원가, 경쟁 환경, 유통경로, 법적 규제를 들 수 있다. 대표적인 가격전략으로는 경쟁적 가격, 비용기반 가격, 변동가격, 침투가격, 스키밍 가격, 상대적 가격전략 등이 있다.

판매전 후의 효과적인 광고나 판촉이 이러한 어려움을 극복할 수 있는 핵심 요소가 될 수 있다. 판매전 광고와 판촉은 첫 구매를 획득하는 데 필수적이고 판매 후에는 고객의 만족을 촉진하고 재구매를 이끌어내는 데, 꼭 필요한 활동이다. 그 중에서 판매촉진은 제품이나 서비스의 판매를 촉진하기 위한 비교적 단기적인 동기부여 수단의 총칭으로 소비자에게 현재 구매 시점에서 구매할 이유를 제공하는 촉진 방법이다.

마지막으로 유통전략은 우리의 농장에서부터 고객들의 식탁이나 상점의 매대로 어떻게 보낼 것인가에 대해 확인해 봐야 한다. 보통 유통전략에서 고려해야 할 것은 시장 범위, 이동, 포장 등이 포함된다. 유통전략의 첫 번째 요소는 범위이다. 자사의 상품을 유통하기 위해 어느 정도로 넓은 시장의 범위를 고려할 것인지, 그리고 거기서 집중적 유통을 할 것인가, 선택적 혹은 전속적 유통을 할 것인지를 선택해야 한다.

가장 기본적인 유통전략은 자사의 제품을 최종고객에게 배송해주는 것에서 비롯된다. 여기에는 기본적으로 직접 유통과 중간상을 이용하는 유통으로 나눌 수 있다. 오늘날은 원료생산에 치중했던 농가들 또한 자신들이 취급하는 생산물을 가공하고 포장해서 직접 유통하는 추세이다.

또한, 포장과 매장도 전략적인 차별화를 가져오는 중요한 요소가 되어 가고 있다. 우리가 흔히 알고 있는 판매점의 개념은 제품을 파는 곳이라 할 수 있다. 판매점은 단순히 제품을 판매하는 곳이 아닌, 브랜드의 이미지를 파는 곳이라 할 수 있으며, 브랜드나 창업가들과 소비자의 관계를 밀접하게 연결해 주는 역할을 하는 곳이라 할 수 있기 때문이다.

더 생각해 볼 문제

1. 현재 생각하고 있는 농촌창업에 적합한 브랜드를 만들어 보자.

2. 위에서 만들어진 브랜드에 대한 이미지를 고려, 4P를 어떻게 구성할 것인지 생각해 보자.

3. 소비자들에게 차별화된 농산물 제공을 위한 이색적인 포장 기법의 아이디어를 생각해 보자.

1등을 할 수 없으면, 2등을 해라 - 개성상인 최생(崔生)

고려 시대 송도 송악산 밑에 최생이라는 가난한 선비가 살고 있었다. 그는 돈 버는 것을 천박하게 여겨 생계를 도모하지 않았기에, 부모들이 남긴 재산과 살림 도구를 팔아서 연명해나갔다. 이렇게 몇 해가 지나 더 이상 팔 게 없게 되자 그의 부인이 바느질로 끼니를 이어나갔다. 하지만 부인마저 병이 들어 더 이상 바느질을 할 수 없게 되자 그제서야 최생이 생계를 맡지 않을 수 없었다. 최생은 부인이 시집올 때 가지고 온 패물을 팔아 장사를 할 요량으로 저자를 돌아다니기 시작했다. 그러나 하루종일 시장을 돌아다녀도 책만 읽던 최생이 돈을 벌 수 있는 마땅한 방법이 없었다. "무엇을 해야 할지 막막하기만 하구나." 최생은 해가 기울자 다리도 쉬고, 주린 배도 채울 생각으로 향화방이라는 상화점(만두가게로 알려져 있으나 실제로는 술을 넣어 발효시켜 만든 빵의 한 종류인 상화를 파는 가게)에 들어갔다. 향화방에는 의외로 손님들이 많아서 줄을 서서 기다려야 할 정도였고, 기다리기가 지루하다고 그냥 돌아가는 손님마저 있었다.

"이렇게 손님이 많으니 금방 거금을 벌겠구나." 최생은 눈이 휘둥그래져 순서를 기다렸다. 차례가 되어 상화를 주문하여 먹어보니 과연 맛도 좋았고, 모양도 기이할 정도로 예뻤다. 최생은 크게 감탄을 하고 집에 돌아와 향화방의 상화에 대해서 깊이 연구하기 시작했다. 그는 오랫동안 향화방의 상화를 사다가 똑같은 맛을 내려고 부인과 함께 애를 썼다. 그러나 향화방의 상화는 특별한 비법이 있는지, 도무지 그 맛을 따라갈 수가 없었다.

"향화방을 따라가는 것은 불가능하다. 향화방을 1등이라고 하고, 나는 2등을 해야겠다." 최생은 향화방 상화에는 미치지 못하지만, 2등이라도 하기 위해 많은 노력을 기울인 뒤에 향화방 인근에 쌍화점을 냈다. "상화라고 하면 송도에서 향화방을 제일로 치는데, 최생이 그 옆에 상화 가게를 내니 참으로 어리석구나." 하며, 사람들은 최생을 비웃었다. 그러나 최생은 사람들이 비웃는 것을 개의치 않고, 걸인들이나 가난한 사람들에게 상화를 그냥 주기도 하면서 맛을 보게 해 "최생의 상화가 먹을 만은 하더라."하고 소문을 내게 했다. 그러자 사람들은 상화를 살 때는 으레 향화방을 찾아갔지만 향화방에 손님이 많으면 최생의 상화가게로 오곤 했다. 어느덧 최생의 상화가게도 손님들로 북적이기 시작한 것이다. "향화방 보다는 못하지만 먹을 만은 하더라." 최생의 상화를 먹은 사람들은 한결같이 좋은 평을 했다. 최생의 가게도 손님이 점점 많아지면서 마침내 향화방 못지않게 돈을 벌어 부자가 되었다.

최생의 2등 전략은 무조건 잘 되는 상점 옆에, 창업을 하여 성공하는 전략이 아니다. 2등 전략의 핵심은 음식점의 가장 중요한 성공 요건인 맛에서도 2등을 해야 한다는 사실이다. 최생은 향화방의 상화 맛을 따라가기 위해 수없이 연구를 거듭하여 향화방에 근접할 정도의 맛을 냈기 때문에 손님들이 찾아온 것이다. 2등 전략은 최소한 2등의 실력을 갖춰야만 성공할 수 있다.

- 이수광 저, 〈불 이루는 상술〉 중에서 -

Ⅱ

왜 소통해야 하는가?

오늘날 사람들은 서로 이야기 나누기를 원한다. 농촌창업자들도 고객, 동료, 또는 경쟁업체들이나 파트너 업체들도 함께 이야기를 나누어야 한다. 특히 고객과의 소통이 성공적인 창업의 기본이 될 것이다. 실제로 전화나 인터넷을 통해서 기업에 불만을 제기하고, 급기야는 언성을 높여 생산자나 판매점에 화를 내는 고객은 생산자나 점주, 창업자들에게 아주 고마운 존재이다. 불만 사항을 접수받고 다시 고객과의 관계를 회복할 수 있는 절대적 기회를 주기 때문이다. 하지만 이처럼 불만족한 사항을 이야기하거나 화내는 사람보다 더 무서운 것은 불만이 있으면서도, 아무 말 하지 않는 사람들이다. 이러한 고객들은 우리가 잘못한 것에 대해 회복하기 위한 기회조차 주지 않을뿐더러, 다른 잠재고객들에게 나쁜 소문을 퍼뜨리기 때문이다. 이 경우 오늘날과 같은 온라인이나 모바일 인프라[1])가 잘 되어있는 IT[2]) 환경에서는 나쁜 소문들의 파급효과가 여느 때보다 더 강력해진다. 그러기에 농촌창업을 준비하는 우리로서는 고객과 적극적으로 소통하고 관계를 긍정적으로 유지하기 위한 여러 가지 방향으로 고객과의 소통을 관리해야 한다.

1) 인프라 : 경제활동의 일반적인 기초를 제공하는 자본 설비의 총칭이고 사회자본으로도 불린다.
2) IT : 컴퓨터 하드웨어, 소프트웨어, 통신장비 관련 서비스와 부품을 생산하는 산업을 통칭한다.

1. 전자상거래

소규모 농촌창업 농가의 효율성, 경쟁력, 생산성을 향상시키기 위한 잠재력을 늘리는 전략과 관련된 중요한 이슈가 바라 전자상거래다. 모든 산업에 걸쳐 다수의 기업들이 인터넷 사용을 통해, 그들의 마케팅 노력들을 향상시키고 또한 매출 증가를 시도하고 있다. 그러나 상대적으로 적은 숫자만이 성공하고, 온라인 시장에 살아남게 되는 것이 현실이다.

농촌진흥청에 따르면 농수산물과 식품 분야에 있어서 전자상거래를 통한 매출액은 2001년 2,035억 원에서 2006년 9,800억 원으로 급성장하여 2010년 2조 3,900억 원으로 시장규모가 약 12배 가량 성장한 것으로 나타나, 놀라운 성장을 거두었다. 이에 따라 국내 전체 전자상거래에서 농수산물과 식품이 차지하는 비율도 2000년 6%에서 2010년 9.4%로 높아졌다.

이처럼 전자상거래는 농산물 유통에 있어서 획기적인 변화를 가져오고 있는 것이 분명하다. 대부분의 상품이 유통되는 경로와 같이 생산자로부터 여러 단계의 중간상을 거쳐 소비자에게 전달되는 것이 이전의 농산물 유통방식이었다. 그러나 농산물 전자상거래가 발전하면서 생산자가 소비자에게 직접 판매하는 직거래가 가능해지고, 기존의 유통 단계를 크게 축소시키는 역할을 하게 되었다. 또한, 다른 상품들에 비해 농산물은 유통 단계에 붙는 마진이 상대적으로 높기 때문에 전자상거래를 통한 직접 판매방식은 농산물 생산자와 최종 소비자 모두에게 이득이 되는 거래 방법이 되고 있다. 이러한 장점들을 위하여 정부에서도 관계기관을 중심으로 농업정보통신 개선사업을 통해 농촌에서도 보다, 쉽게 인터넷을 통한 전자상거래를 활성화할 수 있도록 정보통신 인프라 구축을 위해 노력하고 있다. 이러한 일환으로 농가별 전자상거래 활용을 촉진하기 위해 1999년부터 농가 홈페이지 구축 지원사업을 해오고 있으며, 향후에도 전자상거래를 통한 농산물 판매가 더욱 활발해질 전망이다.

전자상거래의 법적 문제 탐색 사례 연구

전자상거래 비즈니스에 대한 사례 연구는 해당 비즈니스가 직면한 법적 문제에 대한 귀중한 통찰력을 제공할 수 있다. 전자상거래는 몇 번의 클릭만으로 전 세계 고객에게 도달할 수 있도록 함으로써 비즈니스 운영 방식을 혁신적으로 변화시켰다. 그러나 전자상거래의 부상과 함께 기업이 탐색해야 하는 수많은 법적 문제도 발생한다.

이러한 문제는 온라인 계약, 데이터 프라이버시 및 지적 재산과 관련된 문제가 포함될 수 있다. 여기서는 법적 원칙의 실제 적용에 대한 귀중한 통찰력을 제공하는 사례 연구를 사용하여 전자상거래 비즈니스가 직면한 법적 문제를 색구(찾아서 구함) 해본다. 전자상거래의 법적 위험을 해결하고 최소화하기 위한 전략도 논의될 것이다.

전자상거래 법적 문제에는 온라인 계약, 데이터 프라이버시 및 지적 재산권과 관련된 문제가 포함될 수 있다. 전자상거래 사업을 운영할 때 고심해야 할 많은 법적 고려사항이 있다.

전자상거래 비즈니스의 최고 중요한 법적 문제 중 하나는 온라인 계약 문제인데, 온라인 계약은 서비스 약관 또한 구매 계약과 같이 온라인으로 체결되는 계약이다. 이러한 계약은 제안, 수락 및 고려를 포함하여 기존 계약과 동일한 법적 요구 사항을 충족해야 한다.

이러한 요구사항을 준수하지 아니하면 계약을 시행할 수 없고 비용이 많이 드는 법적 분쟁도 발생할 수 있다. 전자상거래에서 또 다른 중요한 법적 문제는 데이터 개인 정보 보호입니다.

전자상거래 기업은 개인 정보 및 결제 세부 정보를 포함하여 고객으로부터 방대한 양의 데이터가 수집된다. 이 데이터는 무단 액세스로부터 보호되어야 하며 기업은 해당 데이터 프라이버시 법률 및 규정을 준수해야 한다. 그렇게 하지 않는다면 값비싼 벌금과 명예 실추를 초래할 수 있다. 지적 재산은 전자상거래 비즈니스에 있어 중요한 법적 문제이기도 하며, 지적 재산에는 상표, 특허 및 저작권이 포함된다.

전자상거래 비즈니스는 타인의 지적 재산권을 침해하지 않고 본인의 지적 재산권이 적절하게 보호되도록 해야 한다. 전자상거래 비즈니스에 대한 사례 연구는 비즈니스가 법적 문제에 대한 귀중한 통찰력을 제공할 수 있기 때문이다. 예를 들어 전 세계적으로 제품을 판매하는 온라인 소매업체의 경우를 생각해보자. 이 소매업체는 사업을 운영하는 각 국가의 법률과 규정을 준수해야 하며 이는 복잡하고 난해한 작업일 수 있다. 소매업체는 온라인 계약의 집행이 가능한지, 각 관할권의 법적 요구사항을 준수하는지를 확인해야 한다. 데이터 개인정보 보호는 이 소매업체가 직면한 또 다른 중요한 법적 문제이기 때문이다. 소매업체는 사업을 영위하는 각 국가의 데이터와 개인 정보 보호법을 준수해야 하며 이는 상당히 다를 수 있다. 이러한 법률을 준수하지 않으면 상당한 벌금이 부과되고 평판이 훼손될 수 있다. 지적 재산은 이 소매업체에게 중요한 법적 문제이다. 소매업체는 타인의 지적 재산권을 침해하지 않고 본인의 지적 재산권이 적절하게 보호되도록 해야 한다. 이는 지적재산권법이 국가마다 크게 다를 수 있으므로 전 세계적으로 사업을 운영할 때 특별히 어려울 수 있다.

전자상거래에서 법적 위험을 해결하고 최소화하기 위한 전략에는 명확한 정책 및 절차 구현, 적절한 법적 조언 얻기, 관련 법률 및 규정에 대한 최신 정보. 법적 위험을 해결하기 위한 최고의 효과적인 전략 중 하나는 명확한 정책과 절차를 구현하는 것이다. 이러한 정책 및 절차는 온라인 계약, 데이터 프라이버시 및 지적 재산을 포함하여 비즈니스의 모든 측면을 다루어야 한다. 해당 법률 및 규정을 준수하도록 정기적으로 검토하고 필요에 따라 업데이트해야 한다. 적당한 법적 조언을 구하는 것도, 전자상거래의 법적 위험을 해결하는데, 필수적이다.

전자상거래 비즈니스는 경험이 풍부한 법률 고문과 협력하여 정책 및 절차가 해당 법률 및 규정을 준수하는지 확인해야 한다. 또한, 법률 고문은 법적 위험을 최소화하고 비용이 많이 드는 법적 분쟁을 피하는 방법에 대한 지침을 제공할 수 있다. 해당 법률 및 규정을 최신 상태로 유지하는 것은 전자상거래에서 법적 위험을 해결하기 위한 여러 가지 효과적인 전략이다.
전자상거래와 관련된 법률 및 규정은 지속적으로 발전하고 있으며 기업은 규정 준수를 위해 최신 정보를 숙지해야 한다. 여기에는 컨퍼런스 및 세미나 참석, 법률 간행물 구독, 전자상거래법에 정통한 법률 고문과의 협력이 포함될 수 있다. 결론적으로 전자상거래 비즈니스는 다음과 같은 문제를 포함하여 여러 가지 법적 문제에 직면해 있다.

온라인 계약, 데이터 프라이버시 및 지적 재산. 명확한 정책 및 절차를 구현하고 적당한 법률 자문을 구하며 관련 법률 및 규정에 대한 최신 정보를 유지함으로써 기업은 법적 위험을 최소화하고 비용이 많이 드는 법적 분쟁을 피할 수 있다. 사례 연구는 기업이 전자상거래의 복잡한 법적 환경을 탐색하는 데 도움이 되는 전자상거래에서 법률 원칙의 실제 적용에 대한 귀중한 통찰력을 제공할 수 있다.

〈네이버, 9zz51zi4님의 블로그〉에서 발췌

<해외사례>- Annie's Jellies and Jams

Annie's Jellies and Jams은 소규모 농촌창업 기업으로 웹사이트를 통한 직접 판매로 성공한 사례로 손꼽힌다. Annie는 웹사이트를 이용하여 1996년 창업해 1997년에 2%의 성장을 거둔 이래 지속적인 성과를 올리고 있으며 오늘날까지 창업 이래 65% 이상의 매출 성과를 이뤄내고 있다.

지역축제와 촉진으로써의 견본품 제공의 중요성

초기에 Annie는 네브라스카 Sandhills에 있는 천혜 자연인 풍부한 야생 딸기 숲을 기반으로 손으로 손수 만든 야생 과일쨈과 젤리를 만들어 팔 생각을 하게 되었다. 하지만 창업을 해본 경험이 없었던 Annie는 어디서 어떻게 팔아야 할지를 몰랐었다. 이때 한 친구가 네브라스카에서 열리는 노동절 축제에서 팔아볼 것을 제안해 3일간의 기간 동안 젤리로 $600을 벌게 된 것이 Annie's Jellies and Jams의 시초였다. 그녀는 그 후 축제에 지속적으로 참가했고, 거기서 견본품을 제공하기 시작하여, 어떤 제품은 성공하였지만, 어떤 제품은 실패를 하기도 하였다. 그러면서 견본품을 제공하는 것이 매출 증가에 중요한 역할을 했다는 것을 배우게 되었다. Kraft, General Mills, ConAgra와 같은 큰 식품 제조기업들은 대부분 광고, 쿠폰, 할인으로 소비자의 사용을 유도하는 반면, 대부분의 소규모 창업기업은 대기업이 사용하는 촉진 활동을 사용할 충분한 자금력이 부족한 것이 현실이다.

Annie는 지인의 권유로 인터넷을 통해 소비자들을 만날 수 있다는 것을 알고 인터넷 판매를 시작하기로 결심하게 된다. 그녀는 컴퓨터를 사용해본 적이 없었기 때문에, 먼저 컴퓨터 사용 방법을 배우게 되었고 1996년 첫 온라인 사이트를 개설하였다. 첫 온라인 사이트를 개설할 당시 야후, 라이코스와 같은 유명한 검색엔진[3]에 등록하였다.

Annie는 자신의 성공에 많은 부분이 인터넷을 통한 적절한 시간과 적정한 장소에 온라인매장을 만든 것이라고 회고한다. 오늘날, 구글, 네이버와 같은 검색엔진에서 많은 기업들을 찾을 수 있다. 하지만 많은 기업 가운데 Annie's Jellies and Jams가 경쟁력을 가질 수 있었던 것은 회사의 이름이었다고 한다. Annie's Jellies and Jams의 회사명에서 첫 단어가 A로 시작했던 것은 인터넷에서 검색할 경우, 리스트에 등장하는 회사명이 알파벳순으로 정렬되기 때문에, 검색 카테고리에서 가장 먼저 등장하게 되었던 것이다. 이러한 차이가 별것 아

3) 검색엔진 : 키워드를 이용해서 인터넷상의 정보자원을 찾아 주는 검색 도구 또는 서비스

닌 것처럼 보이지만 사람들이 잘 모르던 영역을 검색했을 경우, 가장 위에 먼저 나온 것을 보게 되고 신뢰하게 된다는 것을 알았던 것이다. 이러한 작은 차이가 온라인매장을 여는데 있어, 중요한 차별화가 될 수 있다는 것을 우리는 사례를 통해 알 수 있다.

〈Annie's Jellies and Jams에서 생산된 잼〉

온라인에서의 인적 접촉 중요성

Annie의 주된 고민거리는 웹사이트를 통해서 들어온 주문에 있었다. 매우 많은 양의 주문이 들어오는 경우들이 있었는데, 이 경우 주문을 처리하는데 직접 만들어 제공할 수 있는 양에 한계가 있었다는 것이다. 요즘 우리가 접하는 인터넷 쇼핑사이트를 생각해 본다면, 웹사이트상에서 주문처리가 가능하도록 프로그램이 되어 있다. 이 경우 고객들이 몰리거나 대량을 원하는 고객이 주문하게 되면 자동적으로 주문처리가 되기 때문에 실제 판매기업의 재고량이 거기에 따라가지 못하는 경우가 있다. 그래서 흔히 인기 상품은 품절이라고 쓰여 있기도 하고 시간이 지난 후 재입고했다고 쓰여 있는 것을 볼 수 있다. 하물며 직접 수제로 만들던 Annie의 상품들은 더더욱 그 수요를 맞출 재고 확보가 쉽지 않았으며, 야생 과일들이 풍부한 자연조건을 가지고 있는 지역이었지만, 그 당시의 수확량에 따라 달라지는 것 때문에 웹사이트상에서 자동으로 주문 처리되는 온라인 매장 형태를 지속하기 힘들었던 것이다. 이러한 일들이 실제로 농촌창업에 있어서 굉장히 중요한 부분일 것이다. 온라인 사이트가 지역과 시간을 초월하여 많은 소비자들과의 만남을 제공한다는 장점이 있지만, 실제로 농산물은 그해의 작황이 재고에 대한 문제를 일으키기도 하고, 대기업이 아니기에 제품의 생산 또한 제한적이기 때문에 위험요인이 될 수 있는 것이다.

실제로 Annie's Jellies and Jams는 온라인 주문을 통해 6개짜리 패키지의 젤리를 2,000개 주문받았으나, 600개 정도밖에 주문량을 채워주지 못한 적이 있다. Annie는 다른 고객들에게 약속된 서비스를 이행하지 못하고 대량 주문이 들어온 고객과 협상한 600개를 다 채워주었다. 이러한 경험을 통해 Annie는 고객서비스의 가치를 알게 되었다. 그녀는 온라인으로 주문받는 것을 중단하였고, 훌륭한 사업을 하기 위해서는 고객과 함께 인간적인 접촉이 중요함을 알게 되었다. 이러한 인간적인 접촉은 고객이 다시 Annie's Jellies and Jams를 찾게 만드는 방법 중 하나라 믿었다. 다수의 대기업들이 고객관계관리[4]를 위해서 여러 소프트웨어를 통해 그들의 고객과 관계를 유지하는 반면, Annie는 오래된 방식이지만 웹사이트 운영상에서 주문은 인간적 접촉을 사용하는 방법을 찾은 것이다. 그래서 Annie는 웹사이트 상에서 자동 주문을 받지 않는 대신 수신자 부담 전화번호를 이용하여 전화로 고객과 직접 상담하고 이야기하는 방식을 채택하게 되었다.

특히 소규모 농촌창업을 준비하는 창업자들에게 이러한 직접적인 고객과의 접촉은 고객의 경험과 제품의 가치를 증대시킬 수 있으며, 자동 주문과 같은 주문관리에서 오는 효율성보다 고객관계관리에 있어서 더 큰 이점이 발생하게 된다.

Annie는 고객과의 관계를 유지하기 위해, 고객의 모든 정보를 저장해 둔다. 개별 고객들의 정보를 저장하고 필요할 때 꺼내 볼 수 있도록 컴퓨터에 저장해 두는 것이다. 그녀는 고객이 언제 처음 구매했는지, 구매 이력은 어떤지, 개인적인 선호도나 제품 취향은 어떤지를 알고 싶을 때 이 저장된 고객정보를 이용하며, 거의 1,000명에 가까운 고객들의 정보가 관리되고 있다. 또한 이러한 정보를 통해서 기존의 고객들에게 이메일을 보내 근황을 묻거나 제품에 대한 소개를 하기도 한다.

(1) 온라인 창업의 특징

인터넷이 등장한 1990년대 중반 이후, 온라인 관련 산업은 양적, 질적으로 지속적인 성장을 거듭해 오고 있다. 국내 온라인 산업은 최고 수준의 인터넷 이용률과 초고속인터넷 보급률에 힘입어 발달해 왔다. 이러한 기반 인프라의 성장에 힘입어 온라인 농촌창업의 기회가 확대되고 있다. 일반적으로 온라인 창업은 다양성, 편의성, 신속성을 특징으로 하며 참여 기업들이 끊임없이 변화하여 새로운 아이디어들이 등장하고 있다.

4) 고객관계관리 : 기업이 고객과 관련된 내외부 자료를 분석.통합해 고객 중심 자원을 극대화하고 이를 토대로 고객 특성에 맞게 마케팅 활동을 계획.지원.평가하는 과정이다.

이처럼 인터넷의 발전과 확산은 창업기업으로 하여금 시장 범위를 넓혀 국경을 초월한 사업을 구상할 수 있는 기회를 제공하고 있다. 인터넷의 발전은 시·공간의 장벽을 허물고 고객과의 쌍방향 커뮤니케이션[5]에 방해되는 요소들을 제거하면서, 정보교류와 상거래의 새로운 시장기회로 떠오르고 있다.

온라인을 통한 정보제공과 상거래는 시장의 효율성을 증대시킨다. 또한, 기업 내부 및 외부의 활동을 원활히 하고, 국제적 고객의 특성을 보다 잘 이해할 수 있게 정보습득을 도와준다. 우리나라에서도 온라인상에서 전자상거래를 하는 농촌창업기업이 많이 늘고 있는 추세이다. 그렇다면 농촌 온라인 쇼핑몰에서 중점을 두어야 할 부분은 무엇일까? 그것은 바로 '소통'일 것이다. 전통적으로 농산물 시장의 전자상거래는 도매시장 중심의 유통체계로 도매상들에 의해 이익이 독점되던 시대에서 이제는 온라인이라는 수단을 사용하여 소비자와 생산자가 직접 소통하며 서로의 가치를 창출하는 시대가 되었다. 이처럼 소비자와 생산자를 연결시켜 주는 연결고리가 바로 농촌 온라인 쇼핑몰이다. 따라서 농촌 온라인 쇼핑몰은 도시와 농촌 간의 소통 공간이며 지금까지의 관계를 발전시켜 나갈 수 있게 만드는 촉매제라 할 수 있다.

1) 온라인 창업의 장점

온라인 쇼핑몰은 인터넷을 활용함으로써 사용하기 간편하고, 연중무휴 24시간 거래가 이루어져, 상대적으로 적은 창업자금으로 사업이 가능하고, 사업에 대한 시간적, 공간적 제약이 없으며, 전 세계의 소비자를 대상으로 영업이 가능한 장점이 있다.

① 사용하기 편리하다
② 연중무휴로 활용이 가능하다
③ 상대적으로 창업자금 및 자본금이 소액으로 가능하다
④ 글로벌 시장이 소비자가 될 수 있다
⑤ 유통비용과 건물 임대료 등의 운영비가 절약된다

5) 쌍방향 커뮤티케이션 : 각각의 송수신이 가능한 고정된 또는 이동 가능한 두 지점 간의 커뮤니케이션. 소비자와의 관계 형성 및 실시간 상호작용이 가능.

2) 상품 판매형 온라인 사업유형

특히 농촌창업에 있어서 유용한 온라인 창업 유형은 상품 판매형 온라인 사업이다. 이는 인터넷을 통해 상품을 판매하는 사업을 말한다. 주로 백화점이나 쇼핑몰 등과 같은 기존의 현실 공간에서 이루어지는 상품 판매를 온라인상점으로 옮긴 것이라 하겠다. 상품 판매형 온라인 사업은 아래와 같이 세 가지 유형으로 나눌 수 있다.

① 독립형 쇼핑몰

독립 몰은 주문 제작형과 기성 제품형으로 구분되며, 주문 제작형의 경우 창업자의 요구대로 세부적인 기능까지 제작할 수 있으나 비용이 많이 소요되며, 기성 제품형은 일반적으로 알려진 독립형 쇼핑몰 기능을 미리 구현해 놓은 쇼핑몰 프로그램을 구매하는 형태를 말한다. 장점으로는 기능 확장이나 업그레이드 및 디자인 변경이 용이하고 쇼핑몰 매각 시에도 솔루션에 대한 가격 회수율이 높다는 것이 있지만, 카테고리나 인터페이스가 제한적이라는 단점도 가지고 있다.

② 임대형 쇼핑몰

쇼핑몰을 임대하여 사용하는 방식으로 비교적 적은 비용으로 운영이 가능한 장점이 있다. 하지만 쇼핑몰의 소유권은 솔루션업체가 가지고 있으므로 사용 기간이 만료될 경우, 사이트를 사용할 수 없게 되며 업그레이드나 기능 확장 및 디자인 부분 등에 통제력이 떨어져 제한이 따르게 된다.

③ 오픈마켓

판매자가 상품을 직접 사이트에 올려 판매하는 시스템으로 오픈마켓 내에서 고객을 만나 자유롭게 상품거래를 진행하는 형태의 가상시장을 떠올리면 쉽게 이해될 것이다. 이러한 오픈마켓에서는 일정액의 수수료를 중개사이트에 지불하는 방식으로 이루어진다. 이는 저렴한 비용으로 전자상거래가 가능하여 쇼핑몰을 처음 시작하는 초보 창업자들에게 경험을 쌓을 수 있는 유익한 방식이다.

(2) 온라인 창업의 성공전략

전자상거래는 단지 창업자가 기존 판매 채널을 제외하고 온라인상에서만 소비자에게 물품을 전달하여 판매하는 것이라고 오해하는 경우가 많다. 하지만 그

것은 커다란 오해이다. 온라인 매장과 오프라인 매장을 같이 운영하면 서로 시너지효과[6])를 발생시켜 더 효과적인 온라인 창업이 가능하다. 즉, 전자상거래는 소비자에게 다양한 정보와 쌍방향 커뮤티케이션 및 기존 오프라인의 유통이나 마케팅 채널이 연동되어야 하는 비즈니스 모델인 것이다. 또한, 오프라인 창업과 마찬가지로 새로운 시장기회 창출을 위한 철저한 시장조사와 경쟁사 파악 등의 분석이 이루어져야 하며 마케팅 전략 등의 수립도 반드시 이루어져야 한다. 따라서 온라인 창업을 하려는 예비창업자들은 다음의 사항을 충분히 검토하고 전략적이고 체계적인 준비와 진행이 요구된다.

① 브랜딩

사이트의 브랜드를 확립하기 위해서는 철저한 시장조사와 고객 중심의 마케팅 전략이 선행되어야 하는 것이 기본이다. 이러한 조사를 바탕으로 거기에 일관된 브랜드 이미지를 구축할 수 있는 브랜드 전략계획이 필요하다. 돈이 될 것 같아, 이것저것 자신의 사이트에서 판매하려 한다면 시골 구멍가게(만물상)에 모든 물건을 가져다 놓고 파는 경우와 같을 것이다.

② 복합 유통채널 활용

다양한 채널 활용은 전자상거래 이용자들이 늘어나면서 온라인 시스템만으로는 고객들이 요구하는 다양한 요구사항들을 처리할 수 없지만, 이로 인해 생기는 많은 문제들이 오프라인의 전통적인 채널과 복합적으로 연계된다면 해결이 가능하고, 또한 판매의 효율성도 증대시킬 수 있다.

③ 고객지향적 인터페이스

구매자가 원하는 상품을 사이트 내에서 쉽게 찾을 수 있고, 구매제품에 관한 다양한 제품정보 및 AS, 배송 관련 사항을 이해하기 쉽도록 홈페이지의 인터페이스[7])를 설계하여야 한다. 이를 위해서는 철저한 고객 분석이 필요하며, 고객의 관심을 유발할 수 있는 다양한 이벤트와 마케팅을 이용하여야 한다. 또한, 고객과 지속적인 커뮤니케이션을 할 수 있는 통로가 항상 열려 있어야 가능하다.

---

6) 시너지효과 : 상승효과라고 번역된다. 즉, '1+1'이 2 이상의 효과를 낼 경우를 가리키는 말이다.

7) 인터페이스 : 장치나 시스템, 인간 등이 서로 연대하여 상호의 정보 교환이나 동작을 하기 위한 구조

④ 차별화 전략

전자상거래가 가격경쟁 이외에 차별화된 경쟁전략을 갖기 위하여, 가격 전략에 있어서도 변화를 주어야 한다. 예를 들어, 소비자들이 상품가격을 비교할 수 있게 한다거나 소비자들이 직접 가격을 결정할 수 있도록 가격 전략을 확대해 나가야 하는 것이다. 또한, 온라인의 비대면 구매라는 제약을 극복하기 위한 온라인 사이트만의 커뮤니티를 만들거나 고객서비스 등의 통합적인 고객 커뮤니케이션 전략의 차별화를 시도하는 등의 전략을 추천한다.

⑤ 상품과 서비스의 전문화

기존 쇼핑몰들은 다양한 상품 구색을 갖추고 있지만, 적은 양의 정보제공과 다양하고 전문화된 고객의 니스를 만족시키기에는 역부족이었다. 때문에, 전문화된 하나의 상품으로서 고객의 니즈를 철저히 분석하여 고객이 원하는 상품을 추천하고, 고객이 원하는 전문화된 서비스 개발에 노력이 있어야 한다.

⑥ 지속적인 시장조사와 고객 분석

전자상거래 시장은 급속하게 변화되고 있기 때문에, 다각적으로 분석하여 능동적으로 대처해나가는 것이 성공에 중요한 요소가 된다. 그러므로 고객과의 지속적인 커뮤니케이션을 통해 고객들의 요구사항에 즉시 피드백하기 위한 장·단기의 시장조사와 고객데이터를 통한 고객 분석이 필요하다.

⑦ 신뢰성 강화

전자상거래의 가장 큰 저해 요소는 고객의 불안함이다. 혹시 모를 개인 정보 유출이나 직접 보지 못한다는 전자상거래상의 특징이 늘 존재하는 것이다. 이러한 불안감을 줄여주기 위해서 안정된 결제 시스템을 도입하던지 혹은 공인된 인증기관을 통한 인증 서비스를 이용해야 한다. 또한 취급품의 안전 인증이나 보증 서비스 등을 갖추어 고객의 신뢰성을 확보하는 것이 무엇보다도 중요하다.

이와는 별도로 국내에서는 농업인 홈페이지 개발 사업을 1999년부터 매년 100여 개씩 개발·보급하여 2005년까지 580개소를 개발지원 하였으며 홈페이지 안내 통합사이트인 www.hi-farm.com과 농업인 우수농가 홍보사이트인 www.farmplaza.net를 구축하고 있다. 사업효과로는 지역 특산물의 홍보 및 전자상거래용 홈페이지 개발을 통해 농가소득 증대에 기여하고 있다.

(3) 블로그마케팅

소비자가 선호하는 제품 및 구매에 대해 더 많은 것을 알고자 한다면, 창업가들은 소비자의 구매와 관련해서 원하는, 필요 정보를 충분히 제공하여 신뢰와 믿음을 주어야 한다. 최근 인터넷 커뮤니티가 블로그 문화로 급속히 진화하면서 개인 간 정보공유를 통한 정보탐색 및 구전효과[8)]가 새로운 트렌드로 자리 잡혀 왔다. 기업의 이미지가 온라인 소비자들의 구전에 의해 한순간에 좌우되고 마는 시대가 온 것이다. 한번 구축해 두었던 이미지도 불만을 가진 소비자가 인터넷으로 부정적인 입소문을 퍼뜨리기 시작하면 걷잡을 수 없이 심각해진다. 그러나 블로그 마케팅은 소비자와 기업 간의 지속적인 상호교류로 이루어지기 때문에 우선 제품에 대한 소문이 나면 글을 읽은 소비자 간의 신뢰도가 높다. 또한, 제품에 대한 소문을 모아 부정적이거나 잘못된 것은 바로 잡으며 양질의 긍정적인 소문으로 피드백 할 수 있으며, 이것은 곧 소비자들의 의견을 즉각적으로 수렴할 수 있어 소비자와 기업 간의 상생을 가져올 수 있다.

오프라인 매장에서는 고객이 직접 제품을 만져보거나, 서비스를 느껴볼 수 있다. 또한, 궁금한 점이 생기면 바로 점원에서 물어볼 수도 있다. 그러나 전자상거래에서는 상품을 직접 만지고 느껴볼 수 없어, 이러한 점들이 소비자의 구매 의사결정에 있어서 장애로 작용하기도 한다. 전자상거래에 있어서 이러한 불안요소를 제거하기 위해 이용자가 알고 싶어 하는 것들을 빠르게 전달하는 것이 필요하다. 이 때 사용할 수 있는 효과적인 매체 중 하나가 블로그다. 이러한 블로그는 개인적이면서도 때에 따라서는 기존의 대형 미디어에 못지않은 힘을 발휘할 수 있어, 1인 미디어라고도 불린다.

8) 구전효과 : 구전 정보가 수신자에게 미치는 커뮤니케이션 효과를 지칭하는 말

농촌 전자상거래의 블로그 활용

익산 마을 전자상거래, 농촌경제 활성화 "효자"
7개월 동안 3만 3,683건 거래, 5억 700여만원 수익

〈전북 익산시청 전경〉 (익산 = 뉴시스 DB) 강명수 기자, photo@newsis.com

최근 여러 쇼핑몰이 전자상거래에서 블로그를 어떻게 활용해야 하는지에 대한 좋은 사례가 되고 있다. 그 가운데 전북 익산시가 마을 전자상거래를 통해 농촌경제 활성화를 도모하고 있다.

22일 익산시에 따르면 전북지역 최초로 도입된 마을 전자상거래가 올해 초부터 현재까지 7개월 동안 3만 3,683건 거래가 이뤄져 5억 700여만 원의 수익을 창출했다. 마을 전자상거래는 지역 농가 67곳이 참여하고 있으며 참여 농가들은 옥션과 G마켓, 11번가, 네이버 스토어 등 다양한 오픈마켓에서 약 50여 개 품목을 판매하고 있다.

익산시는 올해 사업비 2억 9,600만 원을 투입해 IT전문가를 주축으로 판매조직을 구성하고 본격적으로 사업을 진행하고 있다. 이는 지난해보다 4배 가량 확대된 규모로 참여 농가들은 이를 활용해 농·특산품은 물론 농촌체험과 관광을 연계한 상품까지 유튜브와 페이스북, 블로그 등 다양한 SNS채널을 통해 홍보함으로써 판로를 확보해 왔다.

익산시는 입점 농가를 대상으로 오픈마켓 등에서 상품이 판매됐을 때, 발생하는 최대 15%의 수수료와 농가 당 최대 100만 원의 택배비 등을 지원했다. 이와 함께 IT마을 도우미 20명을 모집하고 72개 농가를 대상으로 전자상거래 입

점 컨설팅과 스튜디오 촬영 등을 지원했으며 다양한 지역농산물 판매촉진 행사도 실시했다.

익산시는 농가 호응에 따라 추가 예산을 확보해 연말까지 오픈마켓을 이어갈 예정이다. 특히 겨울철 김장 시즌을 맞아, 다음 달 초까지 오픈마켓을 통해 절임 배추 등 김장 재료를 판매하는 기획전도 추진한다. 익산시는 계절별로 농산물을 판매할 생산 농가를 적극 발굴하고, 미륵산 권역 등 권역별로 참여 농가 수요를 조사해 사업을 확대할 방침이다.

익산시 관계자는 "올해 추진된 마을 전자상거래가 농가소득 향상에 기여하며 농촌의 신성장동력으로 자리매김하고 있다"며 "내년에는 더 많은 농가가 참여해 혜택을 받을 수 있도록 지원을 확대해 농가 판로 확보에 도움이 될 수 있도록 하겠다"고 말했다.

〈공감언론 뉴시스〉, smister@newsis.com

블로그의 장점

① 사용하기 쉽다.

블로그의 가장 큰 장점은 사용하기 쉽다는 것이다. 웹페이지를 만들기 위해 복잡한 에디터를 배우지 않아도 간단하게 자신이 가지고 있는 콘텐츠를 몇 번의 클릭으로 배포할 수 있다.

② 일반인에게까지 표현의 기회를 제공한다.

기존의 신문이나 잡지 등과 같이 전문적인 지식은 교수나 전문가, 평론가 등에게만 표현할 기회를 주었지만 블로그는 일반인으로까지 표현의 자유를 가져다 주고 있다.

③ 소비자의 신뢰를 얻는 데 도움이 된다.

소비자들에게 일반 쇼핑몰들이 너무 상업적이고, 자신들의 이윤만을 추구하는 것처럼 보일 수 있지만, 블로그는 그와는 달리 소비자들과 유사한 일반인들의 진솔한 이야기들로 인식될 수 있어 소비자들의 신뢰를 얻는데 상대적으로 더 유리하다.

(4) 모바일 마케팅 - 스마트폰

농업도 스마트 시대 - 군산시 농업인 사용 교육 나서
전북 군산시가 스마트폰을 농업과 접목해 강소농 농업인을 양성하고자 전국 농업 기술센터 최초로 사용 교육에 나섰다. 군산시는 31일 "스마트폰 농업인 사용 교육을 지난 20일부터 3일간 실시했다"면서 이번 교육에서는 스마트폰의 기본 사용법 및 스마트폰을 이해하는 시간부터 메일, 인터넷, 소셜네트워크 및 어플리케이션 관련 교육을 실시하여 기본적인 스마트폰을 이해하는 과정으로 교육이 이뤄졌다"고 밝혔다. 특히 농업 관련 어플리케이션 및 농업 관련 정보를 수집하고 농업인들이 현장에서 바로 실현할 수 있는 실용적인 활용 교육에 초점을 뒀다. 스마트폰의 농업적 이용에 있어서는 농업 경영활동 및 생산과 유통, 소비자와 네트워크 교류을 활성화하고 농가경영에 필요한 정보를 보다 편하고 빠르게 획득할 수 있다. 군산시는 스마트 농업을 준비하기 위해 다양한 정보를 활용할 수 있는 어플리케이션 및 소셜네트워크 교육을 준비하고 생산 부문에서는 각종 다양한 정보 및 프로그램을 활용한 스마트한 농업인을 육성한다는 계획이다. 유통 부문에서는 새로운 정보를 통한 기존 유통망이 아닌, 다양한 소셜네트워크를 활용한 유통개혁을 실현하고 소비 측면에서는 농산물 소비 관련 종합정보제공 및 다양한 어플리케이션을 통한 농업농촌 정보를 제공하기로 했다. 군산시 농업기술센터 관계자는 "지속적인 스마트폰 활용 교육을 정기적으로 실시할 예정"이라며 "전자상거래 및 직거래 농가를 중심으로 하는 전문과정과 농산물 생산 및 정보검색 활용할 수 있는 일반과정"으로 나눠 실시하겠다고 전했다. 〈뉴시스〉, 고석중 기자, 2011.08.31.

1) 왜 모바일 마케팅인가?

디지털 문화의 변화를 살펴보면 초기에는 인터넷을 기반으로 하여 지금보다, 다소 수동적인 정보수집의 모습들이 대부분이었다. 하지만 개인 미니 홈페이지나 블로그 등이 생기면서 소비자들은 능동적으로 자기에게 관심이 있는 분야에 대하여 자신의 목소리를 낼 수 있는 IT 인프라가 구축되었다. 이러한 디지털의 발전이 여기에 머물지 않고, 현재는 유비쿼터스 모바일 환경을 통해서 언제 어디서나 실시간으로 자신의 의견을 펼치고, 다른 소비자들과의 논의가 가능해졌다. 스마트폰과 같은 모바일기기는 이러한 현상을 더욱 가속화시키며, 주도적 역할을 하고 있다.

모바일 시대 마케팅의 특성을 알아보기 위해서는 모바일 디지털 소비자의 특성을 이해할 필요가 있다.

① 고객 맞춤화에 대한 요구

모바일 시대의 소비자들은 개인적 선호, 기준에 따라 행동하고 개별화된 서비스 제공에 익숙한 모습을 나타낸다.

② 소비자의 적극적 참여 증가

교육 수준의 향상과 이에 따른 자신감의 증대로 자신의 이익이 걸린 이슈에 대해서는 적극적인 참여 의사를 보여준다. 따라서 커뮤니티와 멤버십을 선호하고 거래를 전제로 한, 만남보다는 관계 자체를 선호하는 경향이 강하다.

③ 편의성과 체험에 대한 요구

인터넷이나 모바일을 통한 실시간 정보접속이 가능하고, 다양한 사용 경험과 브랜드 체험을 할 수 있기에 선택의 폭이 증대되고 합리적 평가 및 구매를 가능하게 하였다.

④ 상호작용에 대한 요구

모바일 시대의 소비자들은 적극적인 상호작용 및 커뮤니케이션을 할 수 있는 공간에 대한 욕구도 커서, 적극적으로 찾아 나서거나 스스로 만드는 노력도 두려워하지 않는다.

그렇다면 이러한 모바일 시대에 소비자들의 특징적 요구들을 충족시키기 위한 모바일 마케팅의 이점은 어떤 것일까?

ⅰ) 실시간 쌍방향 커뮤티케이션

크로스 미디어 관점에서의 결합형 광고전략을 구사하면 얼마든지 쌍방향의 효과 좋은 광고전략 표현이 가능하다.

ⅱ) **저렴한 광고비**

디지털 미디어 시대가 가져온 또 하나의 변화된 모습은 광고가 더, 이상 소수의 돈 많은 기업들만의 전유물이 아니라는 것이다. 광고를 하고 싶어도 적당한 매체를 찾지 못했던 중소기업이나 자영업자, 개인 사업자들의 광고가 검색광고라는 상품을 만나 얼마든지 자신의 서비스를 광고할 수 있게 되었다. 그리고 광고 콘텐츠에 있어서도 단순한 고지형, 일방형의 내용이 아닌, 게임이나 드라마 등과 결합된 형태의 다양한 참여형 광고도 활성화되고 있다.

그러므로 이러한 모바일 환경의 발전은 농촌 창업가들이 좀 더 부지런하고 조금만 더 고민한다면, 과거에는 경험하지 못했던 재미있고 다양한 형태의 광고를 개발하거나 이용할 수 있게 되었다. 또한, 이러한 모바일 마케팅을 통해서 시장에 접근하고 기대 이상의 매출이나 결과를 얻을 수 있을 것이다.

2) 어떤 매체보다도 높은 도달률과 접속률

일반적으로 모바일하면 스팸[9]성 정보를 떠올리지만, 모바일 만큼 높은 도달률과 접속률을 자랑하는 미디어는 없다고 본다. 모바일을 활용한 광고/마케팅을 할 수 있는 여건이 훨씬 좋아진 것이다. 그렇다면 어느 정도의 도달률과 접속률을 보여주고 있을까. 일반적으로 단문 메시지의 경우 약 3~5% 정도의 접속률을 기록한다. 하지만 새로 나온 멀티미디어 메시지 서비스의 경우 발송고객 10명 중 9명에게 전달되며, 그 가운데 8명이 메시지를 확인하고 더불어 자세한 정보를 얻기 위해 모바일 홈페이지로 접속하는 비율은 약 25%에 이르는 것으로 조사되고 있다. 보통 온라인 배너광고의 경우, 클릭률이 0.2~1%대의 낮은 비율을 보이는 것에 비하면 파괴적인 접속률이라고 말할 수 있다.

3) 농산물 소비 촉진과 홍보를 위한 어플리케이션 개발

농촌진흥청은 소, 돼지고기 소비를 촉진하고자 소비자들이 한우와 돼지고기의 부위별 정보와 요리법을 손쉽게 스마트폰에서 확인할 수 있도록 어플리케이션[10]을 개발하였다. 이번에 개발한 어플리케이션은 소비자들이 부분육 형태로

9) 스팸 : 인터넷상에서 다수의 수신인에게 무작위로 송신된 이메일 메시지, 또는 다수의 뉴스 그룹에 일제히 게재된 뉴스 기사.

10) 어플리케이션 : 특정한 업무를 수행하기 위해 고안된 일련의 컴퓨터 프로그램 집합을 말하

유통되고 있는 한우와 돼지고기의 부위들에 대한 요리 방법, 특성 등에 대해 이해가 낮은 점에 착안해, 정보 접근의 편의를 도모하고 소비를 촉진하기 위해 개발됐다.

우리나라의 소, 돼지고기 소비는 주로 소의 등심과 돼지고기 삼겹살 등 구이용 부위에 지나치게 편중돼 있으며, 요리 형태가 단조롭다. 그러나 대표적인 구이용인 한우 등심이나 돼지고기 삼겹살 외에도 여러 부위들을 다양한 요리법을 이용해 맛있게 즐길 수 있다.

이 어플리케이션은 한우와 돼지고기에 대해 각각 "한우 매니아"와 "한돈 매니아"란 명칭으로 소비자에게 부위의 특성, 요리 방법 등에 대한 정보를 알기 쉽게 제공하도록 제작됐다.

고기의 특징(육질등급, 영양성분, 좋은 고기 고르는 법 등), 부위 구별(축종별 대분할 및 소분할), 각각의 부위별 요리법(구이나 스테이크용, 국이나 탕용, 찜용 등)과 맛있게 먹는 법을 제시했으며, 또한 축산물에 대한 궁금한 점을 전문가에게 문의할 수 있는 게시판을 운영하고 있다.

〈어플리케이션 한우매니아와 한돈매니아〉

4) 스마트폰 활용한 효과적인 귀농 · 귀촌 정보제공

농촌진흥청은 스마트폰을 활용해 귀농에 관심있는 국민들에게 유용한 농업기술과 경영정보를 제공할 수 있는 애플리케이션(application)을 개발하여 보급한다고 밝혔다. 도시 젊은이들에게는 농업 · 농촌에 관한 관심을 유도하고 일반 국민에게는 농업의 소중함을 알리고, 점진적으로 늘어나는 귀농 인구에게는 정보 욕구 해소에 큰 역할을 하리라고 기대된다.

는데, 일반적으로 응용 프로그램이라 한다.

애플리케이션은 귀농 희망자가 과연, 귀농이 본인이게 적합한지의 여부를 간단하게 판단할 수 있도록 "귀농 적합 테스트"를 비롯한 "귀농 절차, 귀농 성공 사례" 등 귀농·귀촌에 대한 안내, 교육 동영상, 농사짓는 기술 등의 귀농에 필요한 교육자료로 구성되어 있다.

〈귀농·귀촌 종합센터 홈페이지(https://www.returnfarm.com:444/)〉

또한, 귀농·귀촌 상담, 지원정책 등 소셜네트워크[11]를 강화한 콘텐츠를 포함하고 있어 정보 교환이나 동아리 활동을 지원할 수 있게 된다. 아울러 애플리케이션 사용자가 귀농 예정지역에 관한 궁금한 사항을 전국 시·군 농업기술센터와 자동 전화 연결을 할 수 있는 시스템을 갖추고 있다. 영농활동 중에도 잘 모르는 농사기술이나 작목 병해충의 발견 등으로 상담을 원할 경우, 애플리케이션을 통해 현장에서 관련 정보를 검색할 수 있다.

11) 소셜네트워크 : 친구, 선후배, 동료 등 지인들과의 관계망을 구축해 주고, 이들의 정보관리를 도와주는 서비스를 말한다.

2. 도농 교류

(1) 지속되는 기회

관광은 전 세계에서 가장 큰 산업이며, 가장 빠르게 성장하는 산업 가운데 하나이다. 하지만 농촌경제는 지난 30년 동안 상대적으로 침체되어 왔다. 지난 몇 년 동안 농작물의 가격은 상승했지만, 농가의 수입은 평균 수준처럼 동반 성장하지 못했다. 특히 중소규모 농가의 수입은 더더욱 어려워졌다. 이러한 어려움 속에서 많은 농업인은 자신들의 소득을 증가시키기 위한 다각적인 방법을 모색하고 있다.

이러한 대안 중 하나가 바로 농촌 체험관광이다. 기존의 농촌 체험관광은 세계 여러 농촌에서의 숙박 및 레스토랑이 대부분이었다. 농촌의 농가들은 종종 농가를 리모델링하고 팜스테이를 하였다. 영국에서는 농가의 23%가 낚시, 피크닉 등 상업적 레져 서비스를 제공한다. 프랑스에서는 산악자전거나 도보 여행자들이 농장과 농장으로 연결된 오솔길을 따라 갈 수 있게 하였다.

(2) 농촌 다각화

농촌 체험관광은 농업인들이 가족농장 체제를 유지하기 위한, 농장과 연계된 추가적인 소득을 창출하고 다각화를 위한 방법을 모색하면서 성장하고 있는 산업이다. 즉, 쉽게 말하자면 농장 방문 및 농촌 봉사활동을 위해 농촌 지역을 찾아가는 관광을 말한다. 보편적으로 농촌 체험관광은 농가를 방문하기 위한 대중을 끌어들임으로써 농가와 지역사회의 소득을 증가시키기 위해 설계된 활동 혹은 사업이다. 농촌 체험관광은 농촌 삶의 질과 자연에 대한 인지를 형성하고 유지시키는 것을 돕는 교육적·휴양적 경험을 위한 기회를 창출한다.

<해외사례> - 유기낙농목장(오스트리아)

Ober Hinteregger 목장

알프스 낙농가들은 큰 규모가 아니라, 평균 열 마리 정도를 착유하며 농후사료12)를 많이 주지 않고, 오로지 방목과 건초를 이용해 소를 키우고 있다. 그래서 많은 양의 우유를 빠른 시간에 생산하지 못하기 때문에, 우유 생산만으로는 생계를 유지하기 힘들다. 이러한 영세함을 극복하기 위해 치즈나 가공식품을 직접 생산하고 판매하여 고품질의 유기농 농산물들을 통해 고소득을 올리고 있다.

비록 작은 규모지만 치즈, 산딸기 잼, 빵, 꿀 등을 직접 생산 및 가공하여 직접 설비한 판매장에서 마을 주민들에게 판매한다. 실제로 이 농가는 착유우를 10마리 정도밖에 가지고 있지 않은, 아주 작은 소규모 농가이다. 하지만 유가공제품인 치즈를 생산하게 되면서, 이 치즈는 우유를 생산하여 파는 가격보다 비싸게 팔리며, 이 치즈가 오스트리아 전체에서 최고의 품질을 자랑하는 상품으로 손꼽히게 되면서 일반시중의 치즈보다 몇 배의 부가가치를 창출해주고 있다. 또한 고산지대의 목장을 이용하여 숙박업을 통한 추가적인 부수입을 올리고 있다.

12) 농후사료 : 단백질 · 지방 · 탄수화물이 풍부한 사료《쌀겨 · 보리 · 귀리 따위》.

농촌 체험관광(Agritourism)13)

〈전라남도에서 운영하는 농촌 체험관광 홈페이지〉

① 특별한 이벤트

농촌축제나 박람회, 콘서트, 로데오, 농가 투어, 교육, 모닥불 불파티 등

---

13) 어그리투어리즘 : 농장 방문 및 농촌 봉사활동을 위해 농촌 지역을 찾아가는 관광을 말한다.

② 생산물의 직접 판매

농가에 있는 직영판매점, 도로변의 직영판매점, 파머스마켓, 지역 커뮤니티의 동식물 프로그램

③ 시즌 오락행사

옥수수 미로(corn maze), 건초더미 올라타기(hay rides), 유령 헛간(haunted barns), 할로윈 행사 등

④ 어린이를 위한 행사

가축동물원(petting zoos), 생일파티(birthday parties), 놀이터(play-ground), 농촌견학이나 농촌 학습 프로그램(school or youth group tours and farm school program)

⑤ 농지의 대체이용

낚시나 사냥, 승마, 카누, 캠핑, 산악자전거, 모터사이클, 서바이벌게임 등 농촌의 농지를 여러 레져 활동으로 이용

⑥ 손님 접대 서비스

통나무집이나 방을 대여(홈스테이), 결혼식을 위한 농장 대여, 가족이나 종교단체 모임, 캠핑, 워크숍, 피크닉 장소 대여 등

사람들은 특별한 날에 특별한 장소를 찾는다. 이러한 장소로 농장은 어떤가? 미국의 많은 농가들은 다양한 이벤트를 위해 농장을 대여해 주고 있다. 특히 아이들을 위해 농장에서 생일파티를 하도록 유도하고 있다. 심지어 어른들도 자연을 벗 삼아 농장에서 생일파티 하기를 원한다.

또한 미국은 여름에 아이들을 위한 여름 캠프들이 많이 열린다. 농장을 가지고 있는 농가들은 이러한 시즌에 여름 캠프를 위한 장소를 제공해 주고, 여러 가지 체험 행사들을 연계하여 부가가치를 얻고 있다. 최근에는 많은 젊은이들이 넓은 농장에서 야외결혼식을 하는 것을 꿈꾼다. 이러한 아름다운 자연을 제공해

주고, 도시보다 저렴한 비용으로 이색 결혼식을 제공하는 것도 새로운 움직임이 되고 있다.

왜 농업인들은 농촌 체험관광에 몰입하는가?

농업인들은 해마다 모든 계절, 농촌 체험관광을 개발하고 제공한다. 특히 중소농가를 가진 농업인이 농촌 체험관광 상품을 개발하는 주된 이유로 농가의 소득을 증대시키기 위함일 것이다. 농촌 체험관광 활동을 통해 해당 농가에서 생산한 상품의 판매가 증가하면서 전체 매출이 증가한다. 농산물을 직접 판매하는 농가에서는 농촌 체험관광을 통해 새로운 고객을 창출하고 기존 고객들과의 관계를 유지하는 새로운 기회로 이용하고 있다.

비록 농촌 체험관광이 농가의 소득을 위한 잠재력을 제공하고 있지만, 실제로 그 효과는 다양하게 나타난다. 예를 들어, 한 농촌 체험관광을 하고 있는 농가는 돈을 많이 벌어들이지는 못하지만, 농촌의 건강한 삶을 도시 사람들에게 알리기 위해 농촌 체험관광을 하고 있기도 하다. 이것은 특히 농촌과 도시 사이의 더 많은 상호작용을 형성시키는 중요한 역할 중의 하나이기도 하다. 바로 이것이 도농 교류의 시작이라 할 수 있다.

농산물을 이용한 가공품을 만들거나 관련 사업을 하는 기업에서도 농촌 체험관광을 통해서 기존에 알지 못했던 전문적인 지식이나 경험 등을 배울 수 있는 기회를 얻기도 한다. 요즘 우리 농업인들도 이처럼 해외농촌 체험관광을 통해서 선진 기술을 습득하고 견문을 넓혀 농가에 많은 기여를 하고 있다. 결과적으로 농촌 체험관광은 농촌, 도시, 기업 사이의 관계를 형성하고 개선시키는데 중추적인 역할를 하고 있는 것이다.

농촌 체험관광의 역할

① 농촌 지역사회를 위한 잠재적 이득

또한, 농촌 체험관광은 지역사회의 이득을 위한 잠재력을 가지고 있다. 경제적 발전 측면에서 농촌 체험관광은 그 지역에 더 많은 방문자들이 생김으로써 지역사회의 지방세 기반을 확고히 다질 수 있다. 농촌 체험관광에 돈을 쓰는 것 이외에 이러한 방문객들은 다른 지역사업에서 물건을 구매하거나, 지역 음식을 소비하기 때문에 추가적인 지역발전에 도움이 된다.

② 자연과 문화와 역사를 연계시켜라

대부분의 도시 사람들은 그들의 자동차 차창 너머로 자연을 보거나, 책이나 TV를 통해 문화와 역사를 배운다. 그러기에 자연과 더 가까워지고 문화와 역사를 직접 느끼고 싶은 더 많은 욕구들이 생겨나고 있다. 이는 대부분의 사람들이 도시에서 일생을 보내고 있고, 자연과 너무 떨어져 있기 때문이다. 즉, 도시인들은 여가 시간 동안 역사적 문화적 뿌리를 찾아보고, 자연을 좀더 가까이에서 느낄 수 있는 기회를 찾고 있는 것이다.

③ 도시를 떠나다

미국의 1980년대와 1990년대에는 농촌을 뒤로하고, 도시로 진출한 Baby Boomer 세대들은 자신의 레저 시간보다는 일에 매달려 살아왔다. 해외에서의 Baby Boomer는 일반적으로 2차대전 이후 자녀가 급증하던 1946년~1965년 사이에 태어난 사람들을 말하는 데 반해, 국내는 6·25 전쟁 이후에 태어난 세대 즉, 한국전쟁 직후인 1955년부터 가족 계획정책이 시행된 1963년까지 태어난 세대를 의미한다. 이 세대의 사람들은 항상 경쟁이 과열된 시기에 살다 보니 과도기에 속하는 삶을 살게 되었고, 이들은 우리가 요즘 강조하고 있는 자연, 문화, 역사를 돌아볼 겨를이 없었다. 2000년대에 들어오면서 개인의 자유시간이 중요해지고 사람들도 여유를 찾기 시작하면서 짧지만 잦은 여가 시간을 가지기 시작했다. 미국은 1980년대 전체 여행의 42%가 주말여행이었고 2000년대 중반 미국인의 30%가 일 년에 5회 이상의 주말여행을 떠난 것으로 집계되었다. 최근 이러한 짧은 근거리의 주말여행이 증가하면서 농촌 체험관광이 트렌드로 자리 잡고 있다.

<해외사례>-Agriturismo Armando Iacchelli(이탈리아)

〈Agriturismo Armando Iacchelli는 이탈리아에 있는 관광농업체험 농가이다.〉

이곳은 와인을 직접 만들어 판매하고 또한, 인근 농산물도 직접 판매하고 있다. 여기서 만든 와인은 장기간 보관할 수 있는 품질 좋은 와인이 아니기 때문에 2년 정도 이내에 먹어야 하는 가벼운 와인이지만 소비자들의 관광 체험을 위해 더없이 좋은 시설임은 틀림없다. 그리고 가벼운 와인인 만큼 와인에 관심이 많지 않은 소비자들도 쉽게 접할 수 있어서 농가의 부가가치를 창출하는데 도움이 되고 있다.

펜션 시설이 있어 숙박 온 사람들은 이 가게에서 장을 보고, 구매한 것으로 직접 조리해 먹을 수 있어 소비자들에게 반응이 좋다. 또한 아이들을 위한 동물체험농장이 있고, 어린이 놀이터를 크게 만들었다. 이곳에서는 말, 돼지, 닭, 개 등 농장에서 흔히 볼 수 있는 가축들을 만져보고 체험할 수 있게 해 놓았으며, 특히 도시 생활에만 젖어 있던 아이들에게 농촌의 좋은 추억거리를 제공하는 역할을 하고 있다.

무안으로 농가 맛집 여행 오세요

무안군에 직접 재배한 농산물을 활용해 건강한 밥상을 차리는 노부부가 운영하는 농가 맛집(하늘꿈식탁)이 있어 화제다. 농가 맛집은 향토 음식의 계승발전과 지역의 고유한 식재료를 경험할 수 있도록 농촌진흥청이 조성한 농촌형 외식 사업장으로 농산물의 고부가가치를 창출하여 농가 소득과 연계하는 외식 공간이다.

현재 무안군에는 하늘꿈식탁(무안군 일로읍 삼일로 712)이 2016년부터 지금까지 꾸준히 운영중에 있으며, 인기 메뉴로는 무안의 특산물인 갓시래기로 만든 갓시래기 황태찜, 한우 차돌박이 버섯 두부전골, 수제 등심 왕돈가스가 있다.

하늘꿈식탁의 또 다른 재미는 맛집 대표인 노부부가 직접 재배한 유기농 쌀, 유기농 보리, 갓시래기(건조)를 구입할 수 있다는 점이다.

또한 하늘꿈식탁에서 건강한 음식을 먹고 인근에 있는 동양 최대의 백련 자생지인 회산백련지를 들러 쉼표 하나 찍고 나만의 힐링 시간을 가져보는 것도 여행의 별미다.

무안군농업기술센터 관계자는 "하늘꿈식탁은 무안의 숨어있는 맛집으로 노부부의 손맛과 정성으로 만들어진 건강한 밥상을 체험하고 맛볼 수 있는 최적의 농촌형 외식공간으로 자신 있게 소개할 수 있다"며 "최근 코로나19와 경기침체로 인해 어려움을 겪고 있어 많은 분들이 찾아 주셨으면 하는 바람이 크다"고 말했다.

〈목포시민신문, http://www.mokposm.co.kr〉, 김영준 기자

(3) 농촌 체험관광의 마케팅과 광고전략

마케팅은 농촌 체험관광의 성공에 중추적인 역할을 한다. 그러나 주로 새로운 사업에 많은 마케팅이나 광고비를 써버리는 것은 현명하지 못하다. 그러므로 농촌 체험관광에서 할 수 있는 효율적이고 효과적인 마케팅과 광고전략을 제안하고자 한다.

① 입소문

먼저 가장 효과적인 농촌 체험관광의 방법은 입소문이다. 효과적인 입소문을 만들고 유지하는 것은 농가가 방문자들의 기대를 충족시키거나, 기대 이상으로 기억될 만한 경험을 제공하는 것이 필요하다. 사람들은 이러한 경험을 친구들

또는 주변 사람들과 함께 나누고 싶어하는 경향이 있다. 그러므로 비용이 많이 든 광고물보다도 우리 농장의 체험 프로그램을 경험한 고객들의 기대를 충족시켜서 긍정적인 입소문을 늘리면, 비용 대비 가치를 높이는 좋은 마케팅 전략 중 하나가 될 것이다.

② 언론매체

많은 성공한 농촌 체험관광 농가들은 신문이나 잡지에 흥미로운 이야기를 실어 언론매체를 이용한 광고를 하고 있다. 짧은 문구나 카피보다는 흥미로운 이야기가 우리에게 더 많은 것을 가져다준다.

③ 지역의 관광 관련 기관이나 업소

지역마다 관광용 책자가 있기 마련이다. 이러한 관광용 책자는 주말여행을 하기 위해 많은 도시인들이 찾아보거나 검색하게 된다. 그러므로 이렇게 지역을 홍보하는 책자나 홈페이지를 이용하여 농촌 체험관광을 소개한다면 외부고객들을 유치할 수 있는 좋은 홍보 전략이 될 것이다. 또한 관광안내소, 호텔, 모텔, 레스토랑 등에 쉬운 약도와 전화번호, 지도 등과 함께 비치할 수 있는 광고지를 비치하는 것도 좋은 아이디어 중 하나이다.

④ 수학여행이나 체험학습

또 하나의 효과적인 접근법은 학생들의 수학여행이나 체험학습과 연계시키는 것이다. 이러한 방법은 농촌 체험관광이 학생들을 위한 교육프로그램이나 체험학습프로그램을 개발하여 홍보자료를 만들어 놓아야 한다. 생물학습이나 전통놀이, 전통음식 만들기 등의 여러 가지 프로그램을 통해서 학교나 유치원 등에 홍보자료를 통하여 연계한 학습 관광상품이 그 예가 될 것이다. 자연적으로 새로운 유통경로가 생기고, 그로 인한 홍보의 효과도 있을 것이다.

⑤ 이메일

많은 성공한 농촌 체험관광 농가들은 DM[14)]을 발송하는 것으로 농촌체험 프로그램을 소개하고 있다. 하지만 요즘은 많은 스팸 메일들 때문에 오히려 안 좋은 인상을 보여줄 수도 있다. 때문에 농장을 방문하거나 농촌체험을 한 고객들에게 지속적인 새로운 프로그램을 홍보하면서 재방문을 유도하는 방향으로 이메일 광고를 이용해야 할 것이다.

---

14) DM : 다이렉트 메일(direct mail)을 줄여서 부른다. 직접 개인에게 운송하는 광고임

(4) 체험마케팅

사람들은 왜 스타벅스에 정기적으로 들르는 것일까? 스타벅스가 한 일이라고는 좋은 커피콩을 사다가 강한 배전 과정을 거쳐 고유의 풍미를 만들어내고, 매뉴얼에 따라 실수 없이, 주문한 커피를 컵에 담아내는 것이다. 그리고 그들이 각자의 목적에 맞게 앉아서 즐길 수 있도록 사치스럽지도, 그렇다고 흠잡을 만큼 촌스럽지도 않은 실용적인 의자와 테이블을 준비해 주었을 뿐이다. 심지어 음악도 없다. 예전 다방 아가씨들이 보여주었던 애교 섞인 서비스도 없다. 그럼에도 불구하고 밥 한끼 값의 커피를 아무런 망설임 없이 구매해서 마시게 만드는 강력한 브랜드가 되었다.

사실 진한 에스프레소에 길들여지지 않았던 우리가 그 맛이 좋아서 스타벅스를 좋아하는 것은 아니다. 지금에 와서 이야기한다면 그러한 유럽식 커피문화를 이야기할 수 있을지 모르지만, 그 당시는 아니었을 것이다. 한국에도 많은 커피전문점이 있었고, 앉아서 오랜 시간 시간을 보낼 수 있는 곳이 있었다. 민들레 영토 또한 그렇다.

사람들은 좋은 것을 직접 경험해 본다. 그리고 그 좋은 것을 자신의 생활에서 가치 있는 것으로 스스로 만들어 간다. 풍미있는 스타벅스의 커피를 매개체로 삼아서 평범하게 생긴 나무 의자에 걸쳐 앉아 데이트하기도 하고, 무선 인터넷으로 블로그를 포스팅하기도 하고, 아니면 그저 혼자 앉아서 오후의 커피 맛을 즐기기도 한다. 누가 그렇게 하라고 정해주지 않았다. 그저 그들이 그렇게 할 뿐이다. 그들이 앉아 있지 않은 스타벅스의 풍경이 브랜드로서 무슨 의미를 가질 수 있을까? 그렇다면 그들은 과연 누구인가? 그들이 바로 소비자이다.

미국은 대도시를 제외하고는 넓은 면적에 비해 먹고 쉴 곳이 부족하다. 나도 시골 동네이기는 했지만 몇 군데 없는 레스토랑과 팝이 다였고 밥을 먹지 않고 간단히 차를 마실 수 있는 공간은 오로지 스타벅스 뿐이었다. 단순히 커피 맛 때문은 아니었었다. 미국은 집에서도 에스프레소와 카푸치노를 만들어 먹기 쉽게, 커피 머신이 우라나라에 비해 저렴한 가격에 주변에서 손쉽게 구매가 가능하다. 물론 커피를 구매할 수 있는 곳도 주변에 있지만, 여러 나라, 여러 종류의 커피도 주변 마트에서 손쉽게 구매가 가능하다. 하지만 왜 나는 스타벅스를 갔었던 것일까? 스타벅스에 가면 시간 때우기가 좋았고, 거기 있는 외국 사람들과 무슨 공감대가 생기는 것 같았다. 레스토랑과 달리 눈치 볼 것도 없었고, 종업원이 와서 귀찮게 잘 들리지도 않는 영어로 날 무섭게 만들지도 않았다.

이처럼 소비자들에게 제품과 서비스 자체뿐만이 아니라, 거기에 파생된 문화를 체험하게 함으로써 소비자들이 스스로 경험을 통해 해당 제품과 서비스를 찾아오게끔 하는 것이 바로 체험 마케팅의 목적이라 할 수 있다.

대상그룹의 종가집 김치는 집에서 담그는 것으로만 여겨져 왔던 김치를 상품화한 국내 대표적인 포장김치 제품이다. 대상이 종가집 김치를 내놓은 것은 지난 1987년으로 당시 분위기에서 주부들에게 상품 김치를 판다는 것은 아주 어려운 일이었다. 직접 담그는 김치에 대한 집착이 워낙 강한 데다 일부 영세업체들의 상품 김치에 대한 불신까지 겹쳐 초기 판매에 애를 먹었다. 이런 부정적 관점을 변화시킬 수 있는 메시지를 전하고자 하여도 저관여[15]한 소비자들에게 광고나 판매원의 설득 등으로는 포장김치에 대한 긍정적 정보를 수용시킬 길이 없었다. 포장김치에 대한 주부들의 저관여를 고관여[16]로 바꾸기 위해 대상은 체험 마케팅을 적극적으로 실시했다.

2000년부터 강원도 횡성에 주부나 예비 주부들을 초청해 공장 견학과 함께 김치 담그기 체험을, 실시한 것이 주효했다. 위생적인 제조시설과 김치맛이 주부들의 입소문으로 퍼진 결과이다. 또한, 중국산 김치에서 기생충이 검출되었다든지, 발효식품의 효능 등이 알려지면서 주부들의 김치에 대한 관여도가 상당히 높아지게 되었다. 이런 고관여 상황에서 주부들로 하여금 직접 김치공장을 방문하여 김치를 담그게 하는 체험 마케팅이 더욱 주요한 전략으로 작용할 것이다.

15) 저관여 : 특정 상황에서, 자극에 의하여 유발되어 지각된 개인적 관심도가 낮은 수준.
16) 고관여 : 특정 상황에서, 자극에 의하여 유발되어 지각된 개인적 관심도가 높은 수준.

<해외사례> - 미사카농원(일본)

일본 제1의 포도, 복숭아 산지인 야마나시현에 위치한 미사카농원은 후에후끼

라는 와인 상표로 자기가 생산한 복숭아, 포도로 와인을 만들고 있다. 이 농원의 특징은 관광농업으로 유명한 곳이며 복숭아와 포도를 재배하고, 이곳에서 생산된 과실들은 관광객에 의해 모두 수확을 하고 있다.

농장에서 직접 키운 여러 가지 포도를 시식할 수 있는 기회를 제공하며, 농장 안의 작은 상품 가게도 갖추고 있다. 여기에서 만든 와인은 현지농협에서는 볼 수 없고, 꼭 관광지인 이곳에서만 판매하고 있다. 농협에 출하하지 않고, 100% 관광객에게 판매하며 한해에 30톤 정도를 생산하고 있다.

또한, 고객들에게 와인 만드는 작업을 체험할 수 있는 기회를 제공하여, 관광농원답게 체험을 강조한 마케팅을 하고 있다. 포도밭에서 포도를 따서 충분히 시식한 후 한 바구니 정도를 따서, 농원에 마련된 와인공장으로 가져가면, 소독된 장화를 신고 포도를 밟아 으깨는 체험을 하게 된다. 그리고 자신이 원하는 사진이나 그림을 와인 병 라벨로 선택하여 맡기면 약 3개월 후 택배로 와인을 보내주는 것이다.

복숭아나무 밑에는 유채꽃을 심어 4월에 복숭아꽃이 필 무렵, 밑에는 유채꽃으로 관광객의 마음을 사로잡기도 하며 1000엔만 지불하면 과일을 실컷 먹고, 집에 갈 때 복숭아 2개를 가져갈 수 있는 것으로 큰 인기를 끌고 있다. 실제로 도쿄에서 많은 관광객들이 모여들고 있다.

笛吹ワイン

'청송사과축제' 40만여 명 발길 이어지며 경제활성화 효과 톡톡

제16회 청송사과축제가 지역주민, 관광객 등 수많은 인파가 몰려 대성황을 이룬 가운데 지난 11월 13일 대단원의 막을 내렸다.

대한민국에서 가장 수려하고 청정한 자연을 배경으로 용전천 현비암 일원에서 11월 9일(수)부터 11월 13일(일)까지 5일간 개최된 제16회 청송사과축제에는 구름과 같은 인파 40만여 관광객의 발길이 이어지면서 성황리에 마무리 됐다.

축제장에 구름 인파가 몰리면서 자연히 축제는 활기를 띄었고, 각종 체험 홍보 부스, 사과판매 부스, 식당 등에도 문전성시를 이루며 지역 소득 창출과 경제 활성화의 효과를 톡톡히 봤다는 평가다. '황금진 청송사과, 세상을 밝히다'라는 주제로 3년 만에 새롭게 선보인 이번 청송사과축제는 '유네스코 세계지질공원', '국제 슬로시티', '산소카페 청송정원' 등 최고의 청정 관광도시를 선보임으로써 '산소카페 청송군'의 이미지를 다시 한번 부각시키고, 국가대표 청송사과의 우수성과 명성을 재확인하는 계기가 되었다.

코로나19로 인한 대면 축제의 한계로 지난 2년 간 개최 하지 못한 청송사과축제는 시공간의 제약이 없는 온라인축제를 병행하여 방문자수 36만여명, 참여자수 10만여명을 기록하며 온라인축제에서도 괄목할 만한 성공을 거두었다. 특히 올해 축제장에는 청송사과, 사과 요리, 사과 가공품 등을 전시한 210평 규모의 사과축제 홍보관을 비롯한 255개동의 부스에서 다채롭고 신비로운 체험과 경험을 선물하였고, 축제 운영 종사자들은 그 어느 때보다 바쁜 5일을 보냈다. 또한 3년 만에 새롭게 단장한 축제를 대하는 많은 관광객들도 대한민국을 대표할만한 축제다운 축제라며 찬사를 보냈다.

올해 청송사과축제는 이태원 사고 이후에 개최된 만큼 안전에 최우선 순위를 두고 위험 요소를 사전에 제거해 군민과 관광객들에게 안전한 축제 문화를 선보이는 등 작지만 강한 산소카페 청송군을 다시 한번 알리는 계기가 되었다.

윤경희 청송군수는 "문화관광체육부가 지정한 문화관광축제인 청송사과축제가 오늘의 화려한 영광은 내려 두고, 더 많은 관광객들에게 사랑받고 다양하고 차별화된 경험을 제공할 수 있도록 앞으로도 최선을 다하겠다."며 청송사과축제를 방문해 주신 많은 분들께 감사의 인사를 전했다.

〈프라임경북뉴스, http://www.gbprimenews.com〉, 김운하 기자

축제를 활용하라

세계 꽃 축제-〈네덜란드의 큐켄호프 꽃 축제〉

마케팅 담당자들은 신제품에 대한 정보제공을 위해 전시회나 박람회, 그리고 축제를 자주 활용하게 된다. 이러한 이벤트성 마케팅 활동은 구매자와의 계약체결, 자사 제품과 자사에 대한 홍보, 유통업체 모집, 시장조사, 경쟁자 분석 등을 위해서도 매우 중요한 경로가 된다. 이러한 유통경로를 우리 농업에 접목시켜 본다면, 소비자들과 가장 만나기 좋은 장소가 바로 축제가 될 것이다. 혹시 화훼를 취급하고 있는 농가라면 꽃박람회를 쉽게 떠올릴 수 있을 것이다. 해외에도 이와 같은 세계 여러 꽃 축제가 있다. 그 가운데 튤립으로 유명한 네덜란드의 큐켄호프 꽃 축제를 살펴보자.

〈네덜란드 튤립 축제 큐켄호프, 2023〉

16세기 큐켄호프는 네덜란드의 백작부인인 자코바 반 바이에렌 소유지의 일부분이었다. 이곳에서는 귀족들의 연회를 위한 야채나 허브를 재배하거나 사냥을 위한 장소로 이용되었기 때문에 부엌("keuken")을 공급하는 정원("holf")

이라는 뜻으로 지금의 이름("keukenhof")을 가기게 되었다. 큐켄호프 화원의 꽃 전시는 1949년, 당시 리세 시의 초대 시장인 Mr.Lambooy에 의해 시작되었다. 그는 리세 시를 둘러싼 지역의 뛰어난 12명의 꽃 구근 재배자 및 수출업자와 함께 "야외 꽃 전시회"를 착안하여 발전시켰다. 그 후 오늘날의 큐켄호프 화원은 그 규모가 8만6천 평에 달하는 네덜란드 제일의 화원이 되었다. 큐켄호프 꽃 축제는 매년 3월 말~ 5월 중순, 8시부터 19시 30분까지 개장하고 성인 13.50유로 65세 이상 12.50유로 어린이(~3살) 무료 어린이 (4살~11살) 6유로 정도의 입장권을 판매하고 있다. 현재 큐켄호프 공원은 네덜란드 암스테르담에서 남서쪽으로 35km 떨어져 있는 자위트홀란트 주의 자치체인 리세(Lisse)에 위치하고 있으며, 그 면적은 280,00㎡(약 85,000평)에 달한다.

〈네덜란드 튤립 축제 큐켄호프, 2023〉

큐켄호프(Keukenhof)가 시작된 첫해 236,000명에 달하는 방문객들이 방문했으며, 해마다 튤립 시즌 동안 100만 명 이상이 방문하는 네덜란드 경제의 고부가가치를 거두는 관광상품이 되었다.

이러한 큐켄호프 공원은 전시이벤트가 결합된 꽃 축제(flower show)의 형태로써, 내용적인 측면에서 네덜란드의 수출 주종목인 구근 화훼류를 세계적으로 알리고 있어, 네덜란드의 대표적 산업인 화훼산업을 발전시키는 원동력이 되고 있다. 이러한 것이 바로 우리 농촌 창업가들이 주목해야 할 축제의 힘이다.

큐켄호프 꽃 축제를 통한 구체적인 효과를 살펴보면 다음과 같다.

① 구근 재배 농가의 중요성 향상

꽃이 활짝 핀 구근 화훼류의 아름다움을 볼 수 있는, 세계 최대의 공원을 만드는 데는 자신들이 재배한 구근에 자신감을 갖고 네덜란드의 구근 재배 농가들의 공헌이 가장 크다. 또한 다양한 종류의 구근 화훼류의 색과 형태를 응용한 현대적인 전시를 통해 관람객에게 감동을 주면서 최고의 구근식물의 이용법을 제안하는 조경가의 공헌과 구근 재배 농가의 중요성이 향상되었다.

② 네덜란드 화훼산업의 발전

큐켄호프 공원은 전시이벤트가 결합된 꽃 축제의 형태로 볼 수 있으며, 내용적인 측면에서 수출 주종목인 구근 화훼류를 세계적으로 알려 네덜란드의 대표적 산업인 화훼산업을 발전시키는데 이바지하고 있다는 점이 주목된다.

③ 세계적인 관광명소로의 발전

축제 첫 회 236,000명이 전시회를 방문하고 지속적으로 방문객수가 증가해 현재는 연간 100만 명 이상이 방문을 하고, 클린턴 전 미국 대통령, 영국 엘리자베스 2세 여왕과 같은 수많은 세계의 유명 인사들이 방문을 하면서 큐켄호프는 네덜란드에서 가장 많이 알려진 지역이며 세계에서 가장 사진을 찍고 싶은 장소가 되었다.

④ 지역경제 활성화

세계 각지에서 100만 명이 넘는 관광객이 큐켄호프를 찾는다. 꽃 축제로 벌어들이는 수입만 1년에 200억 원에 이른다. 자연과 어우러진 잘 만든 테마파크 하나가 한 지역의 경제를 살린 값진 행사가 되었음을 알 수 있다.

우리나라의 꽃 축제

우리나라에도 많은 꽃 축제들이 봄·가을로 개최되고 있다. 흔히 꽃 축제하면 진해 벚꽃축제나 고양의 꽃 박람회를 떠올릴 것이다. 여기서는 정읍의 축제로 자생화 축제와 구절초 축제를 소개하고자 한다.

정읍 자생화 축제

봄철 정읍의 자생화 축제는 자라나는 어린 세대에게는 우리 꽃의 소중함을 일깨워주고 관람객들에게 고향의 향수와 이미지 부여로 기쁨과 감동을 주는 문화축제로 발전하고 있다. 이를 통해서 전국 제일의 우리 꽃 자생화 메카로 육성하려고 지자체가 많은 노력을 하고 있으며, 궁극적으로 지역산업의 발전과 농업인의 소득화를 목표로 하고 있다. 아래와 같은 부대행사들을 개발하여 관광객들에게 다양한 체험으로 자생화를 알리는 동시에 지역사회를 홍보하고 있다.

부대행사

어린이 자생화 그림 그리기 대회
어린이 글짓기대회(자생화 동시, 수필, 감상문 등등)
가족과 함께하는 자생화 퀴즈대회
5명 이상 가족 단위 참가자에 대해 자생화 선물 증정
정읍 도자기 전시 : 100여 점
체험·판매관 및 농산물 홍보관 등 : 20여 개 부스
시민과 함께하는 정읍 포크송 공연
어린이 난타 공연
자생화 사진, 자생화 시 등 전시 : 100여 점

정읍 구절초 축제

정읍에는 자생화 축제와 더불어 가을에는 또 다른 꽃축제가 개최하고 있다. 두메산골 정읍 산내면 옥정호에는 음력 9월 9일이 되면 9마디가 된다 하여 구절초라 불리는 꽃을 주제로 구절초 축제가 열린다. 테마공원의 동산 하나가 구절초로 인해 하얗게 덮혀 버릴 정도다.

구절초 축제는 9월 말부터 10월 중순까지 열리며, 전북 정읍시 산내면 매죽리 인근 옥정호 들꽃 테마공원 내에 구절초가 만개한 모습을 볼 수 있다.

〈구절초가 만개한 모습〉

이처럼 우리나라에도 많은 종류의 꽃 축제가 있지만, 진해의 벚꽃축제를 제외하고는 모르는 사람이 더 많을 정도로 인기가 없고 사람들의 이목을 끌지 못하고 있다. 세계적으로 유명한 꽃 축제를 보면 축제 자체가 상품화 되어있고 사람들의 관심과 참여가 활발하여 지역민들은 물론이고 국가적으로 보조하여 더욱더 발전시키기 위해 모두가 노력하고 있다. 또한 주목할 만한 점은 즐거움에 대한 중요성이다. 축제를 통해서 느낄 수 있는 즐거운 체험은 요즘 마케팅에서 강조하고 있는 체험마케팅과 일치된다. 큐켄호프 꽃 축제를 통해서 주목해볼 만한 점은 바로 이러한 독특한 즐거움이다. 큐켄호프 꽃 축제에는 보트 트립이라는 독특한 즐거움이 있다. 하지만 놀이동산의 말초신경을 자극하는 그러한 즐거움이 아닌, 꽃 축제와 연관된 환경친화적인 하나의 테마를 가지고 파생된 코스다. 이러한 보트 트립을 하며, 큐켄호프 구근 정원 근처를 둘러볼 수 있다. 그것도 "whisper boats"(속삭이는 보트)라고 불리는 새로운 관광 명물로 진화한 이 보트들은 전기 엔진으로 운전되며 환경친화적이고 아름다운 주위 들판을 향해

하는 동안, 거의 소음이 발생하지 않는다. 1시간 10분 정도 소요되며 보트 트립을 하는 동안 최고의 사진을 찍을 수 있다는 점이 참가자들에게 자연에 한 걸음 더 다가가는 계기가 되고 있다.

〈"whisper boats"(속삭이는 보트)라고 불리는 새로운 관광 명물 "보트 트립"〉

우리나라에서도 꽃축제들을 발전시키기 위해서는 대규모로 다채로운 행사를 열고, 외국인들의 기호와 우리나라의 전통이 어울릴 수 있는 상품을 만들어야 할 것이다. 또한 무엇보다도 지역민들이 나서서, 그러한 축제를 발전시키기 위해 고민하고 노력하여야 할 것이다. 자연이 아름다운 우리나라의 특성상 지역민들이 앞장서서 축제를 발전시켜 나간다면, 우리나라는 물론 세계적인 꽃 축제로 발전될 가능성이 충분하다고 본다. 우리나라의 여러 다른 축제들이 존재한다. 하지만 왜 이러한 축제가 세계적인 축제로 성장하지 못하는 것일까? 각 시도에서는 여러 가지 행사를 준비하고 축제에 체험할 거리를 늘리고 있다. 하지만 그 방법론에는 중요한 문제점이 있다고 본다. 결과부터 이야기하자면 재미있는 경험과 체험이 먼저 제시되어야 하고, 이러한 프로그램이 주가 되어야 한다는 것이다. 하지만 지역 특산물을 홍보하기 위한 장으로만 생각하고, 특산물을 앞세

워서는 소비자의 흥미를 자극할 수 없다는 것이다.

(5) 문화 마케팅

우리 국민 대부분은 대장금을 본 적이 있을 것이다. 우리나라의 사극이 해외 시장 곳곳에 진출해, 이처럼 뜨거운 호응을 얻는 것도 처음이겠지만, 다양한 문화 마케팅을 통해 10대 아이돌 스타에 지나치게 의존해온 한류에 대한 미래의 변화 가능성을 보여주고 있기 때문이다. 그렇다면 기존의 드라마와 대장금의 차이는 무엇일까? 우선 기존의 한류 드라마가 주로 특정 연령층이나 여성들에 호감을 얻는 것에 비해 대장금은 외국에서도 남녀노소를 불문하고 넓은 층에 사랑을 받고 있다. 이는 대장금의 경우 한국 전통문화에 뿌리를 두되 현대적 요소를 첨가하여 호기심을 자극하였다. 이와 더불어 음식과 약제 그리고 가부장적 사회에서 여성의 성공 신화 등 누구나 관심을 가지고 공감할 수 있는 이야기를 풀어냈기 때문이다. 또한 기존의 한류가 한국의 현대적인 외적인 면을 보여준 것이라고 한다면, 대장금의 경우 철저한 고증을 거친 한국문화의 정수를 보여주는 것과 같다. 실제로 겨울연가를 비롯한 기존 한류 드라마 팬들은 스타 미팅에 쏠리고 촬영장소를 방문하는 정도지만, 대장금은 한국문화 자체에 대한 간접 체험을 만들어냈다. 이것이 바로 우리나라의 문화를 알리는 문화 마케팅의 하나이다. 즉, 한국의 미, 감성, 전통, 문화 등이 배어있는 의식주 및 소비 생활 자체를 전 세계를 대상으로 확산시키는 것이다.

1) 농촌의 문화 마케팅

문화 마케팅은 오늘을 살고 있는 소비 대중들에게 문화가 지닌 가치를 통해 사회적인 발전을 꾀하는 모든 활동은 의미한다. 이러한 의미에서 농촌의 문화 마케팅은 전국 각각의 농촌마다 고유하게 남아 있는 전통적인 문화콘텐츠와 가치관들이 우리 사회를 풍요롭게 만들어주는 밑거름의 역할을 하는 것이다. 구체적으로 농촌의 문화 마케팅은 농촌관광의 형태로 발전되고 있다. 그렇다면 농촌에서 농촌관광으로 그 대상을 구체화시켜 보자. 농촌관광의 측면에서 문화 마케팅이란 “농촌관광산업에 관련된 농가 또는 농촌 마을이 문화를 매개로 고객들이 추구하는 가치를 전달하고 충족시키는 다양한 활동”을 의미한다.

예를 들어, 지역이나 마을 단위, 혹은 농장에서 도시소비자들을 초청해 함께 하는 프로그램, 농촌체험 프로그램, 자연경관을 활용한 상품 등 농촌의 자연·문화환경을 이용한 모든 활동이 농촌의 문화 마케팅에 해당한다.

2) 농촌관광의 현재

한미FTA 등 개방화 시대에 우리 농촌의 활로는 바로 농촌관광과 연계된 문화 마케팅에서 찾으려는 것이다. 이러한 노력의 하나로 정부는 농촌활성화 대안으로 2011년부터 전국적으로 약 500여 개의 농촌 관광마을을 지정해 새로운 시장기회를 모색하고 있으며, 범국민적인 캠페인으로 농촌 사랑 1社 1村 운동을 전개하기도 했다. 또한, 농촌 어메니티[17]나 그린투어, 팜스테이, 귀농, 귀촌, 도농교류 학습 등이 현재 농촌관광의 일면이다.

이처럼 오늘날 농촌 활성화의 대안으로 등장한 농촌관광사업은 사회 다방면의 기대를 받으며 성공적인 발전을 거듭하고 있다. 하지만 농사 체험, 떡 만들기 체험, 지역 특산물 장터 등 전국의 농촌관광 마을이 다 비슷한 프로그램을 가지고 있어 차별성 없는 관광상품만을 만들어 낸다는 비판과 우려의 목소리도 없지 않다.

3) 문화적 의미에서의 농촌관광

문화는 라틴어 "cultura"에서 유래한 것으로 이 단어는 원래 "농사" 또는 "육체와 정신의 돌봄"이라는 두 가지 뜻을 가졌다. 그에 따라 이 낱말은 처음부터 농경과 정신적 재산의 돌봄이라는 두 가지 의미로 쓰였다. 현대적 문화의 개념은 점차 한 민족이나 사회의 정신적·예술적 표현의 총체라는 의미로 형성되어 갔으며, 인간의 생활이 축적된 결과인 역사까지 포함한 다의적이고 광범위한 개념이다. 이러한 의미에서 농촌과 문화는 그 어원까지도 밀접한 관련을 가지고 있다. 농촌관광을 이러한 의미에서 단순히 농촌의 상품화를 의미하는데 그치는 것이 아니라 새로운 문화를 만들어 가는 수단이자 과정이라 할 수 있다. 그러므로 농촌관광은 전통문화의 재발견이자 미래를 위한 문화적 자산을 새롭게 창조하는 활동이라 할 수 있다. 이러한 맥락에서 농촌관광의 문화적 의미는 다음 네 가지로 구분된다.

---

17) 어메니티(amenity) : 환경보전, 종합 쾌적성, 청결, 친근감, 인격성, 좋은 인간관계, 공생 등의 여유(경제성, 문화성 등), 정감(환경성, 쾌적성 등), 평온(안전성, 보건성 등)이라고 하는 다양한 가치개념에서 접근하여 왔으며, "인간이 살아가는데 필요한 종합적인 쾌적함"이라고 할 수 있다.

① 농촌전통문화의 재발견

지워져 가는 농촌의 전통문화를 농촌관광을 통해서 재발굴하는 계기 될 것이다. 이를 통해 지역주민들의 자긍심도 고취 시킬 수 있으며, 지역의 전통문화를 홍보하는 중요한 수단이 될 것이다.

② 새로운 농촌문화 창출

도시와 농촌의 문화적 교류를 통해 농촌 생활문화가 한 차원 더 업그레이드 될 것이다. 문화예술을 접하기 힘든 농촌 생활에 문화를 접목하게 됨으로써 농촌지역에 문화예술과 문화산업을 활성화하게 되어 새로운 농촌문화가 창출되게 된다.

③ 새로운 여행 및 여가문화의 개발

농촌관광은 다른 여행들과 다르게 몸과 마음이 지친 도시인들에게는 마음의 템포를 한발 늦춰주는 안식처로써의 새로운 여행문화를 개발하는 것에 의미가 있다. 즉, 농촌관광은 슬로우라이프[18]를 체험하는 슬로우 문화관광의 전형인 것이다.

④ 새로운 농촌 지역개발 방식

지금까지 생산성이나 지역개발의 형식으로 진행되어온 농촌개발의 방식은 앞으로 농촌문화와 같은 소프트웨어 측면의 콘텐츠 개발 및 변화가 필요하다는 것을 의미한다. 이러한 노력을 통해 새로운 문화적 의미에서의 지속 가능한 농촌 지역개발을 가능하게 만든다.

4) 문화마 케팅을 통한 농촌관광 브랜드 개발

어찌보면 농촌에 문화 마케팅을 접목하는 것은 실제로 경쟁력 있는 농촌관광 브랜드를 만들어 내는 것이라 할 수 있다. 이러한 의미에서 문화를 활용한 농촌관광 브랜드 개발 전략을 크게 4가지 유형으로 구분해볼 수 있다.

① 공간과 문화의 결합

농촌을 아름다운 자연과 문화를 이용하여 쾌적한 문화공간인 동시에 활기 넘치는 삶의 공간으로 정비하는 것이다. 예를 들어, 주민을 위한 편리한 생산 공

18) 슬로우라이프: '속도, 생산성, 효율 만능주의'가 외면했던 인류가 선조들의 지혜로운 삶의 방식을 다시 복구하자는 운동

간 및 생활공간과 방문객을 위한 편의 공간을 만들고 지역 문화를 이용하여 마을 전체를 문화재로 발전시키는 것이다.

② 제품과 문화의 결합

현재의 농산물에도 그 지역의 전통문화와 결합시켜 지역브랜드나 공동브랜드를 개발하여 이러한 제품의 생산과 농촌관광을 연계하여 차별화된 경쟁우위를 얻을 수 있게 된다. 그러기 위해서는 지역의 농특산물에도 문화를 담아야 하는 것이다. 즉, 제품에 문화를 접목하여 독특한 연상과 이미지를 만들어 낸다면, 이러한 이미지나 연상을 기반으로 특정 농산물의 구매가 고객으로 하여금 해당 지역에서 생산된 제품에 대한 고객 충성도까지 가지게 만들 수 있다.

예를 들어, 농축가공물의 포장에 지역을 대표하는 화가의 작품을 라벨로 활용하는 것이다. 그러한 제품을 구매한 구매자는 포장이나 라벨이 지역을 대표하는 화가의 작품이라는 것을 알게 되고 자연스레, 그 지역에 관한 관심과 방문 횟수가 높아지게 된다.

③ 농촌 라이프스타일과 문화의 결합

도시인들이 동경하면서도 잘 접할 수 없는 농촌의 의, 식, 주를 기반으로 하는 농촌 라이프스타일에 문화를 접목시키는 형태의 농촌관광을 생각해 볼 수 있다. 즉, 농촌관광에 문화를 접목함으로써 문화가 풍부한 라이프스타일로 고객과 교류하는 것이다. 예를 들어, 향토 음식을 맛보면서 전통 유교문화를 체험할 수 있는 관광상품이 여기에 해당할 것이다.

④ 농촌과 문화예술의 결합

농촌을 문화예술의 무대로 활용하는 전략으로 농촌의 자연환경과 음악, 미술 등의 문화예술과 결합하여 시너지를 기대할 수도 있다. 미술, 음악, 연극, 뮤지컬, 조각, 도예 등을 지역의 문화재들과 장르별로 접목하여 이벤트, 축제, 공연, 전시 등으로 관광 상품화하게 된다면, 이를 통해 새로운 농촌관광 브랜드가 탄생할 것이다.

5) 농촌과 문화의 융합이 주는 이점

문화를 접목한 농촌관광은 문화의 긍정적인 측면으로 농촌의 잠재력을 발견하고 향상시키려는 노력의 하나이며, 이를 통해 농촌관광은 농촌 창업가들을 위한 창조적 고부가가치 상품으로 만드는 것이다. 궁극적으로는 우리 사회 모두를 활성화 시키려는 하나의 시도인 것이다. 이러한 노력과 시도를 통해 농촌과 문화가 융합되었을 때 여러 가지 이점들을 얻을 수 있다.

① 방문객에게 감동적인 경험을 선물하여 농촌 마을의 이미지를 제고
② 도시와 농촌, 혹은 농촌 주민 간의 관계 강화
③ 소득증대로 인한 농촌지역의 활성화
④ 긍정적 교류를 통한 화합과 공생이라는 사회적 가치 창출

6) 농촌과 문화의 융합 시대를 견인하는 농촌창업자의 역할

문화를 활용한 농촌관광 마케팅 전략이 성공하기 위해서는 농촌창업자의 역할이 중요하다 할 수 있다.

① 최소비용 최대가치

막대한 자금을 투자하고 유명연예인을 부르는 문화 이벤트만이 능사는 아닐 것이다. 마을이나 주민들의 여건과 기존 자연환경을 훼손하지 않는 범위에서 비용 대비 가치가 높은 콘텐츠를 찾아야 한다. 농촌창업을 준비하는 예비창업자들은 경영자적 마인드로 최소비용을 들여 최대가치를 얻을 수 있는 농촌 콘텐츠를 발굴하고 개발하기 위하여, 각 마을의 여건과 사업유형, 시장, 고객의 특성에 맞추어 문화 마케팅을 구사해야 할 것이다.

② 차별화된 매력의 창출

농촌과 융합된 문화 마케팅은 농촌이 가진 좋은 경관과 시설 등의 우수한 인프라와 그 지역만의 차별화된 콘텐츠를 갖춰야 성공할 수 있다. 즉, 농촌의 자연과 문화자원이 도시나 다른 농촌에서는 경험할 수 없는, 그 지역만의 문화체험과 공연 등의 콘텐츠와 만나 획일적인 삶에 지친 도시인들에게 꿈과 안식을 제공할 때 비로소 농촌은 활성화될 수 있는 것이다. 그러므로 농촌창업자들은 자신의 창업 아이템이나 아이디어를 통해 차별화된 브랜드 창출에 이바지해야 한다.

③ 적극적인 홍보

농촌과 그 지역의 문화를 적극적으로 홍보하여야 한다. 도시에 사는 사람들은 늘 농촌의 자연 속에서 살아보기를 원하거나 짧게나마 쉬고 싶어 한다. 하지만

지역의 장소, 내용을 모르기 때문에 서로 간에 교류를 어렵게 생각할 뿐이다. 의외로 많은 도시인들이 잘 몰라서 못 찾아가는 경우가 많다. 이럴 때 농촌창업자들의 홈페이지나 광고들이 도시와 농촌의 연결고리 역할을 하게 된다. 그러므로 농촌관광이나 문화를 통한 가치를 창출할 수 있는 기회는 농촌창업자들의 적극성만 있으면 얼마든지 가능한 이야기이다.

7) 농촌 문화마케팅의 콘텐츠 사례

앞에서 설명한 것과 같이 농촌과 문화의 융합을 통하여 농촌창업자들도 문화를 접목한 농촌 행사들을 준비한다면 농촌관광 수익이나 이로 인한 부가적인 농산물 판매수익을 올릴 수 있을 것이다. 대표적인 농촌 문화 마케팅의 콘텐츠 사례들을 보면 아래와 같다.

① 농촌에서만 느낄 수 있는 차별화된 공연

판소리공연, 쥐불놀이, 달집놀이, 마당놀이, 사물놀이공연 등 농촌을 방문한 방문객들을 위해 공연을 마련하는 것이다.

② 직접 만들기

가족, 친구, 동료 등 농촌 현장에서 협동해 손수 만들 수 있도록 포도를 이용한 가정용 와인을 만들거나 떡과 같은 전통음식을 만들 수 있는 기회를 제공한다.

③ 농사 체험

농사 체험으로는 고구마 캐기, 주말농장 운영하기, 사과 따기 체험 등을 생각해 볼 수 있다.

④ 아이들의 시골 놀이터

시골이 없는 도시아이들을 위해서 아이들끼리 마음껏 뛰어놀 수 있는 여건을 만들어 주면 된다. 예를 들어, 겨울철 같은 경우는 논에 물을 채워 썰매를 탈 수 있는 공간을 만들어 주는 것도 아이들에게 좋은 놀이터가 될 수 있을 것이다.

⑤ 시골 잔치

농장이나 마을 단위의 주요 먹거리를 준비해서 작은 잔치 같은 것을 계획하고, 자신의 농산물을 구매하는 단골 고객들을 초청하는 것도 좋은 이벤트가 될 것이다. 혹은 실제로 마을잔치에 초청하는 것도 농촌의 인심이나 체험을 극대화시킬 수 있는 괜찮은 아이디어가 된다.

3. 농촌을 이야기하자

(1) 우리 농업의 변화

우리의 역사를 보더라도 도시와 농촌은 뗄 수 없는 관계이며, 서로를 배제하고는 이야기할 수 없다. 즉, 농촌에서도 도시민들의 소비 트렌드와 시대적 국가적 상황을 반영하여, 그 모습이 변화해왔다. 시대에 따라 농촌의 역할이 어떻게 변화되어 왔는지 살펴보면 다음과 같다.

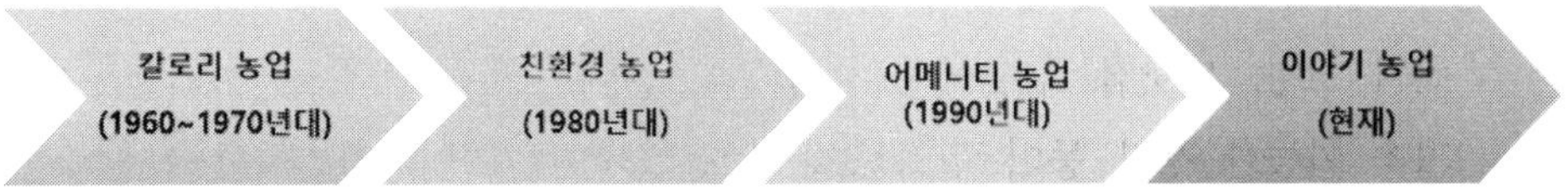

[그림 3-Ⅱ-1] 우리 농업의 변화

1) 칼로리 농업

칼로리 농업은 당시 우리 농촌의 최대 주안점이 단위면적당, 최고 생산량에 있던 시기로 1960~1970년대를 말한다. 이 시기는 탄수화물, 지방, 단백질과 같은 고칼로리에 비유하여 생산량을 높이기 위해 농촌의 생산활동을 장려하던 때였다. 이 당시 농업 활동은 농약이든 화학비료든 얼마든지 뿌려도 규제를 받지 않았으며, 오로지 농작물을 많이만 생산하면 전부였다. 이러한 칼로리 농업의 대표적 농작물이 바로 1970년에 등장한 통일벼였다.

우리가 흔히 말하는 못살던 시절 쌀의 품질은 논의의 대상이 아니던 시대였다. 그저 대다수의 국민이 배곯지 않고, 쌀밥을 배불리 먹을 수 있게 대량 생산했던 것이 농업의 목적이었다.

2) 친환경 농업

이처럼 단위면적당 최고 생산량을 목적으로 농업 활동을 하다 보니, 농산물의 품질과 건강 측면에서 농촌과 도시에서 지속적으로 문제가 발생하기 시작하면서, 도시민들의 농업농촌에 대한 소비 트렌드와 관심이 1980년대 들어 변화하기 시작하였다. 이 시기에는 농약으로부터 안전한 농산물을 소비하기를 원하고, 환경에 관한 관심이 증가하기 시작하면서 친환경 농업에 대한 수요가 발생하기 시작했다. 이에 맞춰 정부와 사회단체에서도 점차 친환경 농업에 대한 기반인프라 확립에 박차를 가하기 시작하면서 우리 농촌도 서서히 변화하기 시작했다.

3) 어매니티 농업

1980년대의 친환경에 관한 관심과 함께 친환경 농업의 성장이 1990년대에 들어서자 사람들은 농촌의 생산물에 대해서만 가져왔던 관심을 기존에 등한시해왔던 농촌과 농업을 좀 더 다른 시각으로 바라보는 관점으로 변화되기 시작했다. 즉, 농촌을 단순히 먹을거리를 생산하는 공장으로 보지 않고 농촌 자체를 농촌이 가지고 있는 여유, 정감, 쾌적함, 자연성 등으로 보게 된 것이다. 이러한 시각의 변화를 통해 농촌의 삶과 여유를 동경하는 tv 프로그램이 속속 등장하면서 고향, 외갓집, 농촌체험, 그린투어, 향수, 오래된 것들, 그리움, 자연환경, 지속 가능한 생각 등이 우리 농촌과 농업에도 자연 친화적이고 감성적인 요소들로 부가가치를 창출하는 시대가 되었다.

4) 이야기 농업

이처럼 농촌과 농업을 바라보는 시각이 자연 친화적이고 감성적인 공간으로 변화하면서 이제 도시의 삶과 별개의 영역이 아님을 사회 전반적으로 느끼게 되는 시기가 도래하게 되었다. 이와 함께 농촌과 농업은 안전한 먹거리를 생산하고 역사와 전통을 이어가는 공간인 동시에 자연환경이 지속되는 삶의 터전이 되어가고 있다. 이러한 상황에서 더욱 도시와 농촌을 상생하게 만들고 사람들에게 감성적인 농촌을 전달하기 위해서 이야기라는 요소가 재조명되기 시작하였다. 이미 많은 분야에서 감성을 이용한 스토리텔링이 사용되고 있으며, 이제는 이러한 이야기의 힘을 농업에서도 이용하기 시작한 것이다. 이러한 이야기가 도농이 서로 공감하고 소통할 수 있는 핵심이 되었으며, 현재 농촌 발전을 모색할 수 있는 방향을 제시해 준다고 볼 수 있다.

(2) 스토리텔링

"story"는 이야기의 소재이고 tell은 말하는 방식, 즉 어떻게 전달할 것인가에 초점을 두는 것이라면 "ing"는 상호작용이다. 스토리텔링 마케팅에서 스토리텔링은 사람의 마음을 사로잡는 재미있는 이야기를 말한다. 앞으로 다가올 사회에서 사람들은 상품 자체가 아닌, 상품에 담겨 있는 비물질적인 문화나 감성 등의 스토리를 찾게 되고, 이러한 이야기를 창조하여 담아내는 이야기꾼이 조명받게 될 것이다. 우리는 이야기 없이는 의미 있는 삶을 살 수가 없다. 그래서 스토리텔링을 가리켜 제4의 물결이라고도 한다.

스토리텔링의 마케팅 관점에서 보면 브랜드가 상징하는 이야기에 관해 고객들은 이런 이야기를 사려고 50~100% 정도의 돈을 더 지급한다. 즉, 감성시대에 진짜 상품은 이야기이며, 나머지는 단지 기계가 만들어내는 생산물에 불과한 것이다.

그렇다면 storytelling에서 "tell"하는 방식, 즉 어떻게 스토리를 발견하고 전달한 것인가? 첫째, 짧은 스토리와 긴 여운으로 압축과 단순함의 매력을 지녀야 한다. 둘째, 스토리의 진정성이 중요하다. 셋째, 훌륭한 스토리텔링을 창조하고 문화콘텐츠 크리에이터를 만들기 위해서는 인문학적 지식이 필요하며, 작가를 돕는 지원에 인색하지 말아야 한다.

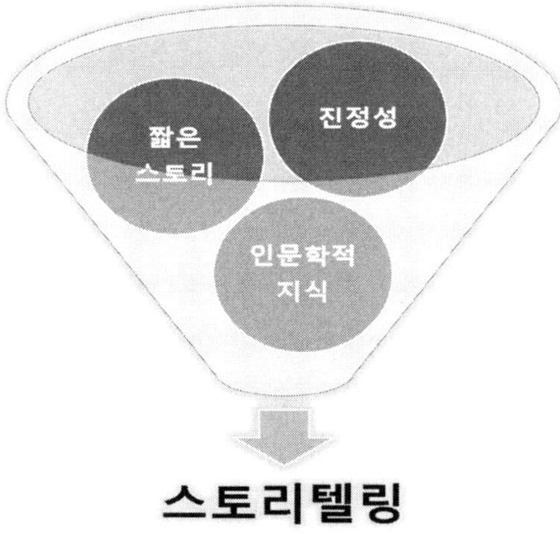

[그림 3-Ⅱ-2] 스토리텔링 마케팅을 위한 "이야기"의 3요소

storytelling에서 "ing"는 상호작용이다. 이야기는 이야기하는 사람을 위한 것이 아닌, 듣는 사람이 공감하도록 상호 작용해야 한다. 공감을 하면 소비자의 입소문은 확대 재생산될 것이다. 그러므로 농업을 이야기로 전달해서 감동이 되는 농촌 본연의 의미를 잘 살려야 한다. 농촌 창업제품에 있어 일반적으로 같은 이미지의 붕어빵 같은 상품은 지양하고, 감동적이고 재미있는 이야기를 담아내어야 한다.

우리나라에는 예로부터 전해 내려오는 많은 이야기들이 있다. 이러한 이야기가 농촌창업 제품들과 서로 시너지를 일으켜 좋은 반응을 불러일으키고, 또한 고객 기억 속에 오래 남아 독특한 이미지를 만들어내고 부가가치 창출에도 큰 몫을 하고 있다. 이와 같은 대표적인 스토리텔링 마케팅을 소개한다.

1) 고창 복분자

복분자는 열매가 작고 과즙도 적기 때문에 생과로 먹기가 곤란해 설탕에 재어 진액으로 만들거나, 소주를 부어 술로 저장해 두었다. 그래도 진액보다는 술을 찾는 사람이 많아, 복분자를 많이 재배하는 전북 고창의 농가에서는 내남없이[19] 복분자를 담아두었다. 현재 시판 중인 복분자주의 원조는 바로, 그 고창 농가에 두루 퍼져 있던 소주였던 복분자주다.

고창 선운사 주변에서 풍천장어와 함께 농가의 복분자주가 인기를 얻자 1995년 무렵부터 복분자주 제조장이 고창 지역을 중심으로 생겨났다. 복분자주가 단기간에 주목받을 수 있었던 것은 술의 이름에 얽힌 스토리텔링 덕분이다. 복분자는 한자로 엎을 복에 동이 분을 쓰는데, 복분자를 먹고 나면 오줌 줄기가 세져 요강을 뒤집어엎는다는 뜻을 담고 있다. 이와 관련된 일화로 노부부가 복분자를 먹고, 늦둥이를 보았고, 병약한 아들이 복분자를 먹고, 요강을 뒤집어엎기도 했고, 가정의 평화를 위해서 넉 잔 이상 복분자주를 마시지 말아야 한다는 금기도 있다고 한다. 하지만 복분자주는 비아그라식의 말초적인 술은 아니다. 뿌리가 깊고, 저력이 있다. 〈동의보감〉에서 복분자는 나무딸기라고 소개하고 있는데, "성질이 평안하고 맛이 달고 시며, 독이 없다. 남자의 경우 신정(腎精)이 고갈된 것과 여자의 경우 자식이 없는 것을 치료한다. 간을 보호해서 눈을 밝게 하고, 기를 보호하여 몸을 가볍게 하며, 머리가 희어지지 않게 한다"고 약효를

19) 내남없이 : 나나 다른 사람이나 다 마찬가지로.

설명하고 있다.

[그림 3-Ⅱ-3] 복분자와 관련한 이야기 삽화

이러한 복분자와 관련된 이야기들이 현재의 복분자주 인기를 가져왔다 해도 과언이 아닐 것이다. 오늘날 우리는 복분자 하면 남자들을 그렇게 집착하게 만드는 정력이 바로 떠오를 것이다. 이러한 강력한 연결고리는 어디에서 오는 것일까? 재미있는 스토리텔링을 사용한 복분자의 사례를 잠시 살펴보자. 복분자에 대한 여러 가지 이야기들이 있지만, 스토리텔링 마케팅을 위해 수집된 두 가지 이야기를 소개해 보고자 한다.

첫 번째 이야기는 하늘나라 왕모 낭랑은 젊고 아름다워지기 위해 인삼과를 즐겨 먹었다고 한다. 그 인삼과를 왕모께 올리던 선녀가 넘어져서 쟁반이 뒤집어졌고, 인삼과가 지상으로 떨어져서 인삼꽃처럼 빨간 열매를 맺었다 하여 이를 복분자라 칭했다고 한다.

두 번째 이야기는 좀더 우리에게 익숙하다. 옛날에 어떤 노인이 땔감을 장만하기 위해 산중으로 들어갔다가, 탐스럽고 먹음직스러운 열매를 발견하여 한껏 따먹고 집에 와보니, 소변이 자주 마렵던 느낌이 사라지고 젊었을 때의 정력이 되살아나 소변에 힘이 넘쳐서 요강이 넘어져 버렸다고 하니, 이때부터 복분자의 유래가 시작되었다 한다.

어떤가? 어디 가서 복분자주를 보면 이러한 재미있는 이야기가 떠오르게 되고 이야기에 담겨 있던 젊고 아름다워진다는 내용과 정력이 되살아났다는 전설 같은 이야기들이 자연스럽게 떠오르게 될 것이다. 복분자의 생리적 효능과 그 안에 포함된 비타민, 무기질 등을 이야기하는 것과 비교하여 어떤 것이 더 기억되거나, 흥미롭게 만드는가? 이것이 우리가 농촌창업에 접목시켜야 하는 스토리텔링의 힘인 것이다.

2) 상주 곶감 - 하늘 아래 첫 감나무

상주의 곶감 농가들은 대대로 곶감을 재배하던 농가들로 오랜 역사와 경험이 있음에도 이를 상품 이미지에 활용하지 못하고 있었다. 하지만 우연한 기회에 상주의 곶감 농장으로 취재하러 들른 한 기자의 도움으로 전통과 얽힌, 스토리를 활용하게 되었다. 특히 일흔 아들과 아흔의 어머니가 함께 곶감 농사를 짓는 모습, 감 익는 풍경, “하늘 아래 첫 감나무”라는 750년 수령의 감나무 이야기를 감동적으로 풀어낸 것이다. 아울러 이런 곶감의 역사를 전통으로 풀어낸 한 건축가의 “건축가가 스케치한 농가”의 이야기가 알려지면서 연간 500여 명이 방문하는 전통 곶감 농가로 자리 잡게 됐다.

〈하늘 아래 첫 감나무〉

상주시 외남면 소은1리에 자그마치 750년이나 된 감나무가 있다. 둘레가 3m 높이가 10m나 되는데, 특이한 건 나무 가운데가 썩어서 두 갈래로 나눠진 모습을 하고 있다는 것이다. 정말 오랜 세월이 느껴지는데, 그래도 해마다 감은 5,000여 개나 열린다고 한다. 상주시에서 "하늘 아래 첫 감나무"라는 표지석을 세우고 예종실록의 기록도 새겨놓았다. 그것은 "지금 곶감의 진상을 상주에 나누어 정하였다"라는 1486년 11월 13일의 기록이다. 이 감나무에는 재미있는 스토리가 하나 전해져 내려오고 있다. 마을에 한 효녀가 살고 있었는데, 그 아이가 구름 위까지 뻗은 감나무 줄기를 타고 하늘나라 옥황상제를 만나, 그 감나무에 고욤[20]만 열린다고 한다. 이후 옥황상제가 하늘나라 감나무의 접을 붙일 수 있도록 선처하여 감 만드는 방법까지 가르쳐 주었다고 한다. 그래서 하늘 아래 첫 감나무라는 유래가 생겼다고 한다. 실제로 그 감나무의 밑 부분에는 접을 붙인 형태가 남아있다. 이 감나무는 마을 안으로 들어서는 길가에 있어 쉽게 찾을 수 있다. 우리나라 최고령 감나무인 이 "하늘 아래 첫 감나무"에서 수확된 감은 상주 곶감 특구 지역인 외남면 소은리에서 곶감으로 건조해 유명 백화점에 "하늘 아래 첫 감나무 곶감"이라는 브랜드로 고가에 주문예약 판매할 계획이다.

---

20) 고욤 : 고욤나무의 열매. 감과 비슷하나, 크기는 작고 타원형으로, 검붉으며 달면서도 떫음. 소시(小柿).
[속담] [고욤이 감보다 달다] 작은 것이 큰 것보다 오히려 알차고 질이 좋다.

그만큼 이 감나무는 지역 농가를 위한 스토리텔링 마케팅의 중요한 이야기로 활용 가치가 높다고 할 수 있다.

스토리텔링은 이처럼 적합한 주제에 대한 발굴이 필요하다. 이것은 특히 주제가 우리가 먹는 음식과 농촌일 때, 더 진실하게 다가온다. 실제로 농업의 이야기는 농작물을 기르는 사람들에서부터, 그 농작물을 가공하고 판매하는 사람들까지 우리 개개인의 이야기 속에서 중요한 역할을 해야만 한다.

오늘날 음식과 농업에 관한 너무 많은 이야기들이 부정적인 테마를 가져온다. 공장식 축산농업과 패스트푸드 등 도시화되고 산업화되면서 먹거리에 대한 부정적인 인식이 차츰 늘어가고 있다. 이러한 시대에 우리 전통과 따뜻한 농촌에 관한 이야기 소재는 그것만으로도 충분히 파워풀한 이미지를 가져온다. 이렇게 모든 농촌의 이야기가 마케팅에 사용될 수 있는 것이다. 일본의 한 여행 브로셔는 농작물을 기르고 음식을 준비하는 사람들을 강조한다. 당신의 사업이 가족경영농장이거나 다국적 제조업체이든, 스토리텔링은 긍정적인 이미지 창출과 함께 소비자들에게 각인시켜주는 역할을 도와준다.

우리는 어려서 때부터 할머니의 이야기를 들으면서 농촌의 이야기와 함께 자라왔기 때문에, 이야기라는 것은 우리에게 또는 농촌창업을 구상하는 사람들에게도 중요한 문제로 다가온다. 이야기는 교훈을 주는 동시에 즐거움을 주어야 한다. 심지어 어른이 되었을지라도 농업에 관련된 이야기는 우리의 상상력을 발동시키고, 우리의 호기심을 불러일으킨다. 그리고 논리와 감성 사이의 틈을 이어주는 중요한 다리의 역할을 하고 있는 것이다. 이것이 스토리의 힘이고, 이러한 스토리텔링이 농촌창업에 응용될 때 성공이 그만큼 눈앞에 다가오게 될 것이다.

스토리텔링 마케팅
스토리텔링 마케팅이란 "스토리텔링"은 단편적인 사실을 그대로 나열하거나, 반복해 강조하는 것이 아닌, 상품에 담겨 있는 의미나 개인적인 이야기를 제시하여 몰입과 재미를 불러일으키는 주관적이고 감성적인 의사소통 방법이다.
스토리텔링 마케팅은 마케팅 활동에 이야기(story)를 도입함으로써 소비자들이 단순히 음식을 먹는 것이 아닌, 그 음식, 그 브랜드에 담겨 있는 이야기를 즐기도록 하는 감성 지향적 마케팅을 말하는 것이다. 결국 농업창업에서의 "스토리텔링 마케팅"의 성공 여부는 내 사업만의 개성과 판매제품의 강점 등을 어떻게 "스토리"에 담아내느냐에 달려있다고 볼 수 있다.

(3) 농촌 이야기 - 3P

농촌창업에 있어서 소비자와 직접 소통할 수 있는 부분이 바로 개별 농가들이 가지고 있는 솔직 담백한 삶의 이야기이다. 소비자가 알고 싶어 하는 부분도 바로 이런 것이다. 그렇다면 농업 이야기의 핵심은 무엇인가? 얼마나 솔직하고 신뢰하는 이야기를 전달하느냐가 바로, 그 핵심인 것이다. 이렇게 진솔한 이야기가 바로 프로모션의 일환이 되고, 소통이 수단이 된다면, 소규모 창업 농가가 가질 수 있는 경쟁력의 원천이 아닐까 생각된다. 그렇다면 좀 더 구체적으로 우리가 해야 할 농업 이야기는 어떤 요소들이 필요한지를 살펴보자.

3P 즉, 사람, 장소, 과정, 이러한 요소들은 성공적인 이야기를 만드는 데 필수적인 것들이다.

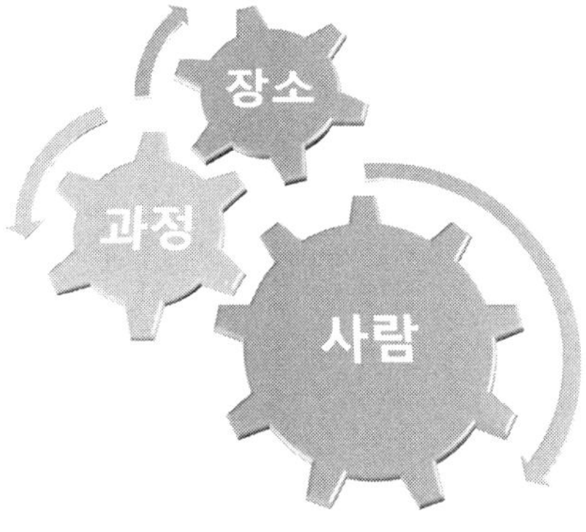

[그림 3-Ⅱ-4] 성공적인 이야기의 3요소

1) 사람을 등장시켜라.

농촌 이야기에 캐릭터를 넣어라. 숨겨진 이야기, 기이한 일, 소망과 함께 실제 사람들을 등장시켜라. 이야기에 등장인물들이 포함될 때, 당신의 청중들은 몰입하고 귀 기울여 들어준다.

2) 사람들과 함께 과정의 이야기를 덧붙여라.

과정, 이것은 당신의 제품이 만들어지고 배달되기 위해, 얼마나 많은 노력이 들었는지에 관한 이야기가 될 것이다. 각각의 단계는 도전적이라는 것을 보여주어야 한다. 그러나 도전적 단계가 당신의 고객들에게 흥미로운 것은 아니다. 때문에, 주요 관심사를 파악하고 거기에 중점을 맞춘 후 이야기를 통해 당신의 노력을 고객 맞춤화해야 한다.

3) 이것은 꼭 여기서만 가능한 이야기이다.

대부분의 농업 생산물에는 멋진 배경이 등장하기 마련이다. 하지만, 왜 이러한 장소가 중요한지에 대한 설명이 꼭 들어가야 한다. 사람, 제품, 과정을 포함한 당신의 사업이 당신의 지역 때문에 독특한 특성을 가지게 된다는 것을 설명해야 한다. 예를 들어, 그 지역의 독특한 토양 때문이라든지, 아니면 협동이라는 지역 고유의 정신 등을 이용하여 지역적인 특성을 어필해야 한다.

❖ 이 장의 요약

농촌창업자들도 고객, 동료, 또는 경쟁업체들이나 파트너 업체들과도 이야기를 나누어야 한다. 특히 고객과의 소통이 성공적인 창업의 기본이 될 것이다. 현재와 같이 온라인이나 모바일 인프라가 잘 되어있는 IT 환경에서 창업을 준비하는 우리는 고객과 적극적으로 소통하고, 관계를 긍정적으로 유지하기 위해서는, 여러 가지 방면으로 고객과의 소통을 관리해야 하는 것이 더욱 중요해졌다.

이러한 소통의 한 가지 방법으로 전자상거래를 들 수 있다. 소규모 농촌창업 농가의 효율성, 경쟁력, 생산성 향상을 위한 잠재력을 가지는 전략과 관련된 중요한 이슈가 바로 전자상거래다. 모든 사업에 걸쳐 많은 기업들이 인터넷 사용을 통해서 그들의 마케팅 노력을 향상시키고 매출 증가를 시도하고 있다.

또한, 도농 교류를 통해 도시와 농촌이 소통하며, 농촌이 더욱 활기를 되찾을 수 있게 된다. 이런 측면에서 관광은 현재 전 세계에서 가장 큰 산업이며, 가장 빠르게 성장하는 산업 중 하나이다. 많은 농업인들은 자신들의 소득을 증가시키기 위한 다각적인 방법을 모색하고 있으며, 여러 대안 중 하나가 바로 농촌 체험관광이다. 농촌 체험관광은 농업인들이 가족농장 체제를 유지하기 위한 농장과 연계된 추가적인 소득을 창출하고 다각화를 하기 위한 방법을 모색하면서 성장하고 있다. 이렇게 농촌 체험관광은 문화 마케팅과 접목되어, 더욱 활성화되고 궁극적으로 경쟁력 있는 농촌관광브랜드를 만들어 내고 있다.

마지막으로 농촌이 도시와 소통하는 효과적인 방법이 바로 스토리텔링이다. 스토리텔링은 사람의 마음을 사로잡는 재미있는 이야기를 말한다. 앞으로 미래사회에서는 사람들이 상품 자체가 아닌, 상품에 담겨 있는 비물질적인 문화나 감성 등의 스토리를 찾게 되고, 이러한 이야기를 창조하여 담아내는 것이다. 이렇게 농촌창업제품에 있어 일반적으로 동일한 이미지의 상품을 지양하고 감동적이고 재미있는 이야기를 담아내야 한다.

더 생각해 볼 문제

1. 전자상거래를 위한 첫걸음으로 간단한 블로그를 만들어 보자.

2. 주변에서 성공적인 농촌관광 프로그램을 찾아보고 자신의 사업과 연계 가능한 요인을 찾아보자.

3. 자신의 농촌창업 아이디어에 적합한 우리 고장의 스토리를 발굴해 보자.

가장 중요한 재산은 지식이다 - 탈무드의 유대인

유대인들은 정확한 숫자를 사용한다. 일기 예보를 할 때도, 오늘의 날씨라기보다 ○월 ○일의 날씨라든가, 지금쯤이라는 말 대신 ○시 ○분 등 정확한 숫자로 표현을 한다. 유대인들의 상술이 유명한 것은, 이러한 숫자 개념에 밝기 때문이고, 그것은 철저한 교육으로 이루어졌다. 유대인들은 지식을 쌓는 일에 가장 적극적인 민족이었고, 그것은 2천 년 동안 전 세계를 떠돌면서도 유대 민족의 정체성을 잃지 않은 원인이었다. 유대인들은 정착하게 되면 교회와 학교를 세우는 일을 가장 우선으로 삼았다.

오래 전, 한 유대인 무리가 호화로운 배를 타고 여행을 하게 되었다. 그 배에는 많은 유대인 부자들이 타고 있었는데, 그 가운데 랍비[21]도 한 사람이 끼어 있었다. 부자들은 여행하는 동안 자신이 얼마나 부자인지를 항상 자랑했다. 그들은 랍비에게 조차 자신들의 부를 과시하면서 가난한 랍비를 조롱했다.

"나는 겉으로 보기에 가난해 보이지만 사실은 여러분보다 더 부자요." 랍비가 얼굴을 붉히며 부자들에게 말했다. "당신이 부자라니 무슨 소리요? 당신은 금도 없고 은도 없지 않소?" "물론 내게는 금이나 은이 없소. 그러나 언젠가는 내가 당신들이 놀랄 만한 재산을 갖고 있다는 것을 알게 될 거요." 랍비는 더 이상 유대인 부자들을 상대하지 않았다. 얼마 후 유대인들이 탄 배는 해적들의 습격을 받았다. 부자들은 황금과 은, 돈과 같은 재물을 모조리 바친 뒤에야 간신히 목숨을 건질 수 있었다. 그들은 식량도 없이 바다를 떠돌다가 어느 항구에 정박했다. 유대인 부자들은 재산을 모두 빼앗겼기 때문에 동냥을 하거나 시장에서 장사를 하며 그날그날을 연명했다. 그러나 랍비는 학식이 높았기 때문에, 항구 근처의 사람들이 학교를 세운 뒤, 후한 대우를 해주면서 그를 교사로 모셨다.

여러 해가 흘러 랍비가 부자들을 다시 만나게 되었는데, 그들은 예전에는 상상조차 할 수 없을 정도로 가난하게 살고 있었다. "내가 당신들보다 부자라는 것을 이제 알겠소? 재물은 누군가 빼앗아가거나 불에 탈 수 있지만, 머릿속의 지식은 결코 빼앗아가지 못한다오." 랍비의 말에 부자들은 얼굴을 들지 못했다.

이수광 저, 〈부를 이루는 상술〉 중에서 -

21) 랍비 : 유대교에서, 율법사(律法師)에게 쓰는 존칭

부 록

〈창업관련 정보 참고기관〉

1. 농업교육포털

지식정보화 사회에서는 새로운 지식과 정보 활용 능력을 갖춘 인적자원 확보는 국가나 농업 경쟁력의 핵심으로 대두되고 있고, 환경변화에 능동적으로 대응하고 농업/농촌 변화를 선도할 수 있는 새로운 농업교육 패러다임 모색이 필요한 시점이다. 이러한 흐름에 맞춰 통합농업교육센터는 농업인이 필요로 하는 신지식/기술/경험·능력 중심의 전문교육을 통해 국제 경쟁력을 갖춘 전문농업경영체로 육성하는 것을 목표로 하고 있다.

https://agriedu.net

2. 농어촌연구원

농어촌연구원은 농어촌의 푸른 미래 선도를 비전으로 활력 있는 「선진 농어촌」의 가치를 새롭게 만드는 것에 중점을 두고 있는 전문연구기관이다. 국민의 먹거리 생산기반 조성과 농어업인의 소득증대 및 농어촌의 환경개선을 통하여 농어업인의 삶의 질 향상과 지역 균형 발전을 위한 연구에 집중하고 있다. 구체적으로 농어촌 개발연구와 농어촌환경연구, 새만금 연구 등을 중점적으로 하고 있으며, 이와 관련된 다양한 연구자료 등을 제공하고 있다.

https://rri.ekr.or.kr

3. 농촌진흥청

농촌진흥청은 "경쟁력 있는 농업, 찾고 싶은 농촌"이라는 비전하에 영농기술배양과 정보제공 분야로 구분하여 전국 170개의 기술원과 기술센터를 통해 농업인에 대한 교육 사업을 추진하고 있다. 구체적으로 농업과학기술에 관한 연구 및 개발, 연구개발된 농업과학기술의 농가보급, 비료·농약·농기계 등 농업자재의 품질관리, 전문농업인의 육성과 농촌생활개선 지도 등을 다루고 있다.

http://www.rda.go.kr

4. 한국농촌경제연구원

한국농촌경제연구원은 농촌현장과 도시를 이어주고 농촌의 비전을 제시할 수 있는 정책대안을 연구하는 전문연구기관으로, 농림경제 및 농어촌 사회발전에 관한 종합적인 조사연구를 실시하고 있으며 구체적으로는 중장기 농림경제 계획 및 정책에 관한 조사연구, 농림기술개발사업의 지원 및 관리, 농어업인의 복지증진 및 농어촌사회발전에 관한 연구, 농어촌 여론조사에 대한 자료들을 제공하고 있다.

https://www.krei.re.kr

5. 농촌전통테마마을

농진청에서 농촌전통테마마을을 소개하는 곳이 있다. 테마 마을 소개, 마을정보, 마을소식 등을 전하는 홈페이지이다.

http://www.go2vil.org

6. 농림수산식품 연구개발사업 통합정보서비스

농림수산식품분야 연구개발의 기획에서 성과 활용에 이르는 전 주기에 걸쳐 연구개발의 효율성을 제고하기 위한 시스템입니다.

https://www.fris.go.kr

7. 농림수산식품기술기획평가원

농림수산식품 연구개발사업의 기획, 관리, 평가 등을 효율적으로 지원하기 위한 시스템
https://www.ipet.re.kr

8. 전국농업기술자협회

전국농업기술자협회는 농업·농촌의 상생으로 삶의 질을 향상시키는 데 두고 있다. 도·농이 상생할 수 있는 가장 중요한 방법은 친환경 농산물을 생산하여 건강을 위한 안전한 먹거리를 공급하고 도시민이 농업·농촌에 대한 이해와 공감을 하여 즐겨 찾는 농촌을 가꾸는 데 있다.

http://www.kafarmer.or.kr

9. 통계청

통계 자료실의 분야별 통계자료에 가면 농어업 관련 통계자료를 볼 수 있다. 여기에는 농·어업총조사, 농업기본 통계조사, 어업기본 통계조사, 농가경제, 어가경제, 농산물 생산비조사, 양곡 소비량조사, 농·어업법인사업체를 제공하고 있다.

https://kostat.go.kr

10. 농식품 수출정보

농식품 수출정보는 수출입통계, 국가정보, 품목정보, 해외 식품첨가물 규정, 비관세장벽, 통관거부사례, 소비트렌드 등을 제공하고 있다.

https://www.kati.net

11. aT한국농수산식품유통공사

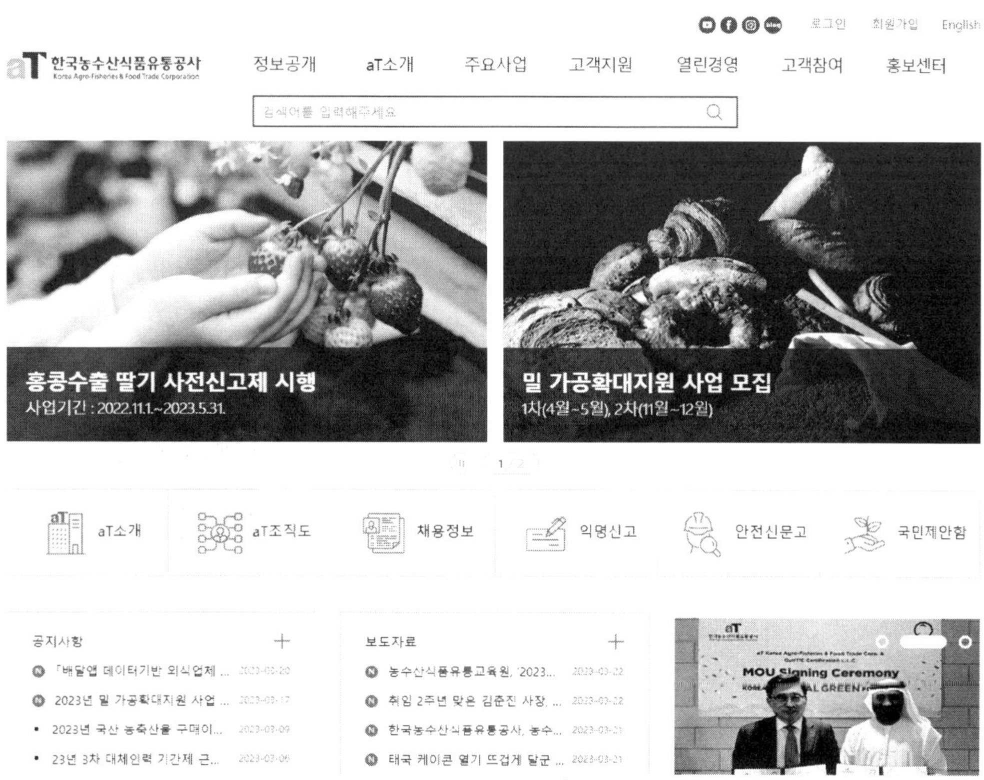

한국농수산식품유통공사는 농수산물 품목별 국내 가격정보 제공하고 있으며, 지역별 시장 거래동향, 한국농수산식품유통공사에서 관리하는 농수산물수출 품목 조회, 품목별 대형유통업체 소비자 가격정보 등을 얻을 수 있는 곳이다.

http://www.at.or.kr

12. 농림축산식품부

농림축산식품부에서는 농업정책, 농업통계, 해외농업을 볼 수 있다.

https://www.mafra.go.kr

13. 농림수산식품교육문화정보원

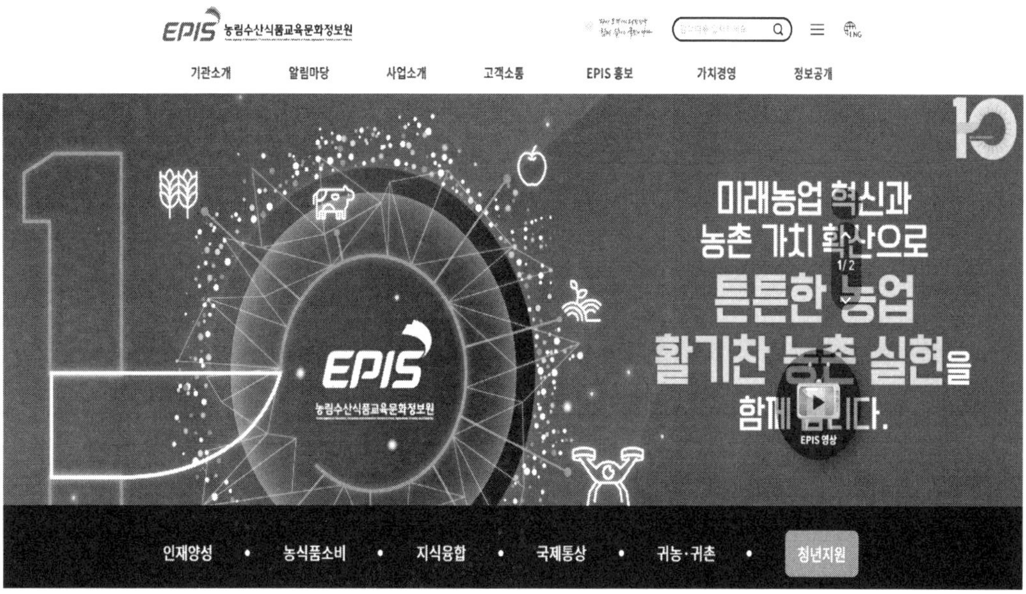

https://www.epis.or.kr

14. 귀농귀촌종합센터

https://www.returnfarm.com

참고문헌

〈도 서〉

강신겸 (2006), 농촌관광과 문화마케팅전략, 삼성경제연구소.
박주영 · 이상호 (2011), 창업경영론, 인플로우.
서성혁 (2010), 창업마케팅, 두남.
성진근 (2011), 새농업경영론, 해남.
안병권 (2010), 도시와 통하는 농촌쇼핑몰 만들기, e비즈니스.
안병권 (2011), 이야기 농업, e비즈니스.
유니타스브랜드 (2011), 600만 자영업자를 위한 솔루션 브랜드 창업, 유니타스브랜드 출판부.
이태호 (2011), 농업이 미래다(한국 농업의 르네상스를 위한 전략), 삼성경제연구소.
임종원 · 김재일 · 홍성태 · 이유재 (2007), 소비자행동론, 경문사.
장문철 (2011), 창업경영학원론, 두남.
최병진 · 장준영 (2008), 소자본창업, 대명.
하지철 · 이동한 (2010), 마케팅조사 실무노트I, 이담.
한국농업대학 (2008), 2008년도 해외연수 귀국보고서.
한국농업대학 (2009), 2009년도 해외연수 귀국보고서.
한국유통학회 (2008), 유통시장의 변화와 식품사업의 발전방안.
홍성태 (2008), 보이지 않는 뿌리, 박영사.

〈블로그〉

네이버 9zz51zi4님의 블로그

〈홈페이지〉

1. https://agriedu.net
2. https://rri.ekr.or.kr
3. http://www.rda.go.kr
4. https://www.krei.re.kr
5. http://www.go2vil.org
6. https://www.fris.go.kr
7. https://www.ipet.re.kr
8. http://www.kafarmer.or.kr
9. https://kostat.go.kr
10. https://www.kati.net
11. ttp://www.at.or.kr

12. https://www.mafra.go.kr
13. https://www.epis.or.kr
14. https://www.returnfarm.com

[저자 약력]

• 윤성두

경희대학교(경영학사)
단국대학교 대학원 경영학 석사과정(경영학석사)
가천대학교 대학원 경영학 박사과정(경영학박사)
현) 가천대학교 겸임교수
현) 경희대학교 글로벌미래교육원 경영학과 교수
현) 한국기업경영학회 상임이사
현) 중소기업기술정보진흥원 평가위원
현) 농림수산식품교육문화정보원 평가위원
현) 한국농어촌경영연구원 원장
전) 신구대학교, 강동대학교, 동원대학교 겸임교수
전) 전북 농업마이스터 대학 객원교수

〈저 서〉
『노사관계론』(2020, 청목출판사)

• 안상준

경희대학교 호텔관광대학원 석사과정(관광학석사)
안양대학교 대학원 경영학 박사과정(경영학박사)
현) 경희대학교 경영대학원 교수(부교수)
현) 경희대학교 경영대학원 서비스경영MBA 주임교수
전) 경희대학교 경영대학원 창조경영RND연구센터 부소장
전) 경희대학교 사회교육원 주임교수
전) 한양대학교 사회교육원 겸임교수
전) 국민대학교 경영대학원 객원교수

〈저 서〉
『마케팅원론』, 『마케팅관리론』, 『관광학개론』, 『리더십(핵심이론과 실무)』

• 강지연

경희대학교 경영학(경영학사)
경희대학교 경영대학원 경영학 석사과정(경영학석사)
현) (사)경북곤충산업협회 부회장
현) 농림수산식품교육문화정보원 귀농닥터
현) 농촌진흥청 농업과학기술연구개발사업 선정평가 위원
현) 경북농식품유통혁신위원회 위원
현) (사)경북농민사관연합회 부회장
현) 경북농민사관학교 유용곤충전문가 양성과정 강사
현) 봉화곤충호텔농업회사법인(주) 대표이사
현) 한국농어촌경영연구원 부원장

전) 농촌진흥청 국립농업과학원 현장 명예연구관
전) 대한민국 애완곤충경진대회 심사위원
전) (사)한국곤충산업 중앙회 부회장

• 박근열

경희대학교 경영학 (경영학사)
경희대학교 경영대학원 경영학 석사과정(경영학석사)
현 전북한우협동조합 이사
현 한국후계농업경영인 전라북도연합회 감사
전 샘골농원 감사

농산업창업론

2023년 7월 15일 초판인쇄
2023년 7월 20일 초판발행

저 자 윤성두 · 안상준 · 강지연 · 박근열

발행인 유 성 열

발행처 청목출판사
서울특별시 영등포구 신길로 40길 20
전화 (02) 849-6157(代) · 2820 / 833-6091
FAX (02) 849-0817
등록 제318-1994-000090호

파본은 바꾸어 드립니다. 값 22,000원

http : //www.chongmok.co.kr

ISBN 978-89-5565-814-9